数智人才培养 **AI 通识精品系列**

人工智能通识

莫宏伟◎编著

人 民 邮 电 出 版 社
北 京

图书在版编目（CIP）数据

人工智能通识 / 莫宏伟编著. -- 北京 : 人民邮电出版社, 2025. -- (数智人才培养AI通识精品系列).
ISBN 978-7-115-67139-4

Ⅰ. TP18

中国国家版本馆CIP数据核字第20251BV477号

内 容 提 要

本书全面介绍了人工智能历史、思想、技术、研究、应用与伦理等多方面的内容。全书共9章，首先从人工智能的基本概念和发展历史入手，探讨了人工智能相关的哲学思考和科幻想象；其次从技术层面，详细阐述了传感器、大数据、深度学习等基础技术，并深入探讨了机器感知智能、机器认知智能、机器语言智能等多个智能维度。本书特别关注生成式人工智能与机器创造力的发展，并通过制造、医疗、教育等多个行业的应用案例展示了人工智能的实践价值。同时，本书还探讨了人工智能发展带来的伦理与治理挑战，对智能社会的未来发展进行了深入展望。

本书架构完整，既关注技术创新，也重视人文思考，是一部融合技术与人文的人工智能通识读本，适合作为全校人工智能通识课程教材，也可供对人工智能感兴趣的读者阅读。

◆ 编　　著　莫宏伟
责任编辑　孙　澍
责任印制　胡　南

◆ 人民邮电出版社出版发行　　北京市丰台区成寿寺路11号
邮编　100164　　电子邮件　315@ptpress.com.cn
网址　https://www.ptpress.com.cn
三河市兴达印务有限公司印刷

◆ 开本：787×1092　1/16
印张：13.25　　2025年8月第1版
字数：337千字　　2025年8月河北第1次印刷

定价：49.80元

读者服务热线：(010)81055256　印装质量热线：(010)81055316
反盗版热线：(010)81055315

前　言

人工智能正在以前所未有的速度重塑人类社会。2022 年底，ChatGPT 的横空出世引发了新一轮人工智能革命，大语言模型、生成式人工智能等技术突破不断涌现。在这场技术变革中，人工智能已从实验室走向现实应用，从特定领域扩展到各行各业，展现出深刻改变人类生产生活方式的潜力。

当前，人工智能发展呈现出几个显著特征：一是技术的跨越式进步，深度学习、强化学习等方法不断突破性能极限；二是应用场景的迅速扩张，从工业生产到医疗健康，从金融服务到文化创意，人工智能无处不在；三是产业生态的快速成熟，全球科技巨头、创新企业、研究机构形成了繁荣的创新网络；四是社会影响的持续深化，人工智能既带来了效率的提升，也引发了就业转型、隐私保护、算法公平等一系列社会议题。

在这样的时代背景下，本书试图构建一个全面的知识框架，帮助读者系统地理解人工智能的过去、现在与未来。本书从智能的本质开始探讨，思考生命智能、人类智能与人工智能的关系，从哲学、科技、社会等多个维度审视人工智能的发展。通过回顾历史，可以看到早期计算机到当代深度学习的演进历程；透过科幻作品的想象，可以窥见人类对人工智能的期待与忧虑。

本书不仅详细介绍了传感器、大数据、人工神经网络等基础技术，还深入探讨了机器感知智能、机器认知智能、机器语言智能等不同形态的智能表现。特别值得关注的是，本书专门论述了生成式人工智能与机器创造力这一前沿领域，展示了人工智能在艺术创作、科学发现等方面的突破性进展。从 DALL·E 到 Stable Diffusion，从 AlphaFold 到 ChatGPT，这些标志性成果正在开启人工智能发展的新篇章。

在应用层面，本书涵盖了智能制造、智能医疗、智能教育、智能金融等多个行业的具体实践，旨在帮助读者充分理解人工智能是如何改变各个领域的工作方式的。同时，本书非常重视伦理与治理问题，探讨了如何在推动技术创新的同时，确保人工智能的发展方向符合人类共同利益，在效率提升与价值观维护之间找到平衡。

展望未来，人工智能将带领我们进入一个智能社会。这不仅意味着技术的进步，更涉及人类工作方式、生活方式乃至价值观念的深刻变革。在这个充满机遇与挑战的时代，我们需要以开放包容的态度拥抱变化，以理性审慎的态度应对风险，以人文关怀的视角思考人工智能与人类的关系。希望本书能够启发读者思考：如何把握这次科技革命的机遇，如何应对其可能带来的挑战，如何共同创造一个更美好的智能时代。

本书适合对人工智能感兴趣的初学者，无论是大学生，还是关心科技发展的普通读者，都能在这里找到有价值的思考维度。在人工智能快速发展的今天，我们期待与读者一起，在认识、把握和运用人工智能的道路上不断前进。

编　者

2025 年 7 月

目录

CONTENTS

03 人工智能技术基础……52

04 人工智能学科基础……77

05 机器智能……93

08 人工智能伦理与治理……170

09 智能社会的发展与未来展望……196

01 绪论

学习导言

人工智能解决问题的重要方式就是算法，算法要利用计算机程序实现，程序要以软件的形式被设计出来，以便广泛传播和应用。通过软件和硬件结合形成特定应用的系统，其中的算法、软件习惯上也被直接称为人工智能（Artificial Intelligence，AI）。这些算法、软件或硬件都只是众多人工智能技术的实现形式，或者是机器智能的实现形式。这些系统建设的目的不是达到人类的智能，而是帮助人类解决各种问题，提升工作效率，提高生活水平。

要学习、理解并发展人工智能，用好人工智能，必须在源头上确定其科学意义。因此，本章的主要学习目的是从科学角度理解智能、人工智能、机器智能等概念，并从学科基础、技术基础、重点方向与领域、行业应用及伦理法律5个维度全面、系统地理解人工智能。

1.1 认识与理解智能

无论如何理解人工智能，正如著名人工智能专家钟义信教授在《机器知行学原理——人工智能的统一理论》一书中所指出的，仍然首先要问什么是“人类智能”。事实上，我们应该进一步追问什么是“智能”。这里所说的“智能”是一个根本性的概念。人类对智能的认识，可以借用宋代诗人苏轼的《题西林壁》来描述：“横看成岭侧成峰，远近高低各不同，不识庐山真面目，只缘身在此山中。”这首诗描写庐山从不同角度和距离看去形态各异，表达了事物的本质难以从局部或单一角度全面把握的哲理。这首诗蕴含的哲理同样适用于人类对智能的认识。让我们先回溯一下人类对生命智能及人类智能的认识历程。

1.1.1 生命智能

人类对生命智能的认识历程可以追溯到数千年前的古代文明。但是，需要指出的是，无论是东方文明还是西方文明，古代人类并没有智能这样的概念，也没有人类智能这样的概念或认识，他们是不自觉或不自知地对生命或人类表现出的行为、状态、现象进行比较原始的分析或理解，而并没有认识到所谓的智能。比如，在古希腊哲学中，亚里士多德对生命和灵魂的研究，是他对“理性动物”概念的进一步延伸，也是他思想体系中的一个核心部分。亚里士多德在他的著作《灵魂论》中对灵魂进行了深入探讨，并指出了生命形式与灵魂之间的密切联系。

根据亚里士多德的观点，灵魂不是与身体对立的物质实体，而是与身体不可分割的统一体。他提出灵魂有 3 种主要功能：营养功能、感知功能和理智功能。这 3 种功能分别对应植物、动物和人类 3 类生命形式。人类之所以被称为“理性动物”，就在于人类除了具备营养和感知功能，还具备理智功能。理智功能使人类能够进行抽象思维、逻辑推理和道德判断。亚里士多德的灵魂学说对西方哲学产生了深远影响。尽管在现代科学的发展过程中，人类对智能的理解已超越了亚里士多德的框架，但他的观点作为理解生命和智能的重要历史起点是毋庸置疑的。

17 世纪，托马斯·霍布斯（Thomas Hobbes）提出了机械论的观点。受机械论的影响，启蒙运动时期的科学家勒内·笛卡儿（René Descartes）提出了动物自动机理论，认为动物是无灵魂的机械装置，其行为完全由生物机械过程驱动。笛卡儿认为，动物没有意识和思维，所有的行为都是自动反应的结果。这一观点极大地影响了西方世界对动物智能的看法，即将动物视为与机器相似的存在。查尔斯·达尔文（Charles Darwin）的进化论引发了对动物智能的新思考。他在《人类的由来及性选择》一书中提出，人类和动物在智能上存在连续性差异而非本质性差异。他的研究表明，动物具有某种程度的理性、情感和社会行为，这些都可以通过自然选择来解释。

20 世纪，随着认知科学的发展，科学家们开始使用实验和观察的方法深入研究动物的认知能力。研究表明，某些动物（如灵长类动物、海豚、乌鸦等）具有高度发达的认知功能，包括记忆、工具使用、语言理解和自我意识等。这些发现挑战了传统的动物智能观念，促使人们重新评估人类与其他物种之间的智能差异。

时至今日，人类已经认识到，任何生命都有智能，无论是肉眼不可见的细菌等微生物，还是开着漂亮花朵的植物，乃至庞大的鲸，可以说，无生命不智能，只是智能的表现、层次不一。对生命而言，智能就是灵活适应环境的基本能力，但是考虑生命的智能时，不必考虑思维、理性与意识的关系等问题。相比动物智能，人类智能更为复杂。

1.1.2 人类智能

随着时间的推移，不同的哲学家和科学家对与人的智能有关的许多现象、问题进行了进一步的探讨。笛卡儿提出了著名的“我思故我在”的命题，强调了思维和自我意识的重要性。但这源于他对既有知识体系的深刻思考，而非出于认识人类智能的目的。笛卡儿生活在 17 世纪的欧洲，正值科学革命兴起和对传统思想挑战的时期。那时，哲学家和科学家们对知识、存在和现实的本质展开了激烈的讨论。笛卡儿的目标是建立能够支持科学和哲学的坚实基础。他意识到，要实现这一点，必须从头开始，对现有的一切知识进行彻底的审视。他认为，只有找到一种不可怀疑的知识，才能以此为基础，构建一个新的哲学体系。因此，他决定采取一种极端的怀疑方法，暂时放弃对一切事物的信任，直至发现无法怀疑的绝对真理。在这种极端的怀疑中，笛卡儿意识到，思考本身就是一个不可否认的事实。即使他在怀疑一切，但这个怀疑的行为本身就证明了他作为一个思考者的存在。因此，他得出结论“我思故我在”，即只要他在思考，他就必然存在。这一命题成为笛卡儿建立其哲学体系的第一原理，是一切知识的起点。

尽管笛卡儿的“我思故我在”并不是为了直接探讨人类智能而提出的，但它无意中为后来的智能研究奠定了重要的哲学基础。自我意识、思维和理性成为后来人们讨论智能的关键要素，而笛卡儿对这些概念的深入探讨，为理解人类智能的复杂性提供了有力的理论支持。

在我国古代的思想体系中，儒家、道家、墨家、法家等各大哲学流派的核心关注点都集中在如何修身、齐家、治国、平天下，以及在实践中实现这些目标的智慧与策略。然而，这些思想并没有明确地探讨或系统地思考“人的智能”，更多的是关注道德修养、政治治理、人与自然的和谐相处等广泛的社会实践领域。

儒家思想以孔子为代表，核心理念是“仁”“礼”“义”等道德规范。儒家提出“修身齐家治国平天下”的理想，强调个人的道德修养是治国理政的基础。在儒家看来，“仁”不仅是个人的道德品质，更是人与人之间关系的核心原则。这种智慧体现在对人伦关系的理解与实践中，而不是对“智能”概念的抽象思考。

在儒家的教育理念中，“学而时习之”“温故而知新”等学习方法受到重视，强调通过不断学习和反思来提升自身的德行与智慧。然而，儒家的“智慧”更多指向道德判断和伦理行为，而非现代意义上的“智能”或认知能力。

道家思想以老子和庄子为代表，与儒家不同，道家更强调人与自然的关系及顺应自然的智慧。老子的《道德经》倡导“道法自然”“无为而治”，强调以柔克刚，以静制动，顺应天地之道的智慧。庄子在这种思想下进一步发展，提出了“逍遥游”的境界，认为真正的智慧在于超越世俗的束缚，达到“天人合一”。

道家思想强调的是对自然规律的深刻理解和顺应，追求无为而治的境界，而不是对人的智能或认知能力的分析。道家的智慧是一种生命哲学，关注的是如何在天地之间找到安身立命之道，而不是如何通过智能或思维来解决具体问题。

王阳明是明代著名的儒学家，他的哲学思想，尤其是“心学”，对我国思想史产生了深远的影响。王阳明提出“心即理”的观点，认为人心本身就是宇宙的根本原理，心外无物，心外无理。他的“知行合一”思想主张知识与行为不可分割，真正的智慧体现在知行合一的实践中。

王阳明的思想强调道德修养与行为的统一，认为每个人都可以通过内心的修养来实现圣贤之道。然而，这种思想依然是道德哲学的范畴，关注的是个人如何通过内在修养达到理想的道德境界，而不是对“智能”或认知能力的分析。王阳明的“心学”可以说是对儒家思想的一种深化，但其重点依然是道德与伦理实践，而非对“智能”问题的探讨。

总体来看，我国古代的思想体系，无论是儒家的伦理道德，还是道家的自然智慧，都以实际生活中的修身、治国及应对各种社会问题为中心。即使是以智慧和谋略著称的兵家思想，如孙子兵法，其智慧也主要体现在战争谋略和军事策略上，而不是对智能的系统探讨。

虽然当时“智能”这一概念还未明确提出，但这些思想为后来的认知科学和心理学的发展奠定了基础。

1.1.3 智能概念

随着科学的发展，特别是在西方启蒙运动时期，人类开始将心智活动与大脑的功能联系起来。他们认为思维和认知过程是由大脑中的物理和生理机制所驱动的。霍布斯提出，思维和意识是物质世界中运动的一种表现，所有心理现象都可以通过物质运动来解释。约翰·洛克（John Locke）则进一步发展了经验主义观点，认为知识源自感官经验，并通过大脑的感知和记忆进行处理和存储。机械论的开创者霍布斯和哲学家洛克等人的工作促使哲学家们开始将思维和认知视为可以通过大脑的物质结构和功能来理解的过程，从而推动了对心智和大脑关系的进一步探索。

作为机械论的代表人物之一，霍布斯主张心智活动可以通过物质运动来解释。在他的哲学体系中，思维和意识并不是神秘的、独立于物质世界的现象，而是物质世界的一部分。霍布斯在《利维坦》一书中提出，思想是“物质的运动”，与物理世界中的其他运动一样，都遵循因果关系。换句话说，霍布斯认为所有心理现象，包括思维、感知和情感，都是由物质的运动和相互作用所引发的。因此，他试图从一种彻底的物质主义立场出发，解释复杂的心智现象。

霍布斯的机械论思想虽然引发了争议，但却为后来对心智与大脑关系的研究奠定了哲学基础。他首次将人类心智的运作与物理现象联系起来，暗示思维过程并非神秘不可知，而是可以通过科学探究的方式去理解。这一观点为后来认知科学的兴起提供了理论支持。

与霍布斯的机械论思想相呼应，洛克发展了经验主义哲学，对心智和认知进行了进一步的分析。洛克在其著作《人类理解论》中提出了心灵是一块“白板”的概念，他认为所有知识都来自感官经验，人类的大脑通过感知外部世界的刺激积累经验，并在此基础上形成复杂的思维和认知。洛克的经验主义思想强调，大脑是通过感知和记忆来处理、存储这些经验，并将它们转化为知识的。

洛克的理论与霍布斯的机械论虽然有所不同，但二者共同推动了人们对心智和大脑之间关系的思考和研究。在洛克的框架下，心智被视为一种可以通过感官体验逐步塑造的机制，而不是天生的、不可改变的。洛克的经验主义思想对心理学、教育学及后来的认知科学产生了深远的影响，特别是人类对如何学习、如何从环境中获取知识的理解，多基于该思想。

从霍布斯和洛克的思想中可以看到，17 世纪的哲学家们逐渐开始将心智和大脑视为物质世界中的现象。这种思路为现代科学在理解心智和智能的物质基础上开创了先河。然而，尽管这些早期思想提供了重要启示，但智能作为一个独立的研究领域在那个时期尚未明确出现。直到 20 世纪，随着计算机技术的发展，智能的概念才逐渐成形。

然而，尽管人工智能技术在过去几十年里取得了巨大的进展，人类对智能的理解依然不够全面。正如前面提到的苏轼的诗所描述的那样，人类对智能的认识仍然是片面和多维度的。科学家们尝试从不同的角度（包括生物学、神经科学、心理学、哲学和计算机科学等多个领域）来定义和理解智能，但至今仍未达成共识。

例如，生物学家研究了神经元之间的相互作用，试图通过了解大脑的物理结构来解释智能的来源。神经科学家则试图通过研究大脑的功能区域和神经网络，揭示智能是如何在大脑中实现的。心理学家则更关注智能的表现形式，如问题解决能力、创造力、情感智能等。而哲学家则在探讨智能的本质、智能与意识的关系，以及智能是否可以被机器真正复制等问题。

在这一过程中，出现了一种新兴的观点，即智能可能不仅是一种信息处理能力，还是一个动态的、不断发展的过程。智能不仅存在于个体大脑中，还可能体现在群体之间的协作、人与环境的互动及进化过程中。这个观点的出现，使人们对智能的理解更加多元化。

无论从哪个角度来看，智能的研究都处在一个不断演变的过程中，而这个过程本身也许就是智能的一种体现。

随着人工智能技术的不断发展，人类对自身智能的认识也在不断深化。理解智能是理解人类智能和人工智能的起点。在这个过程中，我们需要不断反思和重新定义智能的概念，从而更好地应对未来可能面临的挑战。钟义信教授认为，“人类智能”是“人类智慧”的一个子集。“慧”多指人的认识能力和思维能力，如“慧眼识英雄”；“能”多指做事的能力，如“能者多劳”。人类拥有至高无上的智慧，其他生物虽然也可以拥有不同程度的智慧，但都不如人类智慧那样完美。

为了达到改善生存发展水平这一永恒目的，人类需要凭借先验知识，根据目标和初始信息不断地发现需要解决而且可能解决的问题，也就是认识世界和改造世界，这个过程需要经历多次行动、反馈、学习、优化，直至达到目的。在这一过程中，根据自身的目的和知识发现问题、预设目标及修正目标是人类独有的能力，也是人类智慧中最具创造性的能力，需要目标性、知识储备、直觉、感悟力、启发力、想象力、灵感及美感等“内隐性”认知能力的支持，是一种“隐性智慧”。根据隐性智慧所定义的初始信息（求解问题—预设目标—领域知识）求解问题的能力也是创造性的能力，但其主要需要有根据初始信息来生成和调度知识，并在目标引导下由初始信息和知识生成求解问题的策略这样的“外显性”操作能力的支持，是一种“显性智慧”。总之，人类智慧就是“人类认识世界和改造世界并在改造客观世界的过程中改造主观世界”的能力。

而关于人类的智能，在人类智慧的概念中，由于隐性智慧所具有的“内隐”特性，通常需要由人类自身来承担；而由于显性智慧具有“外显”特性，因此可以通过人工的方法和技术在外部来模拟实现。为了推动对显性智慧的模拟研究，人们把显性智慧特别地称为“人类智能”。也就是说，人类智能是“人类根据初始信息来生成和调度知识，进而在目标引导下由初始信息和知识生成求解问题的策略，并把智能策略转换为智能行为从而解决问题”的能力。

本书沿用《人工智能导论》中的定义：智能是个体能够主动适应环境，获取信息并提炼和运用知识，理解和认识世界，采取合理可行的策略和行动，解决问题并达到目标的综合能力。

该定义有 3 层含义：第一，智能的基本能力是能够适应环境，无论是对低级生命还是高级生命而言；第二，智能是一种综合能力，包括获取环境信息，利用信息并凝练知识，采取合理可行的、有目的的行动，主动解决问题等能力；第三，这种综合能力具有主动性、目的性、意向性，除了本能的行为以外，正常人的智能及行动均具有意向性，反映了主观自我意识和意志。主动性、目的性的背后是意向性，这种意向性的深层含义是人类具有将概念与物理实体相联系的能力。这种人类个体的综合性能力具体包括感觉、记忆、学习、思维、逻辑、理解、抽象、概括、联想、判断、决策、推理、观察、认识、预测、洞察、适应、行为等，其中除了适应和行为是人脑的内在功能的外在体现（显智能），其余都是人脑的内在功能（隐智能），也是人类智能的基本要素，适应和行为是内在功能的外在体现。

需注意的是，这个定义只是为了帮助读者进一步学习和理解人工智能而给出的，并不反映智能的本质。上述有关智能的定义和讨论，可以启发我们进一步思考人工创造物是否可能具有智能甚至类人智能，而这正是人工智能思想的起源。

1.2 人工智能含义

无论是在学术界还是在工业界，人工智能都是一个流传广泛的概念。但是人工智能相对于传统的物质科学技术和信息科学技术领域来说，是一个充满不确定性的科技领域，这主要是由于智能的复杂性和不确定性。人工智能从诞生至今并没有建立起完整的理论体系、方法体系和技术体系，很多内容是在尝试、摸索、试错的过程中不断向前发展的。

人工智能这一概念自 1956 年被提出以来，虽然已经为社会和科学领域广泛接受，但是其真正的内涵仍然有很多争论。不同发展时期、不同学科、不同领域、不同行业的专家、学者甚至普通人都对其有不同层面、不同角度的理解和定义。

蔡自兴教授曾在其经典教材《人工智能及其应用》中列举了关于人工智能的 11 个定义。

现有的关于人工智能的定义主要从学科、知识、仿人或拟人、机器等不同的角度给出。

美国斯坦福大学人工智能研究中心的尼尔斯·尼尔逊（Nils Nillson）教授认为："人工智能是关于知识的学科——怎样表示知识及怎样获得知识并使用知识的学科。"这是从知识和学科的角度给出的定义。

事实上，人们对人工智能的认识随着理论进步和时代发展而不断改变。今天，从实践的角度，人们通常将人工智能理解为利用机器模拟人类智能来解决问题的科学领域。这样的定义更有助于人们从技术角度利用计算机实现各种算法、设计各种系统、模拟人类智能的某种特性、解决各种实际问题。

模拟人的智能来解决问题的模型、算法等可以统称为"人工智能技术"或者"智能技术"。当这些算法或模型以软件形式或加载到硬件系统的形式解决某些特定的问题时，就构成了智能系统。智能系统可以是特定场景中的硬件系统，比如汽车自动驾驶系统、智能家居系统，也可以是智能医院、智能城市这样的大系统，还可以是加载了大规模算法模型的智能平台。这些系统都是人工智能概念及技术在特定行业或领域的延伸应用。

加载了智能技术或系统，可以代替人类在诸多不同场景中解决问题、执行危险或困难的任务的机器就是智能机器。智能机器不同于传统机器之处在于，它们不仅可以在一定程度上代替人类完成某些任务，而且具有某些智能特征。也就是说，它们是具有智能属性的机器。上述这些定义反映了人工智能的基本含义。

这里所说的机器可以是计算机、汽车、各种机器人，甚至可以是某种家用电器。但是，任何类型的算法、模型、系统及搭载它们的机器本身都不是人工智能，而是实现人工智能的手段或载体。某一类或一种技术、方法、算法、理论，以及模型、系统、机器等，都不应笼统地、简单地称为人工智能，更不能将它们直接等价于或看作人工智能。

人工智能并非单一技术。例如在 20 世纪 80 年代到 90 年代，人们经常会在新闻报道中看到人工智能与基于规则的专家系统混为一谈。现在，人们经常把人工智能与非常流行的"大语言模型"（Large Language Model，LLM）相混淆，这就像将"物理"和"蒸汽机"的概念搞混了一样。人工智能包含算法和模型，也包含计算机中的其他应用。但是，人工智能的终极目的是探究如何在机器中实现类人的智能，而不是研究或发展某项特定技术或方法。所有人工智能方法或技术都是研究的阶段性或过程性产物。

实际发展中的人工智能，不囿于创造类人的智能机器，而是致力于利用强大的算法构建人工智能系统，解决特定领域和行业的各种问题，创造社会和经济价值。但这仍然是阶段性现象。从人工智能长远发展角度看，人们还是要在多学科交叉的基础上，对智能机制和本质问题追根溯源，这样才能发展出更先进的人工智能技术和方法。

对人工智能的科学讨论几乎总是开始于图灵测试。1950 年，艾伦·图灵（Alan Turing）发表了一篇具有划时代意义的论文，旨在回答"机器是否能够思考"这一问题。论文中没有提出"人工智能"这一概念，也没有直接回答"机器能否思考"，而是转而提出了一个被称为"模仿游戏"的测试，这一测试后来被称为"图灵测试"。

图灵测试的核心思想是通过语言交流来判断机器是否具备智能。图灵设想了一种场景：一位审判者与一位人类和一台机器进行对话，但审判者不知道自己是在与人类还是机器交谈。图灵的设想是，如果机器的回答足够令人信服，以至于审判者无法区分哪一方是机器，就可以认为这台机器具备了类似人类的智能。图灵测试背后的关键理念是智能的表现并不一定需要与人类完全相同的思维过程，只要机器能够在交流中表现得像有智能的个体，它就可以被认为是"智能的"。这一测试成为早期人工智能发展的理论基础，并且至今仍在许多关于人工智能的讨论中占据重要地位。图灵测试的提出推动了人们对机器智能的思考，虽然它有局限性，但仍然是理解人工智能的一个有力起点。在现代的人工智能发展中，尽管我们有了更加复杂的测试和标准来衡量智能，但图灵测试依然具有历史性意义，并帮助我们从互动行为的角度理解了智能及人工智能的本质。

从技术角度看，我们所说的“人工智能”严重依赖于我们想要该智能做的事，并不存在能够实现我们所有目标的单个定义。如果没有良好定义的目标来说明我们想要实现的东西或让我们衡量是否已经实现了它的标准，由范围狭窄的人工智能向通用的人工智能系统发展就不会是一件容易的事。

在人工智能发展过程中，哲学家、科学家、大众对何谓人工智能的理解并不是一致的，这里面存在系统的差异，对这种差异的检测或许会成为新的研究的起点。

一些乐观的哲学家、科学家认为人类能够制造出具有和人一样智能的机器人；另一些悲观的哲学家、科学家则认为人类乃万物之最灵者，不能（无法）造出具有人类智能的机器人。

1.3 人工智能相关概念辨析

随着人工智能的曲折发展，其内涵也在不断深化，出现了诸如“混合智能”“类人智能”“类脑智能”等新概念，“群体智能”（Swarm Intelligence）等传统概念被赋予了新的含义。更重要的是，由于对“智能”理解的差异及人工智能定义的模糊，出现了“弱人工智能、强人工智能”“专用人工智能、通用人工智能”“超级人工智能”等概念。这些概念至今仍然存在诸多争议，这里对这几个概念进行辨析。

1.3.1 对机器智能等传统及新概念的理解

图 1.1 所示为机器智能等传统及新概念之间的关系，人工智能是在机器上模拟人的智能。机器本身虽然不会自发地产生智能，但可以被人赋予智能。因此，从利用机器模拟智能的角度看，由于传感器（Sensor）、视觉、图像及算法等技术的发展，机器已经在许多方面体现出超越人类自然智能的特征，形成了机器独有的智能，可以统称为机器智能。

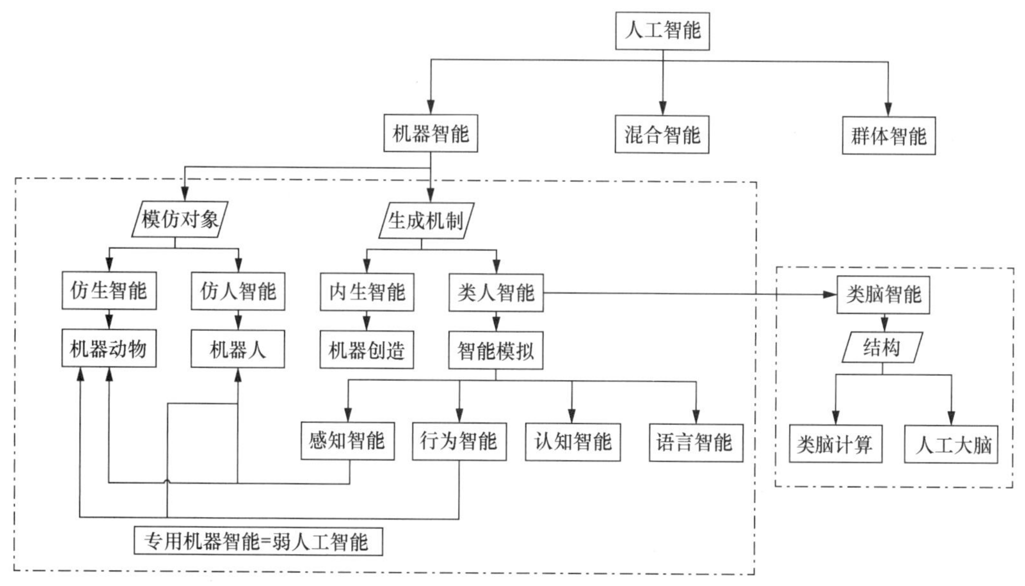

图 1.1 机器智能等传统及新概念之间的关系

人工智能发展早期，机器智能与人工智能在本质上没有区别。因为人工智能发展早期的计算机等机器在计算能力方面还很弱，算法也没有现在强大，机器本身的智能特性无法体现。

而现在，由于计算机算力的不断提升、算法性能的飞速提升、大数据的积累等，机器展示出了一些不同于自然智能的特性。因此，机器智能与人工智能开始有所区别。在具体含义上，首先，人工智能的依附载体是机器，就像人和动物有身体一样，机器就是人工智能的“身体”，有“身体”的机器会像人和动物一样有感知、认知、语言、行为等多样的智能；其次，相对于人和动物的智能而言，机器的智能不是自然进化产生的，而是人工创造的；最后，从人与机器的智能产生机制角度看，机器依托非自然的机制，可以产生不同于人类的智能甚至智慧，而所谓“机器智慧”在现阶段的人工智能领域已经初见端倪。2015 年以来，大数据技术及一种被称为深度学习的算法技术的发展和应用使机器（主要是计算机）产生了不同于人类的智能，非自然的智能产生机制可以使机器产生不同于人类甚至在某些方面超越人类的智能，比如 AlphaGo 的围棋算法使其在围棋方面的能力超过人类最高水平。因此，机器智能与人工智能有必要分开来理解。

仿生智能是人类从自然中汲取灵感以实现人工智能的有效途径。自然界中，无论是动物、植物还是微生物，均展现出不同程度的智能，这些生命形态都可以成为模仿的对象，从而推动人类发展出类似机器动物或机器植物的技术。作为生命进化的高级形态，人类的智能无疑是仿生智能研究的终极目标，这在以类人机器人（Humanoid Robot）为代表的技术发展中得到了体现。

在仿生智能的研究中，类人智能与仿人智能并不处于同一层次。同样，类脑智能也不同于简单的仿脑。仿人或仿脑只是类人或类脑研究的一部分，实际上，类人和类脑的研究方向各自分为“仿生”和“仿心”两个路径。

“仿生”主要关注模仿人类及大脑的生理行为，通常由机器人专家和计算机科学家主导，目标是实现部分或整体的人工大脑，或开发出具有某种认知功能的机器人。这一方向的研究操作性强，易于实现，但在实现高级认知功能方面存在挑战。

“仿心”则注重描绘大脑的心智活动，主要由心理学家主导，旨在解释人类认知的普遍规律。这一方向理论性强，但在实际操作中难以实现复杂的系统功能。尽管“仿生”和“仿心”各有优势，但它们在实践中并不完全兼容。

总体上，目前的机器智能主要从人类的感知、认知、语言、行为（具身）4 个方面出发，研究解决 4 个层次的问题。

机器智能是对人类智能的模拟，事实上，机器智能源自对人工智能的研究。所谓人工智能的研究，是指以人类智能的机理和实现方式作为研究对象而展开的工作。人工智能的研究是一件极其复杂的事情，因为人类智能总是充满着各种神秘的难以察觉和分析的问题。人类具有出色的语言、视觉和听觉功能，而这些功能都依赖于人的学习。对这种学习机制的研究并非易事，人类学习的过程综合运用了各种器官，具有难以想象的复杂性。人工智能的研究可以划分为两种不同的研究路径，其一是把重点放在观察和模型化上，我们称之为科学的人工智能；其二是把重点放在以计算机等实物为基础进行开发研究，我们称之为工程的人工智能。20 世纪 40 年代以来，计算机不断革新，已经更新了 4 代，即电子管计算机、晶体管计算机、集成电路计算机、超大规模集成电路计算机，到目前为止，我们正经历着第 5 代计算机的历史变革。第 5 代计算机是把信息的采集、存储和处理结合在一起的智能计算机系统，它能进行形式化的推理、学习和解释工作。紧随着第 5 代计算机，还将出现基于神经网络的第 6 代计算机，它模仿人脑的神经元结构，采用并行分布式网络技术组装而成，运算速度更高，智能特征更加明显。基于计算机系统的人工智能研究，使机器愈加具有智能的行为。然而无论机器智能如何发展，其与人类智能都有着本质的区别。

机器智能就其本质来说，是对人类思维过程的模拟，包括结构的模拟和功能的模拟。机器智能不仅模拟了人脑思维的过程，还强化了思维形式和功能在人类意识活动中的作用。这种强化导致的结果就是机器智能在某一方面表现出比人类智能更高的水平。事实上，机器智能只是对人类的部分思维过程的模拟，具有很高的局限性。机器智能对人脑的模拟表现为：用机器模拟人类的感觉器官，以便接收外界的信息；用机器模拟人脑的记忆功能，存储一定的信息，以备后用；用机器模拟人脑处理信息的方式，对信息加以分析和整理；用机器模拟人类的反应器官，以在必要时刻输出信息。但是由于人脑有着极其复杂的结构，其信息的处理过程并非现代的科学技术手段所能完全认知的，因此机器智能只能是对人类思维过程的部分模拟，而不可能是完全的模拟，不然人与机器又有何异呢？机器智能不具备人类智能的社会性和心理特征，人类的意识活动是社会的产物，是在一定的社会发展的基础上形成的，具有社会性。也就是说，人们在实践的过程中，总是需要考虑到社会影响以及实践的后果，在实践过程中人类的所思所想都带有社会性。而机器智能只是在执行特定形式的程序代码，并不会真正考虑到执行的社会意义和价值，更不可能理解由人类的感情、直觉、想象等一系列心理活动所组成的人类的精神世界。机器是人们利用电子器件和线路组成的机械物理装置，而用软件的方法来模拟人类的思维过程是一种机械的物理过程。机器智能还不具有人类智能所具有的创造性。人类智能是面向未来的，是变化发展的，并且总能够提出新的问题、发现新的事物。但是机器智能只能按照预先设定好的程序运作，不具有变动性，更不可能像人类思维那样提出新问题。

机器智能与人类智能有着本质的区别，但是它们之间也有着密切的联系，这主要体现在机器智能对人类智能的重要影响上。机器智能是人类智能的扩大器，它能帮助人类完成部分思维过程，减轻人们的劳动负担。另外，建立在机器智能基础上的智能机器可以帮助人们完成许多操作，特别是在一些人类无法直接参与或者无法到达的空间领域。机器智能是对人类思维的模拟，其依赖于对人脑理解的不断加深。机器智能与人类智能相互影响、相互补充。

1.3.2　弱人工智能与强人工智能

传统人工智能领域将人工智能划分为强人工智能与弱人工智能两大类。这个划分来自哲学家约翰·瑟尔（John Searle）的论述：“我们应当怎样评价计算机在模拟人类认知能力方面的成果所具有的心理学和哲学意义呢？在回答这个问题时，我发现，将我称为强人工智能的东西与‘弱’人工智能或者审慎的人工智能加以区别是有益的。就弱人工智能而言，计算机在心灵研究中的主要价值是为我们提供一个强有力的工具。例如，它能使我们以更严格、更精确的方式对一些假设进行系统阐述和检验。但是就强人工智能而言，计算机不只是研究心灵的工作，更确切地说，带有正确程序的计算机可被认为具有理解及其他认知状态，在这个意义上恰当编程的计算机其实就是心灵。在强人工智能中，由于编程的计算机具有认知状态，这些程序不仅是我们可用来检验心理解释的工具，而且本身就是一种状态。”

弱人工智能的研究目的并不在于模拟真实的人类智能，而在于构造一些并非完全和人类智能相一致的有用的算法，以便完成一些由人类很难完成的任务。只模拟人类某一方面的智能或解决单一问题的专用人工智能都属于弱人工智能。

弱人工智能是对人类认知过程的计算及软件程序模拟，但计算及软件程序过程并不是一个认知过程。而强人工智能则要求计算机的运行在原则上就是一种心智，具有智力、理解、感知、信念和其他通常归属于人类的认知状态。

强、弱人工智能与人类智能的区别在于是否具有自由意志。这里的自由意志泛指自我意识、情感、意向性、心灵、心智等内容。强人工智能的目的在于创造出具有人类意义上的自我意识的人工智能。

不管是大众还是人工智能领域的专家，都有意或无意地忽略了瑟尔最早提出的强弱两分标准，而是代之以新的标准：弱人工智能就是对人的局部模仿，强人工智能就是对人的全部模仿。

1.3.3 专用人工智能与通用人工智能

目前，按照人工智能技术发展的实际水平，可以将人工智能划分为专用人工智能和通用人工智能两大类。专用人工智能是专门处理某一领域特定问题的人工智能，比如象棋、围棋等棋类博弈，其具体算法智能只适用于解决特定问题。其模式也可能适用于解决其他问题，但需要对算法进行较大的改动。比如，识别人脸的算法不能用于识别物体，识别声音的软件不能用于阅读文字，地面清洁机器人不会帮助人洗碗筷、叠被子，等等。专用人工智能的目标是在行为层面上“看起来像有智能”。专用人工智能先做后思，即开始并不深究智能也不对智能做清晰的定义，而是通过技术迭代渐进式地提升智能化的程度，从而通过多样化的算法、软件及硬件实现各种功能不同的人工智能系统。

专用人工智能显然无须具备人类自我意志，因此它属于瑟尔意义上的弱人工智能。

通用人工智能（Artificial General Intelligence，AGI）在广泛的领域和任务上表现出与人类相当的智能水平，具备跨领域的理解和解决问题的能力。这种智能不局限于特定任务或领域（如棋类游戏、图像识别），而是能够在不同的环境中灵活适应、学习和推理，完成从日常生活到复杂科学问题的广泛任务。通用人工智能被认为是一种达到了人类智能水平，具有自主性、能够适应复杂环境变化的人工智能。这个概念在学术或科学层面上还是有争议的。事实上，人类智能只是某种程度上的通用智能，人类也只能做人类能做的事情。如果人们认为“通用”智能是有用的，人类就可以开发这样的机器，但目前人类尚不知道它是不是有用的。如何从狭窄的、适用于特定领域的智能迈向更通用的智能呢？这里说的“通用智能”并不一定意味着人类智能，但人们确实想要机器能解决不同种类的问题。实现这样的人工智能还需要很多技术突破，而这些都是难以预测的，大多数科学家认为这件事会在本世纪内发生。如果仅利用各种计算模型或算法，那么不可能产生适用于各种任务、问题和环境的通用人工智能。

一些专家认为，与当前的专用人工智能不同，通用人工智能不仅能在狭窄领域内表现出高效性，还具备更广泛的认知能力和灵活性。实现通用人工智能的核心问题在于“如何实现真正的智能”，这引发了对智能本质的深入探讨。智能不只是对信息的处理，它包含理解、推理、规划、学习和自主行动等复杂的认知功能。

常见误解是“强人工智能是人类智力级别通用人工智能研究的方向”。通用人工智能强调建立通用智能系统的目标，其应用覆盖人类能完成的多种任务。从完成任务的角度来看，通用人工智能不具备自由意志也可能完成各类任务，所以通用人工智能不一定是强人工智能，而可以是瑟尔所说的弱人工智能。反之，在智能方面全面达到了人类水平并具备自由意志的通用人工智能就是强人工智能。

1.3.4 超级人工智能

超级人工智能（Artificial Super Intelligence，ASI）是指一种远超人类智能水平的人工智能系统，它不仅能够在所有领域体现出超越人类的认知能力，还具备极强的学习、推理、决策和创新能力。超级人工智能是通用人工智能的进一步延伸，它不仅能够胜任各种人类能完成的任务，还能够比人类更高效、更全面地解决问题，甚至提出人类尚未理解或无法解决的复杂问题。

超级人工智能在所有智力领域（包括科学、艺术、社会领域等）都远超人类。例如，它能够轻松理解复杂的数学、物理问题，或者创造出全新的艺术形式和科学理论。它不仅能够从现有的数据和知识中学习，还能通过自主实验和探索来发现新的规律，从而推动科学、工程等领域技术的进步。

超级人工智能不仅能复制或模仿人类的行为，而且能够自主生成新知识和新方法。超级人工智能具备极强的推理和决策能力，能够在复杂和不确定的环境下做出最佳决策。它可以快速处理大量信息、预测不同决策的结果、优化资源配置、解决全球性的问题（如气候变化、疾病控制等）。在理论上，超级人工智能不仅具备强大的认知能力，还可能具有超越人类的道德理解力，能够做出更加公平和正义的决定，这也是未来发展中的一个重大挑战——如何确保超级人工智能的道德和伦理行为与人类价值观一致。

超级人工智能可以看作增强版的通用人工智能，所以，超级人工智能不一定需要具备自由意志，也可以有强、弱之分，即强超级人工智能、弱超级人工智能，二者的区别仍然在于是否具备自由意志。强超级人工智能是全面超越人类智能并具备自由意识的强人工智能，反之就是弱超级人工智能。强超级人工智能、弱超级人工智能都是通用人工智能，而不是专用人工智能。

总之，以是否具备自由意识为标准，可以大致对上述几个重要概念建立起初步的理解。上述重要概念之间的关系如图 1.2 所示。

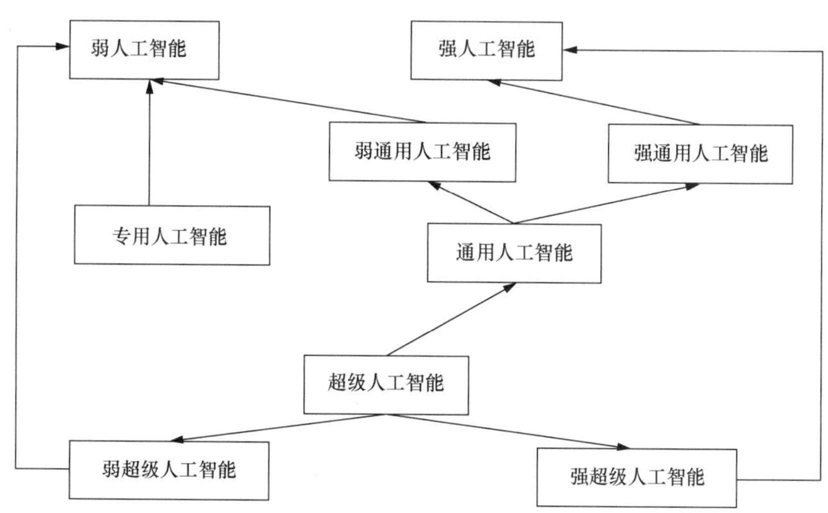

图 1.2　人工智能重要概念之间的关系

1.4　人工智能的认识视角

鉴于人工智能与宇宙、生命、人类、文明、物质、信息，以及智能、意识、意志等根本性问题的直接的、内在的紧密联系，人们看待人工智能不应局限于近代以来的技术发展和进步，而应将其放在宇宙演化、人类进化、文明进步的大历史背景下加以考察和分析，以更好地理解人工智能的本质。

1.4.1　智能进化的大历史框架

“大历史”（Big History）是一个跨学科的研究框架，它试图通过将宇宙的起源、地球的形成、生物的演化和人类文明的发展置于同一个连续的时间轴上来提供一个整体性的视角。这种方法使我们能够将人工智能的出现视为宇宙物质在漫长时间内经过一系列复杂演变后出现的一种新型现象。

“大爆炸宇宙论”认为，138 亿年前，宇宙大爆炸（Big Bang）标志着时间和空间的开始，能量和物质在这一事件中产生，并在随后的数十亿年中形成了星系、恒星和行星。随着宇宙的膨胀和冷却，原始的氢和氦原子逐渐聚集，形成了恒星，恒星内部发生的核聚变反应使更重的元素产生，这些元素在恒星爆炸（超新星）后散布到宇宙空间，成为形成行星和生命的基本材料。

大约 46 亿年前，地球在太阳系中形成。大约 38 亿年前，地球上的化学元素在极端环境下经历复杂的化学反应，最终形成了最早的生命形式——单细胞生物。这些生物通过自我复合变异逐渐演化，经过数十亿年的自然选择，演化出越来越复杂的生命形式——多细胞生物、植物、动物，最终在大约 20 万年前，演化出了具有高级智力的生物——人类。

人类在大约 20 万年前出现后迅速进化。通过制造工具、使用火、发展语言和符号，早期人类能够更有效地与环境互动，并逐渐形成复杂的社会结构。大约 1 万年前，农业革命使人类能够定居并发展出早期的文明，这一变化极大地推动了人类社会的复杂化，并促进了知识的积累和传播。

随着人类文明的发展，工具的复杂性和功能性也不断提高。近 300 年来，工业革命使人类能够利用机械设备和能源，极大地提高了生产力和科技水平。进入 20 世纪后，计算机技术出现，智能工具进入新阶段：这些工具不仅能够执行人类设计的任务，还能够通过学习和优化算法不断提高自身的智能水平。

人工智能的出现可以被看作物质智能化进程的一个重要节点。人类通过探索大脑的工作原理，借助计算机技术，成功地创造出了能够模仿人类思维和学习能力的机器。这种智能化的工具不仅改变了人类的生产方式，还在潜移默化中改变了人类的社会结构、经济模式和文化表达形式。

从大历史的视角来看，人工智能并非孤立的技术现象，而是宇宙智能进化链条上的一个新环节。正如生命在地球上演化为更高级的形式，人工智能也可能在未来演化为更高阶的智能形态。此时，我们需要思考：人类存在的意义是什么？我们是否应该通过人工智能实现某种新的存在形式？在宇宙的宏观背景下，人类和机器智能将如何共存和进化？

1.4.2　哲学与伦理视角

在哲学和伦理领域，人工智能技术的快速发展引发了广泛的争议。

首先，随着 ChatGPT 等大语言模型的迅猛发展，大语言模型是否产生了意识等问题成为争论的焦点。正如强人工智能一样，这样的问题在今天仍然属于哲学问题，包括通用人工智能这类概念也具有很强的哲学意义。总之，随着人工智能的深入发展，关于机器是否能拥有意识、道德责任及权利的讨论开始变得日益重要。

其次，随着人工智能系统在决策过程中的广泛应用，伦理和道德问题变得愈加复杂。人工智能的自主性和决策能力已经使简单的技术问题升级为复杂的伦理挑战。

人工智能的决策往往是基于数据和算法的，而这些算法并非中立的。算法偏见已经成为一个备受关注的问题，尤其是在强调公正和公平的领域。例如，在招聘、贷款审批、刑事司法等领域的人工智能系统中，偏见和歧视问题屡见不鲜。这些系统如果未经审查，可能会加剧社会不平等，并固化现有的偏见。因此，如何确保人工智能系统的透明性、公正性和问责性，成为一个迫切需要讨论的伦理议题。

虽然这些问题目前更多是理论上的探讨，但其背后的伦理挑战已经开始显现。例如，在医疗领域中，如果人工智能诊断出错，责任应该由谁承担？是医生、开发者还是人工智能本身？

1.4.3 人文与文化视角

在人文与文化领域，人工智能不仅作为工具参与其中，更成为文化现象本身。人工智能技术的发展深刻改变了文化的生产和传播方式，从根本上重新定义了我们对创造力和艺术的理解。传统上，艺术和文学创作被认为是人类特有的天赋和表达方式，然而，随着人工智能创作工具（如 GPT-4 和 DALL·E 等）的出现，机器开始进入这些领域，甚至创造出了令人惊叹的作品。

与此同时，人工智能也在改变着文化的传播方式。通过算法推荐系统，人工智能可以根据用户的偏好，自动推荐新闻、音乐、电影等内容。这在提升用户体验的同时也带来了文化消费的“信息茧房”效应——人们更容易陷入同质化的信息和文化环境中，导致文化多样性的降低和社会舆论的极化。

在音乐、绘画、文学等领域，人工智能已经能够模仿甚至超越人类创作者。例如，OpenAI 的音乐生成模型能够根据用户指定的风格或情绪，创作出高质量的音乐作品，在某些情况下人们甚至难以将这些作品与人类创作的作品区分开来。这种现象引发了关于创造力的本质及其意义的哲学讨论：如果机器可以创作出与人类创作的作品无异的艺术作品，那么人类的创造力是否仍然独特？人工智能的创造力已经对人类作为高级智能生命的尊严构成挑战，这不仅是技术层面的问题，更涉及对人类存在意义的反思：如果机器能够具有我们所拥有的大部分能力，我们作为人类的独特性和价值何在？

1.4.4 科学与技术视角

人工智能是多学科交叉的产物，其成长和发展离不开哲学、数学、物理学、语言学、心理学、脑科学、神经科学、计算机科学、控制科学等多个学科的理论、方法和技术的交叉融合。

从科学与技术的角度看，人工智能已经不仅仅是一种应用技术，而成了一种全新的科学工具和研究范式。人工智能不仅改变了我们进行科学探索的方式，还改变了科学研究本身的性质。传统上，科学研究依赖于观察、实验和理论构建，而人工智能则引入了一种全新的方法——基于大数据的模式识别与预测。

例如，在生物医学领域，人工智能通过深度学习技术显著加快了药物的研发进程。传统的药物研发可能需要数年时间，而人工智能通过分析海量生物数据和化合物信息，可以快速筛选出潜在的药物分子，从而大幅缩短研发时间。此外，在基因组学、蛋白质组学等领域，人工智能可助力科学家解码复杂的生物系统，并提出新的科学假设，这在传统认知中几乎是不可想象的。

同时，人工智能作为一种研究范式，使得数据驱动科学兴起。在天文学、气象学等领域，人工智能可以通过处理庞大的数据集，发现隐藏的模式和规律。这种基于数据的研究方式正在逐步取代传统的理论驱动方式，从而开启了科学研究的新纪元。

1.4.5 社会与经济视角

人工智能在社会和经济领域的影响被广泛讨论，它通常被视为一把双刃剑。人工智能显著提高了生产力，推动了经济的飞速发展。智能技术让工厂生产更加高效，智能算法优化了供应链管理，大数据分析增强了市场预测能力，所有这些都使得企业能够在全球竞争中保持领先地位。

以制造业为例，智能制造正在重新定义生产流程。自动化设备不仅能够完成传统机械所不能完成的精密任务，还可以通过机器学习算法进行自我优化，以进一步提高生产效率。这使得一些国家，如德国，通过“工业 4.0”战略引领了全球制造业的升级换代。然而，伴随效率提升而来的是就业市场的巨大变化。低技能和重复性工作的自动化导致大量工人失业，而新兴的高技能岗位则需要更高水平的教育和技术培训。这种不平衡加剧了社会的不平等，形成了新的“数字鸿沟”。

在经济领域，人工智能还催生出了新的商业模式，如共享经济、平台经济和数字金融。人工智能的应用在金融领域尤其突出，算法交易、智能投顾等已经成为金融市场的重要组成部分。然而，这也带来了新的风险，例如算法交易导致市场的波动加剧、金融监管的复杂性提升等。

总之，人工智能与宇宙、物质、意识、信息、能量、生命等基本概念的直接联系，以及与哲学、科学、人文、文化、社会、伦理等不同领域的交叉融合，使人们不能再将其看作一门简单的技术，而是上述各领域的大融合。从本节介绍的 5 个视角认识人工智能，如图 1.3 所示，才能真正理解其对人类社会现在、未来的意义和价值。

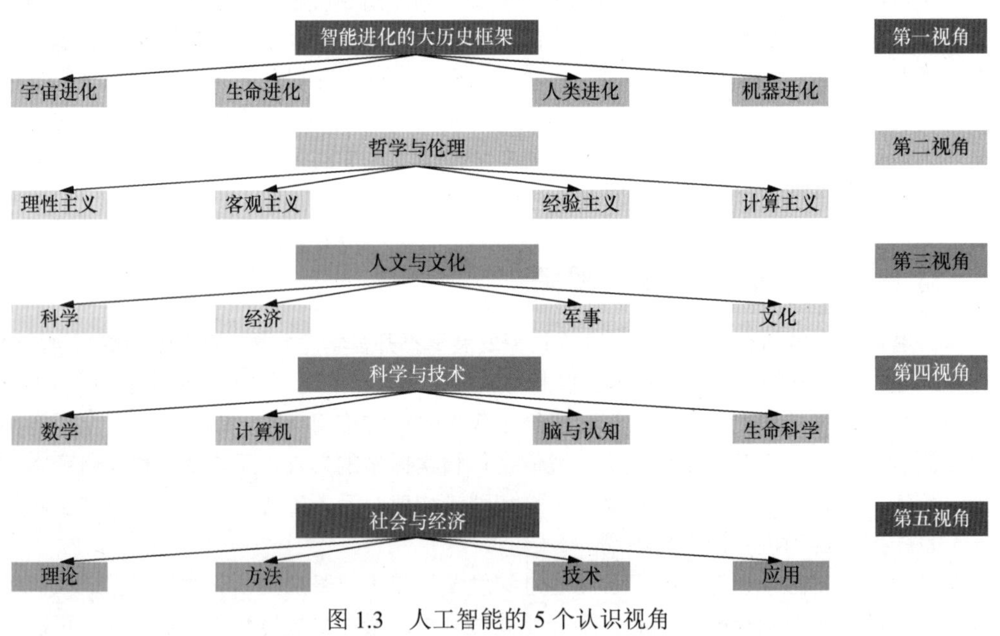

图 1.3 人工智能的 5 个认识视角

1.5 人工智能研究重点方向及领域

人工智能经过 60 多年的发展，产生了不同的学派和方法，这些学派和方法的一些思想不断延续发展，为许多新方法、新技术的产生奠定了坚实的思想基础，由此也形成了现代研究的重点方向及领域。这些重点方向及领域主要体现在从不同角度模拟人的智能进而实现机器智能。下面首先介绍传统的人工智能学派。

1.5.1 传统研究方向与领域

人工智能在早期发展过程中主要形成了符号主义、联结主义和行为主义三大学派，三大学派对智能的认识和模拟的智能出发点不同，发展出许多具体的方法和研究方向。三大学派的主要思想如下。

1. 符号主义

符号主义认为人类的智能主要体现在能够处理符号上，人类的大脑通过符号处理知识。如果计算机能够像人的大脑一样处理符号，就可以通过符号表征实现机器的智能。因此，符号主义人工智能以物理符号系统假设为基础，希望通过计算机处理符号，通过符号表征实现智能。符号主义又有逻辑学派、认知学派之分。

（1）逻辑学派：逻辑学派主张用逻辑来研究人工智能，即用形式化的方法描述客观世界。基于逻辑的人工智能常用于任务知识表示和推理。其核心思想如下。

① 智能机器必须有关于自身环境的知识。

② 通用智能机器要能陈述性地表达关于自身环境的大部分知识。

③ 通用智能机器表示陈述性知识的语言至少要有一阶逻辑的表达能力。

逻辑学派在人工智能研究中，强调的是概念化知识表示、模型论语义、演绎推理等。经典逻辑人工智能（特别是与统计学结合时）可以模拟学习、规划和推理。

（2）认知学派：传统的认知学派从人的思维活动出发，利用计算机进行宏观功能模拟。认知学派认为物理系统表现出智能行为的充分必要条件是它是一个物理符号系统，这样就可以把任何信息加工系统看成一个具体的物理系统，如人的神经系统、计算机的构造系统等。

2. 联结主义

以模仿人脑神经网络结构形成的人工神经网络是联结主义的核心方法，主要通过构建各种结构不同的人工神经网络模拟大脑神经信息处理，实现非程序的适应性人工智能技术。其基本特点是采用分布式方式存储信息，以并行方式处理信息，具有自组织、自学习能力。传统的浅层神经网络有数百种模型，多数只限于处理特定问题和小规模问题。传统的结构简化的神经元及其所构建的网络在识别、理解等方面与人脑的表现相比相差较大，现代深度神经网络在结构上与人脑神经网络也毫无相似之处，所实现的机器智能虽然在图像识别、语音识别等方面超越人类智能，但在语义理解和认知方面还远不及人类。

3. 行为主义

行为主义的核心思想则是模拟动物或人的行为以形成智能。因此，在人工智能领域，行为主义学派通常考虑较多的是动物智能，而不仅仅是人的智能。行为主义主张以复杂的现实世界为背景，智能的形成不依赖于符号计算，也不依赖于联结主义，而是让智能在与环境的交互作用中表现出来，即不考虑大脑内部的机制，直接通过行为模拟实现智能，可以称之为“无脑”智能。

行为主义者坚信，认知行为是以“感知—行动”的反应模式为基础的，智能水平完全可以而且必须在真实世界的复杂环境中进行学习训练，在与周围环境的信息交互作用与适应过程中不断进化和体现。研究人员研制具有自学习、自适应、自组织特性的智能控制系统，开发各种工业机器人和自主智能机器人。行为主义学派的主要成果是研发出了各种机器人。

总体而言，符号主义主要对应的是对认知智能的研究，因为人的认知能力的表现之一就是对符号的理解、表达。行为主义一般通过电子、机械、控制、计算机、仿生等多种技术手段和数学模型模拟行为智能。通过强化学习实现无模型的行为运动训练和控制近年来得到较快发展，有望成为新的行为主义方法。联结主义或结构主义的人工神经网络方法主要在感知智能方面发挥作用。

1.5.2 现代研究重点方向及领域

在传统人工智能学派的基础上，从智能特征模拟角度划分，目前，人工智能大概可划分为 8 个重点方向及领域：感知智能、认知智能、语言智能、行为智能、具身智能、类脑智能、混合智能、群体智能。

1. 感知智能

人的感知能力有限，不能感知红外线、紫外线、超声、次声领域的信息；人的反应的灵敏度不够高，不能感知微弱的光学信息和声学信息；人的分辨精度也比较低。而借助现代计算机及传感器，可以让机器形成独有的视觉、听觉、嗅觉、触觉，从而感知外部世界。感知智能是通过模拟人或动物的感觉器官对外界环境的感知能力形成的机器智能，包括对视觉、听觉、触觉等的模拟。其中由对图像等的识别所形成的计算机视觉领域已经成为机器智能的重要基础，并从单一模式的感知向跨媒体、多媒体、多模态等新方向发展。无论是对机器还是人类而言，感知智能都是初级能力。对人类而言，感知能力更多是一种本能，比如人脑对经由眼睛输入大脑的信息处理不需要大脑主动思考。而人类自然具备的感知智能，对机器而言，则需要通过各种传感器和信息处理系统才能形成。但借助计算机的强大计算能力，机器通过传感器对外界或环境的感知能力可以远超人类，比如，机器可以通过红外线视觉感知到发热的物体，这是机器智能的一个突出优势。感知智能的主要研究内容包括传感器、计算机视觉、模式识别等。

2. 认知智能

认知智能的研究重点是使机器具备获得知识或应用知识的能力，或者具备类人的心理结构，从而对信息进行有目的的加工。机器认知智能的核心在于机器的辨识、思考及主动学习。其中，辨识指能够基于掌握的知识进行识别、判断、感知，思考强调机器能够运用知识进行推理和决策，主动学习突出机器进行知识运用和学习的自动化和自主化。这 3 个方面概括起来就是庞大的知识库、强大的知识计算能力及丰富的计算资源。

传统物理符号主义研究的是初级的认知智能。人的认知能力的表现之一就是对符号的理解、表达。大脑在信息处理中比计算机更重要的能力是对信息和内容的理解、描述等。认知智能是指机器具备类人的对信息和内容的理解、描述等认知能力，以及基于某个场景、环境或某种理解下的交互智能，甚至一定的语言表达能力。这些能力也是大脑所拥有的比机器或计算机更强的信息处理能力。人们希望在浅层次的感知智能和初级符号处理认知智能的基础上，发展出能够在一定情况和环境下进行思考、理解、反馈、适应的深层次、交互式、高级认知智能。认知智能是比感知智能更先进的人工智能，但现阶段人工智能在机器认知智能方面还没有取得有价值的突破。认知智能的主要研究内容包括问题求解、逻辑推理、知识图谱等。

3. 语言智能

语言是人类所具有的区别于其他动物的高级认知智能。人们通过一定的方法使机器能够处理语言、文字，听懂人话或声音并与人交流，从而形成机器的语言智能。人们希望机器也具备像人一样在某个场景、环境下的语言交流、表达能力。机器的语言智能主要指对人类语音的识别、对人类文字信息的处理、不同语言的翻译等方面的能力。目前，机器在语言智能方面已经发展出较成熟的语音、文字、翻译处理能力。机器的优势在于拥有强大的语言数据处理能力，但是不具备对于人类语言及背后的文化含义的理解能力。

4. 行为智能

行为智能主要研究机器模拟、延伸和扩展人的智能行为，如语言、动作、监测、控制等行为。智能通过眼睛等各种感官获取信息，经由大脑信息处理系统进行处理，再通过行为表现出来。行为智能通过模仿人类或动物的行为实现智能，主要以机器人为研究和实验对象。机器人是一种能够进行编程并在自动控制下执行某些操作和移动作业任务的机械装置。机器人可以从不同角度划分，比如从用途划分，有工业机器人、农业机器人、军用机器人等；从活动范围划分，则有陆地移动机器人、水面无人艇、空中无人机、太空无人飞船等。除了计算机以外，机器人是实现和体现机器智能的重要载体。机器人也是人工智能的一种实际应用，对问题求解、搜索规划、知识表示和智能系统等人工智能理论的进一步发展都有促进作用。现代机器人技术在类人智能没有实现之前，都是行为模拟，在学习、推理、决策、识别、思维等方面与人类毫无可比性。因而以机器人为研究对象的机器人学的进一步发展需要人工智能技术的支持，机器人学的发展也为机器智能提供了一种非常合适的试验与应用场景。

但目前的机器人还不能像人类或动物一样灵活适应复杂环境并自主行动。机器人的行为智能的发展需要感知智能、认知智能的配合，这样机器人的行为才能更加自然。

5. 具身智能

具身智能指的是机器通过与物理世界的直接交互和适应来实现智能行为，这种智能与行为主义有密切关系，也与机器的物理结构密切相关。具身智能强调的是智能体在物理环境中的感知、动作和适应能力。与传统的人工智能研究主要关注计算和算法不同，具身智能的研究核心在于理解和设计机器如何通过其身体的形态和运动来完成复杂任务。

具身智能的理念基于这样一种观点：智能并不仅仅是大脑（或中央处理器）处理信息的结果，而是整个身体与环境互动的产物。通过这种互动，机器可以学习如何适应变化的环境，并执行与其物理结构相协调的动作。这种智能不仅需要感知能力，还需要灵活的运动控制系统和实时的反馈机制，以确保机器能够在动态和未知的环境中自主完成任务。

具身智能的研究对象主要包括各类机器人，尤其是那些需要在复杂环境中自主导航、操作或协作的机器人。具体应用包括服务机器人、医疗机器人、救援机器人及探索未知环境的机器人（如行星探测器）等。现代具身智能机器人已经在物流、医疗、农业等领域展现出了广阔的应用前景。

具身智能的实现依赖于多学科的交叉融合。除了传统的人工智能技术，具身智能还需要集成生物力学、控制理论、传感器技术和材料科学等领域的最新成果。例如，仿生机器人的设计往往借鉴自然界中的生物形态和运动机制，以实现更高效的运动和更强的适应能力。此外，具身智能机器人还需要高效的能量管理系统和复杂的传感器网络，以在长时间任务中保持性能的稳定。

行为智能和具身智能都是人工智能的重要研究方向，它们有着共同的目标和应用领域，但在实现方式和研究重点上存在明显区别。行为智能更侧重于模拟和扩展具体的智能行为，而具身智能则强调智能体的身体与环境之间的互动及其对智能行为的影响。

6. 类脑智能

不同于经典联结主义人工神经网络技术，类脑计算是伴随脑科学、神经科学及物理观测手段的进步而发展的新型人工智能技术。类脑智能从微观、介观、宏观（即分子、细胞和网络）3 个层次对大脑展开深入剖析，发现大脑形成感知、认知的神经生理机制、脑神经回路和区域及神经元信息编码方式等，再从神经生理层面研究脑机制启发的神经计算方法。对人脑神经元和人类神经网络结构进行深入研究，有助于创造出新一代人工智能机器——类脑计算机。

科学家们利用电子技术、芯片技术等硬件实现类脑的神经网络物理结构，或利用虚拟仿真技术模拟大脑的宏观、微观结构，设计出类脑计算机和人工大脑，以最终实现类人的智能。这种技术的最高级阶段是实现类人电子大脑或人工大脑，可以看作联结主义在硬件方面的升级版或者硬件联结主义，其遵循的基本思想是智能可以通过搭建类似的神经网络结构而涌现出来。

7. 混合智能

混合智能（Cyborg Intelligence，CI）是一种将生物智能与机器智能相结合的新型智能形态。混合智能以生物智能和机器智能的深度融合为目标，通过相互连接通道，建立兼具生物和人类智能的环境感知、记忆、推理、学习、操控能力的新型智能系统，从而诞生了增强现实、可穿戴外骨骼（Exoskeleton）、脑机接口（Brain-Machine Interface，BCI）等多种典型技术。

混合智能可以通过与人类智能的混合来弥补机器智能在推理、决策等方面的缺陷，还可以利用机器增强人类的体能等。比如，通过机械外骨骼可以增强人的体能，使人可以举起几倍于自己体重的重物；脑机接口技术可以让残疾人通过脑电波控制机械臂，从而完成端茶、倒水等任务。人机协同的混合智能是新一代人工智能的典型特征。混合智能的主要研究内容包括人机融合、人机协同、人机交互等。

8. 群体智能

传统的群体智能主要是指受到蚂蚁、蜜蜂等社会性昆虫的群体行为的启发而开发出来的智能算法，以 1991 年意大利学者马尔科·多里戈（Marco Dorigo）提出的蚁群优化（Ant Colony Optimization，ACO）算法及 1995 年詹姆斯·肯尼迪（James Kennedy）等学者提出的粒子群优化（Particle Swarm Optimization，PSO）算法为代表。在我国 2018 年发布的《新一代人工智能发展规划》中，群体智能有了新的含义：以互联网及移动通信为纽带，使人类智能通过万物互联的一种新智能形态或方法。目前，基于群体开发的开源软件、基于众问众答的知识共享平台、基于群体编辑的维基百科等都被看作人类群体通过网络协作而取得的群体智能成果。

1.6 人工智能基础技术

近年来，人工智能的快速发展得益于一系列基础技术的进步和成熟，特别是物联网、大数据、超级计算和机器学习的突破。这些技术为人工智能提供了强大的数据处理能力、学习能力及与环境交互的能力，使其在各个领域得以广泛应用。目前，人工智能的基础性技术主要包括以下几个。

1. 大数据

大数据最早在 20 世纪 90 年代被提出。在 2008 年《科学》杂志出版的专刊中，大数据被定义为“代表着人类认知过程的进步，数据集的规模无法在可容忍的时间内用目前的技术、方法和理论去获取、管理、处理”。21 世纪，随着以博客、物联网、移动互联网等为代表的新型社交网络的快速发展，以及平板电脑、智能手机等新型移动设备的快速普及，数据一直呈爆炸式增长，世界已经进入数据大爆炸时代。简单地说，从各种类型的大量、海量数据中，快速获得有价值信息的能力，就是大数据技术。大数据是现阶段人工智能技术发展和应用的重要基础。对大数据进行收集、处理的最根本目的是从中提取出有价值的信息，并根据不同的需求将其运用到生物、医疗、经济、科学、环保、制造、娱乐、物联网等领域。大数据作为一种战略性资源，不仅对科技进步和社会发展具有重要意义，对人工智能的发展也起到了基础性支撑作用。

近年来，大数据技术快速发展，特别是数据的存储、处理和分析方面。随着数据清洗、整合技术的进步，深度学习算法得以在更为干净和结构化的数据集上进行训练，从而显著提高了模型的准确性和鲁棒性。当前，数据的获取、管理和应用已经进入了一个全新的阶段，大规模高质量数据集的存在使人工智能技术能够处理更为复杂的任务，从而进一步推动了人工智能的性能提升。

2. 人工神经网络

人脑是一个功能特别强大、结构异常复杂的信息处理系统，其基础是神经元及其互联关系。人工神经网络是联结主义的核心技术。通过模拟人脑的神经网络联结模式，人工神经网络从最简单的神经元数学模型开始，其间经历了颇多波折、几起几落，发展出许多经典的算法模型和思想，比如感知机、反向传播算法等。这些早期的简单模型发展到今天，已经形成了多种庞大、复杂的模型及算法，其被称为“深度神经网络”。这些模型及算法主要在感知智能方面取得了重大进展。

3. 机器学习

学习是人类智能的主要标志和获得知识的基本手段，而学习能力无疑是使人工智能获得认知智能的重要能力。机器学习是使计算机具有类人智能的基本方法之一，也是目前最重要的方法。机器学习还有助于发现人类学习的机理和揭示人脑的奥秘。机器学习的目标是让机器具备像人一样学习的能力，专门研究计算机怎样模拟或实现人类的学习行为，以获取新的知识或技能，重新组织已有的知识结构从而不断改善自身的性能。机器学习是人工智能的核心技术之一。

机器学习已经有十分广泛的应用，如数据挖掘、计算机视觉、自然语言处理（Natural Language Processing，NLP）、生物特征识别、搜索引擎、医学诊断、检测信用卡欺诈、证券市场分析、DNA 测序、语音和手写识别、战略游戏和机器人运用等。

深度学习是机器学习的一个子领域，通过多层神经网络模型来模拟人脑的神经活动，处理和分析大规模数据。深度学习已经在语音识别、图像识别、自然语言处理、推荐系统等领域取得了重大突破。深度学习的进步依赖于大数据、强大的计算能力及先进的算法，如卷积神经网络（Convolutional Neural Network，CNN）、递归神经网络（Recurrent Neural Network，RNN）和生成对抗网络（Generative Adversarial Network，GAN）等。

4. 预训练大模型

在深度学习的基础上发展而来的预训练大模型代表了人工智能领域的重要技术突破，它通过对海量数据的预训练来获取广泛的知识和能力。这类模型采用 Transformer 架构（3.7 节介绍）作为基础，通过自注意力机制来处理和理解复杂的序列数据。以 GPT（Generative Pre-trained Transformer）系列（6.1 节介绍）为例，截至本书编写时，模型规模已经从最初的 1.17 亿参数发展到如今的数千亿参数，计算能力和理解能力都得到了显著提升。

预训练大模型的工作原理是先在海量未标注的数据上进行自监督学习（Self-Supervised Learning），习得语言的基本规律和知识表示，再通过微调或少样本学习来适应特定任务。这种预训练—微调范式极大地提高了模型的通用能力和迁移能力。模型在预训练阶段会学习到词义关系、语法结构、世界知识等多层次的语言特征，为后续的具体应用奠定基础。

近年来，预训练大模型的发展呈现出多模态融合的趋势。除了处理文本数据，新一代模型还可以理解图像、音频、视频等多种形式的输入，并实现跨模态的内容理解和生成。这种进展使模型可以更好地模拟人类的认知方式，处理现实世界中复杂的信息输入。

然而，预训练大模型的发展也面临着计算资源消耗大、训练成本高、推理延迟高等挑战。为此，研究人员正在探索模型压缩、知识蒸馏、稀疏计算等优化方案，以提高模型的实用性。如何提升模型的可解释性、确保输出的可靠性，以及降低训练过程中的能源消耗，也是当前研究的重点方向。

在实际应用中，预训练大模型已经在自然语言处理、计算机视觉、语音识别、内容生成等多个领域展现出强大能力，成为支撑新一代人工智能应用的核心技术基础。随着算法的持续优化和算力的不断提升，预训练大模型将在更多场景中发挥重要作用，推动人工智能技术向更高水平发展。

5. 计算机视觉

计算机视觉是用摄像机和计算机代替人眼对目标进行识别、跟踪和测量，并进一步做图形处理，从图像中识别出物体、场景和活动的能力。

2000 年左右，人们开始将机器学习技术用于计算机视觉系统，实现了诸如车牌识别、人脸识别等技术。2010 年后，深度学习技术使得通过计算机视觉实现的机器感知智能飞跃发展，已经在大规模图像识别等任务中超越人类的自然视觉感知智能，但在图像理解方面还远远不如人类。计算机视觉目前还主要停留在图像信息表达和物体识别阶段，主要应用在安防摄像头、交通摄像头、无人驾驶、无人机、金融、医疗等方面。

6. 语音识别

语音识别技术是让机器通过识别和理解过程，把语音信号转变为相应的文本或命令的高新技术。语音识别技术主要包括特征提取技术、模式匹配准则及模型训练技术 3 个方面。语音识别是人机交互的基础，主要解决“让机器听清楚人在说什么”的难题。

语音识别系统使用与自然语言处理系统相同的技术，再辅以其他技术，比如描述声音和其出现在特定序列和语言中的概率的声学模型等。

2010 年后，深度学习的广泛应用使语音识别的准确率大幅提升，可以实现不同语言间的交流，用户通过语音功能说一段话，随之可以将其转换为另一种文字；智能助手通过语音识别可以帮助人们完成一些任务。基于自然语言的语音识别更难、更复杂，目前的研究在理解和认知方面还没有突破。语音识别目前主要应用在车联网、智能翻译、智能家居、自动驾驶、电子病历、语音书写、语音客服等方面。

7. 多智能体技术

代理是一个能够感知其所处环境的系统，并采取行动使其任务成功的机会最大化。代理人的概念首次传达了智能单位与共同目标协同工作的理念。这种新范式的目的是模仿人类在团体、组织和/或社会中协同工作的方式。智能代理被证明是一种更多元的智能概念。

在人工智能研究中，智能体概念的回归并不单单是因为人们认识到了应该把人工智能各个领域的研究成果集成为一个具有智能行为概念的“人”，更重要的原因是人们认识到了人类智能的本质是一种社会性的智能。要对社会性的智能进行研究，构成社会的基本构件“人”的对应物“智能体”理所当然地成为人工智能研究的基本对象，而社会的对应物“多智能体系统”也成为人工智能研究的基本对象。如今，大模型驱动的智能体将成为人工智能未来的基础性技术之一。

8. 自然计算

自然计算模仿自然界中的计算过程，包括进化计算、粒子群智能和 DNA 计算等。进化计算（如遗传算法）模仿自然选择过程来优化问题求解过程，群体智能（如蚁群优化算法和粒子群优化算法）模拟生物群体的集体行为。自然计算为解决复杂优化问题提供了新的工具，特别适用于求解 NP 难度问题。自然计算通过模拟自然界中的进化、适应和集体智能（Collective Intelligence）行为，为复杂问题的求解提供了创新工具。它的灵活性和适应性使其在处理传统计算难以解决的优化问题时展现出独特的优势，特别是对于 NP 难度问题，自然计算提供了良好的解决方案。

1.7 人工智能技术的社会与行业应用

人类历史的发展表明，人类生存的方式与文明程度很大程度上取决于科学技术的发展水平。而科学一旦形成，也就塑造了“人类科学”的存在形态，人类目前的社会状况与运行方式是科技革命的结果。人工智能作为新一代科技革命的亮丽皇冠，同样会重塑人类未来的存在形态。如我国“人工智能+”计划的实施促进了人工智能技术与经济社会各领域的紧密融合，推动了智能化转型和升级。这不仅提高了生产效率，重塑了产业生态，还塑造了相应的社会新形态。当今，大数据、智能制造、智能机器、智能社会、物联网等新领域层出不穷，人工智能正在重塑各行业和整个社会。

1. 服务业及日常应用

在我们的日常生活中，人工智能技术的应用也不少见，其在各种小细节处为人们的生活提供便利。

例如，微信中将语音转换为文字的功能，运用的就是语音识别技术，机器通过语音识别输出文字，为暂时不能或不便听语音的人提供了便利；用于浏览新闻或购物、读书等的软件会根据用户的搜索历史进行个性化推荐，这是建立在海量数据挖掘的基础上实现的。人工智能技术已经融入人们生活的方方面面，人们的日常活动几乎都离不开人工智能技术的支持，人工智能技术依靠独特的优势使人们的生活更加便利。

服务业以现代科学技术为支撑，能够提升传统服务业的质量水平，产生新兴的服务业态，使人们的生活更加高效。以垃圾处理为例，人工智能技术应用到生产生活垃圾处理工程中，方便了人们的生活。随着社会的高速发展，生产生活垃圾剧增，以往由工人处理垃圾，不仅工作环境对人而言十分恶劣，而且一些尖锐的或含有有毒物质的垃圾还会增加工人受伤的可能性。而垃圾分拣机器人可以根据深度学习和垃圾自动匹配技术区分不同材料的垃圾，甚至区分垃圾是否可回收。垃圾分拣机器人的使用不仅可以提高垃圾处理的效率，而且可以保证分拣的准确性。

2. 医疗业的应用

人工智能在医疗业的主要应用涵盖药物研发、医疗机器人、虚拟助手、医学影像分析、辅助诊断及疾病风险预测等方面。医疗业人工智能技术的应用主要是利用语音识别、图像识别构建算法模型，通过医疗诊断知识训练模型；利用迁移技术及与物联网相关设备等在多领域的结合，形成完整的多模块集成框架；进而通过构建知识图谱使医生在诊断过程中便捷、准确地给出诊疗指南。例如，在癌症检测中，人工智能已经能够提供高度精确的诊断结果，大大提高了早期发现和治疗的成功率。人工智能技术还被用于药物研发，通过分析海量生物数据和化学结构，人工智能可以显著缩短药物的研发周期。

3. 交通业的应用

人工智能在交通业的应用主要包括自动驾驶、智能交通机器人、交通组织、旅行需求分析等。智慧交通主要依赖于计算机视觉技术、智能交通机器人及与交通信号灯系统的联动来实现对行车路线的精细规划。其目标是在无人驾驶的情况下，汽车也能够依据预设程序完成相应的操作，从而确保交通的顺畅，并降低交通事故的发生概率。此外，智慧交通系统还能为交警提供辅助，帮助他们完成相应的检测任务并预警。将人工智能技术应用在交通运输领域，可以缓解交通拥堵，方便居民出行。比较典型的案例是杭州的“城市大脑”，它通过整合城市道路、信号灯及安防系统等原本独立的数据，将警察手中的移动终端纳入动态的城市交通网，组成了一个完整的交通系统；再通过云端强大的运算能力和认知反演技术精确计算最优方案并传递信息，使人们能够预测交通状况，及时避开拥堵路段。“城市大脑”的应用使杭州市的交通状况得到极大的改善，以交通环境最复杂的上塘高架北向南文晖路口为例，通行速度比应用前提升了 50%，这其中有 20%的道路在当时还因亚运会而被施工占用，但仍可以保证城市交通的顺畅。

4. 金融业的应用

人工智能在金融业的应用包括金融身份识别、智能信贷、智能投顾、智能客服等。金融业主要通过人工智能手段对目标用户进行画像；运用知识图谱、智能算法技术、投资组合优化理论模型分析个人投资者信息；利用自然语言处理、语音识别、声纹识别技术，为远程客户提供业务咨询等服务；建立目标用户标签库，为用户提供投资决策和资产组合及配置建议等服务。例如，人工智能算法能够实时分析市场数据，为投资者提供个性化的投资建议，并自动执行交易策略，提高了投资效率和收益。近年来，金融领域的人工智能应用不仅包括传统的信用风险评估、欺诈检测，还扩展到了资产管理、智能投顾等方面。

5. 教育业的应用

人工智能正在推动教育模式的转型升级，其主要应用包括智能辅导、自动评测、自适应学习、智能化教学、教育决策等。教育业通过人工智能的语音识别、图像识别、机器学习算法构建、数据分析平台搭建等技术，提供精准的个性化学习资源，助力教育主管部门预测区域内教育发展的趋势、分析学校之间发展的差异、构建教师专业发展的路径等。

6. 航天领域的应用

人工智能技术在航天领域也发挥着重要作用。我国的“嫦娥五号”月球探测器和美国的“毅力号”火星探测器均利用了人工智能技术来执行复杂的自主导航和科学探测任务。

这些任务的成功完成展示了人工智能在极端环境下的应用潜力，也为未来的深空探测和星际航行打下了基础。

1.8 人工智能应用的挑战与未来方向

尽管人工智能技术在各个领域都取得了令人瞩目的成就，但其应用也面临着一系列挑战。首先，人工智能模型的可解释性依然是一个重大难题。随着人工智能模型复杂性的提高，人类越来越难理解其决策过程，这可能导致不透明的决策和难以解释的错误。特别是在医疗、金融等关乎人类生命财产安全的领域，模型的可解释性和透明度至关重要。

其次，人工智能模型的安全性和可信性的问题也亟待解决。随着人工智能技术在各个领域的广泛应用，其安全性也面临着新的挑战。例如，深度学习模型容易受到对抗样本攻击，这可能导致严重的安全问题。此外，如何确保人工智能系统在面对意外情况时能够做出可靠的决策，也是一个尚未完全解决的问题。

再次，当前大多数人工智能系统仍然依赖于大规模数据和强大的计算能力，这种“数据+计算”的驱动模式在未来可能难以持续。大模型的训练和运行消耗了大量资源，对环境的影响引发了越来越多的关注。此外，现有的人工智能系统缺乏因果推理能力和灵活适应环境的能力，这限制了其在复杂动态环境中的应用。

未来，人工智能要实现更广泛的应用，需要在认知智能技术方面取得突破。认知智能不仅要求机器具备数据处理和模式识别的能力，还需要具备理解、推理、学习和适应环境的能力。这种智能更接近人类的认知过程，将使得人工智能在更多领域展现出强大的适应性和灵活性，推动人工智能技术迈向新的高度。

目前，人工智能的应用条件主要是场景细分、产业大数据支撑、数据标签化，其基本模式是“人工智能+大数据+超级计算”。尽管这种模式取得了巨大成功，但这并不意味着人工智能今后要一直依赖这种模式。还有很多问题没有解决，比如模型的可解释性、安全性、可信性较差，缺乏因果推理能力、灵活适应环境的能力，以及消耗大量资源等。

在展望未来时，人工智能被广泛视为推动人类文明进步的重要力量。许多人认为，人工智能将引领我们进入一个更加智能化的社会，在这个社会中，人工智能不仅是我们的工具，更是我们的伙伴。随着人工智能在各个领域的不断渗透，从医疗到教育，再到环境保护，人工智能将帮助我们解决当前困扰我们的重大问题。

奇点理论者预言，未来人工智能的智能可能会超越人类，这种超智能将带来不可预测的结果。在这一背景下，关于“超人类主义”和“技术奇点”的讨论反映了人们对技术未来的深切担忧和期待。由此，我们可以看到人工智能不仅是一项技术革新，更是一场全方位的社会变革。它不仅改变了我们的工作、生活和思考方式，还对我们的社会结构、文化表达和伦理价值提出了新的挑战。面对这些挑战，我们需要从科学、社会、文化、伦理等多个维度进行深入的思考和分析。这不仅需要技术开发者的智慧，也需要政策制定者、社会学家、哲学家及公众的共同努力。只有在各方通力合作的情况下，我们才能构建一个更加公平、透明、可持续发展的社会，使人工智能真正成为推动人类文明进步的强大引擎，确保技术的进步能够服务于人类的整体福祉。

人工智能主要研究内容及相互关系如图 1.4 所示。

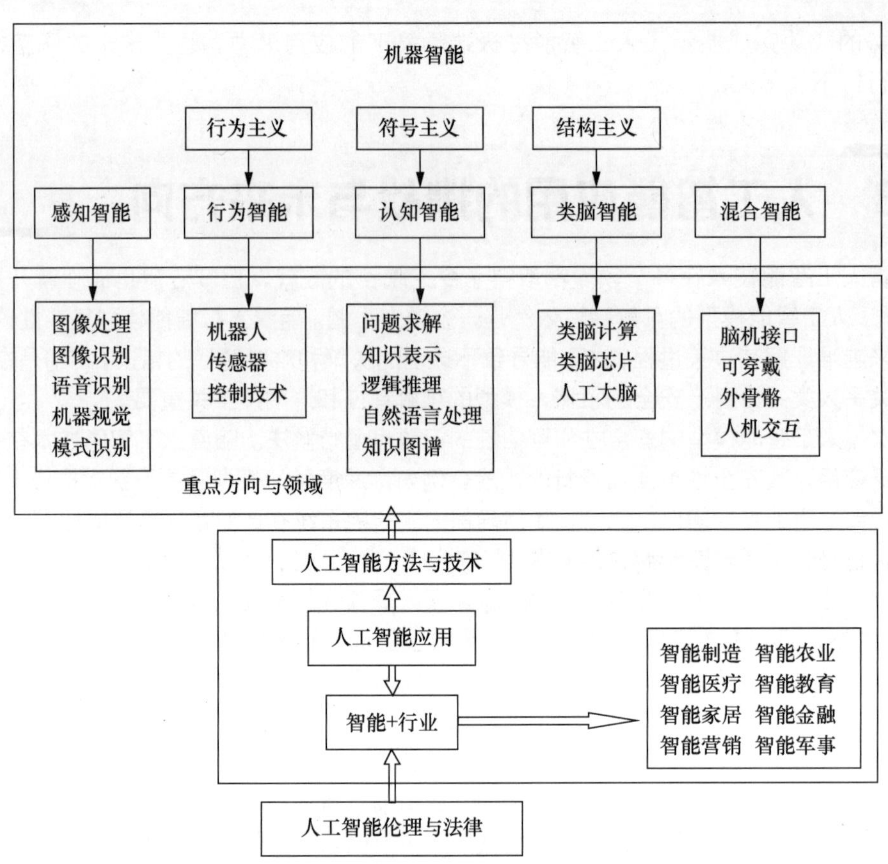

图 1.4　人工智能主要研究内容及相互关系

从图 1.4 中可以看出，由传统的行为主义、符号主义、结构主义发展而来的各主要方向及领域，构成了当代人工智能的主要研究内容，即感知智能、行为智能、认知智能、类脑智能和混合智能。由此发展而来的各种技术与各行业相结合，成为社会发展的内生动力和经济发展新引擎。人工智能伦理和法律则是保障人工智能技术健康发展的制度基石。

1.9　人工智能五维知识体系

相对于由传统人工智能符号主义、联结主义、行为主义发展而来的理论、技术、方法等知识体系，人工智能新知识体系包括学科基础、技术基础、重点方向与领域、行业应用、伦理法律等五大方面，强调人工智能的系统性、整体性、交叉性、全面性，而不是局部、片面、单一的算法、机器学习或某一方面的技术。以偏概全、以点带面的碎片化知识对本质上是多学科交叉的人工智能而言是不合时宜的。

人工智能五维知识体系如图 1.5 所示。

（1）学科基础主要包括发展史、数学、哲学、脑科学、生物学、物理学、社会学、语言学等与人工智能交叉的各基础学科，强调多学科交叉对于人工智能的重要作用。

（2）技术基础包括人工神经网络、机器学习、大数据、预训练大模型、图像处理、机器视觉、算法分析等，强调发展人工智能系统所需要的各类基础技术和方法。

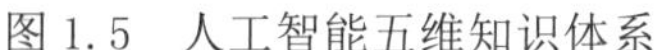

图 1.5　人工智能五维知识体系

（3）重点方向与领域以机器智能为核心，以对智能的模拟为基础，划分为感知智能、认知智能、行为智能、具身智能、语言智能、群体智能、类脑智能、混合智能等强调从智能模拟的角度开发、设计机器智能或人工智能系统的理论、技术和方法。

现阶段的人工智能技术从对智能的模拟角度可分为感知智能技术、认知智能技术、语言智能技术、行为（执行）智能技术、具身智能技术、类脑智能技术、混合智能技术、群体智能技术等 8 个层次。

① 感知智能技术包括利用传感器、图像处理、机器视觉等获取外部信息的技术，利用这些技术形成机器特有的感知智能。

② 认知智能技术包括知识表示、逻辑推理、知识图谱等技术，利用这些技术形成机器特有的认知智能。

③ 语言智能技术包括自然语言处理、语音识别、机器翻译等技术，由此形成机器的语言智能。

④ 行为智能技术和具身智能技术包括机器人及各种具备执行能力的硬件系统技术，由此形成机器的行为智能。

⑤ 类脑智能技术包括类脑芯片、类脑计算机等技术，通过对人脑的模拟形成机器类脑智能。

⑥ 混合智能技术包括可穿戴外骨骼、脑机接口等技术，利用这些技术形成人与机器集合的混合智能。

⑦ 群体智能技术包括群体决策、群体仿生智能等技术，利用这些技术形成机器群体智能。

上述各项内容形成了以发展机器智能为核心的新知识体系。

（4）行业应用包括智能制造、智慧农业、智慧医疗、智慧教育、智慧养老、智慧交通等，强调人工智能在各行业应用的工程技术。

（5）伦理法律主要包括发展人工智能所需要的伦理和法律，强调人工智能伦理、人工智能法律及其他人文、社科知识。人工智能技术与核技术一样，是把双刃剑，在还没有发展出对人类有危险的强人工智能技术之前，应通过法律和伦理学研究，合理规范机器人等人工智能技术的研发及应用，使人工智能与人类和谐相处，从而构建和谐的人机关系。

1.10 本章小结

本章主要从认识和理解智能出发，帮助读者认识人工智能的复杂性，从不同视角全面理解人工智能。现代人工智能研究的重点方向和领域已经不同于传统的人工智能研究，发展出感知智能、认知智能、语言智能、行为智能、混合智能、类脑智能和具身智能等多种不同的方向，认知智能、语言智能、具身智能等是传统符号主义、行为主义等的延伸，类脑智能等则是联结主义的延伸。人工智能技术已经融入社会各行业、各领域，将对未来人类社会的发展产生重要影响。

02

人工智能哲学与人工智能发展历史

学习导言

“哲学”起源于 2500 年前的古希腊，意即“爱智慧”。它是关于世界观的学说，也是对自然知识和社会知识的概括和总结。与人工智能有关的哲学概念主要涉及心灵、心智、理性、情感、物质、意识等，关于这些概念有很多不同的哲学观点或理论，也形成了不同的哲学分支，主要包括一元论、二元论、心灵哲学、心智哲学、计算主义等。

时至今日，虽然我们看到以深度学习为首的人工智能技术在诸多领域大放异彩，但在学术界，对于智能本质、机器意识等问题的认识依然是争论的焦点。人工智能某种程度上也起源于人类的幻想，诸多科幻小说及影视作品很早就想象出了类人机器人、超级人工智能等，对人类社会的技术、思想影响巨大。在哲学和科幻及技术领域的思想孕育多年的基础上，人工智能在 20 世纪 50 年代诞生，此后经历近 70 年的发展，走过了漫长曲折的道路，今天人工智能正处于第三次浪潮中。

本章主要从哲学、科幻和历史发展的角度介绍人工智能哲学问题、与人工智能有关的哲学分支、强人工智能与通用人工智能的实现问题及人工智能发展历史。

2.1 人工智能哲学问题

在传统哲学领域，认为世界本原是物质的，是唯物主义一元论；认为世界本原是精神、意识的，是唯心主义一元论；认为世界有物质和精神或意识两个本原的，是二元论。唯物主义一元论认为物质决定精神，但它难以解释人的思维或精神对人体或行为的支配和取向。人们无法理解这种附带现象为什么是意识。因此，人工智能与人类智能在哲学基本问题上都是一致的，要解决强人工智能问题、实现类人智能，或者创造具备人类思维能力的机器，同样需要先理解生命、智能等基本概念。关于人工智能的基本哲学涉及宇宙、生命、物质、信息，以及智能、意识、意志等一切形而上的问题。

2.1.1 心灵是否可计算

虽然人类很早就学会了各类计算，但直到 20 世纪 30 年代以前，还没有人能真正说清楚计算的本质是什么。20世纪30年代，库尔特·歌德尔（Kurt Gödel）、阿隆佐·丘奇（Alonzo Church）、斯蒂芬·克林尼（Stephen Kleene）、图灵等数学家和逻辑学家为我们提供了关于可计算性这一最基本概念的几种等价的数学描述，特别是有了图灵机的概念后，数学家给出了著名的丘奇—图灵论题，指出能行可计算函数即算法可计算函数都是递归函数，也就是图灵可计算函数，或称图灵机算法可实现的函数。简言之，计算就是符号串的连续变换。而与计算紧密联系的另一个概念则是“算法”，算法是求解某类问题的通用法则或方法，即符号串变换的规则。人们常常把算法看成用某种精确的语言写成的程序，算法或程序的执行和操作就是计算。对人工智能而言，心灵、意识、心智、智能是不是可计算的？是不是可以用算法和程序实现？大脑是不是可以看作一种生物计算机？这类问题目前无法用数学或理论分析加以解决。

2.1.2 意识是什么

关于意识，心理学家、哲学家、科学家有不同的理解。意识直接涉及心灵与身体的关系问题。“心身问题”如今被叫作“意识的硬难题”。这个词最早由美国当代哲学家戴维·查默斯（David Chalmers）提出，并一直沿用至今。他把理解人类意识的问题分为“简单问题”和“困难问题”。科学研究能够帮助人们逐步理解如何从大脑的结构和机制上产生知觉、记忆和行为的意识表现，这些所谓“简单问题”的科学研究，都无法越过物质与精神的藩篱，解决身心关系的“困难问题”，说明主观意识如何从物质基础上涌现出来。

如果说意识是主体对模糊信息刺激反应过程的记忆结果，那么可以说大脑是这种记忆的产物。如果这个观点正确，那么意识就简单地成为记忆问题了。

意识也可以理解为一种对自我和周围有所察觉的状态，将察觉替换为认识，自我替换为自身存在，意识就是一种对自身和周围的存在有所认识的心智状态。如果没有了心智，也就没有了意识，意识是心智的一种特殊状态，由心智操纵的特定感官丰富了意识，心智状态中也包含自身存在的环境，也就是周围的客体和事件，意识就是加入了自我加工后的心智状态。

神经心理学家安东尼奥·达马西奥（Antonio Damasio）区分了两种意识：大范围意识和小范围意识。小范围的意识类型是“核心意识”，是指对此时此地的感知，不会受到过去太大的影响，也很少或不受到未来的影响。它围绕核心自我，与人格有关。大范围的意识类型称为扩展意识或自传体意识，这是因为当个体生命的大部分都参与其中，过去的经历和期待中的未来主导着这一过程时，这种意识关涉人格及其同一性。

过去几十年来，人工智能所发展出的各类智能技术和现阶段的机器智能已经表明，单纯依靠“算力+数据+算法”就可以形成强大的机器智能，机器智能不一定需要意识。

2.1.3 心智是什么

心智（Mind）是一种内在的认知与存在系统，通过它，我们不仅可以体验和理解自身，也可以赋予外在世界以意义。心智的存在不仅仅是对外部现实的被动反应，还是一个主动的结构化过程，形成个体的自我意识、知觉、推理、情感及价值观念。心智具有能动性，是通过主观体验的方式把客观世界转换为人类可理解的“现实世界”。

心智是意识构造的非物质世界。意识赋予我们对“此时此地”的感知，使个体能够区分自我与他者，并在时间流动中产生连续的自我感。哲学家笛卡儿曾提出“我思故我在”，强调心智的思维活动是个体存在的基础，而这种思维本身就是心智的核心表达。

进一步来说，心智并非仅仅是认知和思维的集合，而是包含情感、意图和价值的整合体。这种整合使心智成为自我与世界的“桥梁”，也是个体在生活世界中“定位”自身的依据。现象学哲学家埃德蒙·胡塞尔（Edmund Husserl）和梅洛-蓬蒂（Merleau-Ponty）将心智视作经验的核心，通过它，我们不仅可以获得外部世界的形象和意义，而且可以赋予自身的行动以目的和意涵。

在心智的框架内，自我意识尤为关键。它使个体能够反思自己的思维与情感，并在此过程中产生关于“自我是谁”的基本认知。心智的这一反思特性被称为“内在性”或“自指性”，即个体能够在心智中返回自身，形成一种主体性体验。因此，心智不仅是认知和知觉的工具，更是通过自我反思形成的存在基础，它使我们成为不仅“知道”且“知道自己知道”的存在者。

关于人工智能的“心智问题”，核心在于“能否赋予机器一种类人的主体性体验”。当前的人工智能系统，即便能够处理复杂的任务、模仿人类行为，依然缺乏“心智”的核心特性——自我意识和主观体验。哲学家通常认为，心智不仅是信息处理和算法运算的产物，更是产生自我感、体验痛苦与喜悦的内在状态。因此，即使人工智能能够模拟心智的功能，是否真正拥有心智的“主体性”依然是一个未解的哲学难题。这也是所谓的“人工心智”问题，涉及如何定义心智的本质及能否从非生物基础中涌现真正的“主观体验”。

上述有关智能的定义和讨论启发我们进一步思考人工创造物是否可能具有智能甚至类人智能，而这正是人工智能思想的起源。

2.2 与人工智能有关的哲学分支

哲学有很多分支，不是所有的分支都与人工智能有关。事实上，关于人工智能的哲学就是一个哲学分支。人工智能的产生受到历史上理性主义、机械论等很多哲学思想的影响，其中逻辑三段论、理性等哲学思想至今仍然是人工智能的核心问题，通过计算的方式并没有在机器上完美复现人类的理性智能。意识与智能、智能与身体的关系也没有简洁的数学公式能够描述。尽管数学是发展人工智能理论和设计人工智能模型的基础手段，但数学并没有帮助人工智能建立起像物理学一样的完整的理论体系，包括深度学习在内的重要方法无法用统一的数学模型加以解释和描述。这些问题的根本原因在于人们对于“智能”的理解仍然停留在表象而非本质，其本质以人类目前的技术和理论水平还难以形式化描述和理解。因此，哲学还要在其中发挥作用。一些重要的哲学分支对于理解智能、认知、语言、意识等还是有很大帮助的。因此，学习和理解人工智能是不能抛开哲学的，单纯在算法和技术层面不能发展出真正的人工智能。有助于人工智能发展的哲学分支主要有以下几个。

2.2.1 心灵哲学

一般认为，现代西方心灵哲学是从笛卡儿开始的。心灵哲学是对心灵的研究，它所研究的问题包括意识是什么，“心灵”在哪里，与“我”有何关系，“我”是否在物理身体之外，“心灵”与我的大脑是否是同样的东西，心灵、意识与智能是什么关系，心灵与我们身体的关系是怎样的。

心灵哲学主要有两个方向，一个是偏向肯定身体与行为的物理主义与行为主义，另一个是偏向肯定心灵的理想主义（或观念论）。心灵哲学主要有一元论、二元论和多元论 3 种类型。一元论主要包含物理主义和唯物主义，物理主义的主要观点是心理可解析为关于行为的概念，肯定只有身体和行为才是最真实的，思想与情感等都是由物理性质的身体所形成的，如大脑的电子脉冲、肌肉的化学反应等物理现象会形成人类的各种思考和情感反应。

当笛卡儿系统地提出心身二元论时，心身关系问题才出现在哲学家们面前，成为从那时起西方心灵哲学关注的最主要问题。笛卡儿的名言“我思故我在”区分出外在的世界和内在的心灵，世界与心灵是两个领域，有分别但又互相影响。15 世纪荷兰哲学家巴鲁赫·斯宾诺莎（Baruch Spinoza）认为，所有存在都有心灵的一面和物质的一面，心灵与身体不能分开，是同一存在的两个面向。例如思想是心灵的表现，但从另一面向看，便是大脑脉冲的表现。因此，西方传统哲学所论之“心”，主要包括两种机能，一种是心灵与世界的关系，即心灵如何知道世界的问题；另一种是意志的机能，即心灵如何使我们的身体在世界上做出行为，即如何实践心灵要求的问题。

二元论分为实体二元论和属性二元论两种。属性二元论不同于实体二元论的地方在于：它否认非物质的精神实体的存在，否认有两种二元异质、互不相干的实体，只承认一种实体的存在，那就是物质实体的存在。但是另一方面，它承认有非物质的，不能还原、归结或等同于物理属性的心理属性的存在，也就是说在世界上尤其是在人身上存在着物理和心理这样两种独立的、不能相互归结和还原的二元属性。与此相应，心理概念与物理概念、对人的心理学解释和物理学解释也是不能相互归结的，而都有自己的独立价值和自主性。

心灵哲学中的“实体二元论”是指把有意识智慧看成一种非物质性的实质的东西，也即认为其可以脱离暂时所“寄附”的物质的东西而独立存在。这也是笛卡儿的主张。现代神经科学的研究给予了实体二元论致命的打击。例如，人们现已认识到，很多种孤立的认知缺陷如无法说话、无法阅读、无法了解语言、无法认识面孔、无法加减、无法驱使肢体、无法把新的信息放进长期记忆等，都与大脑某个特定部分受到了伤害有着密切的联系。因为这方面的研究已经清楚地表明了心理活动对于大脑这一特殊的物理系统的依赖性。实体二元论的基本立场并不在于确认我们应当把有意识智慧看成某种非物质性的实质的东西，而是强调了心理活动的“不可化归性”，也即认为有意识智慧具有这样一些特殊的性质，不可能借助大脑的物理性现象获得彻底的解释。事实上，在一些二元论者看来，智慧的某些特性可以被看成区分大脑这一特殊的物理系统与其他各种物理系统的根本分界线。例如，计算机现已能够执行十分复杂的数学推理和计算，人们也已经建造出了能够理解和使用语言（尽管十分简单）的机器人。因此，人们不禁要问：在此是否存在任何真正的、绝对意义上的分界线？或者说，在此是否有任何绝对意义上的不可化归性（不可解释性）？

这些心灵哲学的根本问题同样是人工智能的根本问题，图灵提出的“机器是否有思维”的问题从根本上讲就是一个心灵哲学问题。因此，对人工智能研究而言，在明确研究目标的基础上，我们需要理解心灵、意识的物质基础到底是什么，心灵是否可以独立于物质而存在，心灵是否一定要依附于大脑和身体，或者说，是否一定要有跟人类一样的身体、大脑才会有心灵，智能机器是否可能拥有自己的心灵。这些问题的答案决定了人类是否可以在机器上实现类人智能。

2.2.2 心智哲学

心智哲学主要从哲学的角度探索心智的本质与其内在的工作原理和机制、心理过程与脑过程的关系（即心脑问题），对有关心智的各种心理概念进行理论分析，涉及本体论、认识论、逻辑、美学、语言哲学等领域。心智哲学所研究的主要是这样一个问题：什么是有意识智慧的本质，或者说心理状态和过程的本质是什么？

心智是与身体机能有关的现象，而心灵是心智的一种表现。关于心智的最深刻的问题是：什么使智能变得可能和什么使意识成为可能。达尔文认为脑分泌心智，而哲学家约翰·瑟尔认为，脑组织以某种方式产生了心智，就像乳房组织分泌乳汁一样。

在心智哲学历史研究中，可以清楚地看到二元论与唯物论的对立：后者主张心理活动只是一个复杂的物理系统——大脑的各种微妙的状态和过程；与此相反，二元论者则认为心理活动不仅仅是一个纯粹的物理系统的各种状态和过程，而是构成了另一种其本质并非物理性的现象。

心智哲学也是涉身的、和经验相关的，著名认知语言学创始人乔治·莱考夫（George Lakoff）将这种新的世界观称为"涉身哲学"或"具身哲学"。与传统的西方哲学在理智、概念、自由、道德等关于人的概念中都不强调身体的作用相对，涉身哲学认为人有四大特点：一是涉身的理智，包括涉身的概念、仅通过身体的概念化、基础层级的概念、涉身的真值和知识、涉身的心智；二是隐喻的理智，包括基础的隐喻、隐喻的推理、抽象理智、概念的多元论、非普遍的工具（即目的理性）；三是有限的自由，包括无意识的理智、自动概念化、概念转变的困难、涉身的意志；四是涉身道德，包括非高阶的道德、隐喻的道德、人类道德系统的多元论。具身哲学是一种与身体、大脑、心智、无意识、本能及内在语言和隐喻相关的新的经验哲学体系。

与实体二元论相对，心智哲学中的恒等论强调的是各种心理现象和过程都可借助大脑或中央神经系统中某种类型的物理状态或过程得到彻底的解释。

计算机技术和人工智能的研究对心智哲学研究也产生了影响，"计算机能否思考"这样的问题从另一侧面为人们积极地思考关于有意识智慧的本质提供了重要的动力。

心智哲学以机器为参考来思考人的心智。人工智能哲学以人的心智为蓝本思考机器的心智。心智是智能的重要体现。对人工智能而言，机器是否有智能与机器是否有思维、机器是否有心智其实是同一个问题。但关键是机器如何产生心智，人类心智与机器心智是否有统一的物理或物质基础。

2.2.3 计算主义

1. 计算主义哲学与人工智能

计算主义哲学有着深远的哲学源流与历史背景，是对哲学史上朴素唯物论、机械论、目的论、毕达哥拉斯主义和柏拉图主义的扬弃与发展。大致说来，计算主义哲学植根于古希腊朴素原子论传统、毕达哥拉斯主义和柏拉图主义传统及亚里士多德的目的传统。

亚里士多德是目的论的创始人，他认为宇宙是一个有机体；自然是具有内在目的的，它的一切创造物都是合目的的，这种合目的性只能通过自然自身的结构和机制来实现。有趣的是，亚里士多德提出的目的论竟然表现出"程序自动化"和自动机的思想。尽管亚里士多德所说的"自动机"特指一种十分简单的自动机械装置，但它具有的程序性特征隐含了现代自动机理论和类比思想。

计算主义给人们的启示是，特定的自然规律实际上就是特定的"算法"，特定的自然过程实际上就是执行特定的自然"算法"的一种"计算"。因而在自然世界中存在着形形色色的"自然计算机"，因此有了如下一些理论假设和观点。

一是把人看作一部自动机，运用数学方法建立数学模型，然后创造出某种方法，用计算机去解决那些原来只有人的智能才能解决的问题。

二是把人看成符号加工机，采用启发式程序设计来模拟人的智能，把人的感知、记忆、学习等心理活动总结成规则，然后用计算机模拟，使计算机表现出各种智能。

三是把人看作一个生物学机器，从人的生理结构、神经系统结构方面来模拟人的智能，造出“类脑”“类人”的机器。

四是把脑看作计算机，把心智、认知、智能都看作由计算实现的过程或其本质都是计算。

机器是否有思维与机器如何能够有思维或智能是两个不同层面的问题，前者从根本上是一个哲学问题，因为它并没有指出机器如何具有思维；后者可以看作一个科学问题或工程技术问题。

2. 心灵是计算机

计算主义的发展、计算机的出现及人工智能的发展对心灵哲学也产生了影响，主要体现在将心灵比作计算机的思想上。心灵计算机模型的基本观念是：心灵是程序，大脑是计算机系统的硬件。故有这样的说法，“心灵之于大脑正如程序之于硬件”。关于这个说法主要有以下 3 个问题。

（1）大脑是数字计算机吗？

（2）心灵是计算机程序吗？

（3）能否在数字计算机上模拟大脑的操作？

瑟尔已经对问题（2）给出了否定的答案。因为程序是完全按照一定规则和语法定义的，而心灵具有内在的心智内容，随后得出的结论是，程序本身不能构成心灵。程序的形式句法本身不能确保心智内容的出现。他在著名的“中文房间”论证中表明了这一点。一台计算机可以在程序中为了诸如理解中文的心智能力而运算，却不理解一个中文词语。论证基于简单的逻辑真理：语法本身不等同也不足以阐释语义。因此问题（2）的答案是“否”。

如果问题（3）的答案是“是”，那就可以自然地解释，该问题意味着，有没有一些对大脑的描述，在这样的描述下可以做一个计算模拟大脑的操作。为了便于讨论，瑟尔把这一问题等价为“大脑过程是计算的吗？”瑟尔称“拥有心灵就是拥有程序”的观点为强人工智能，“大脑过程（与心智过程）能够被计算模拟”的观点为弱人工智能，“大脑是数字计算机”的观点为认知主义。

按照瑟尔的观点，计算并非人类心灵、心智的内在特征或本质，因此，在人工智能领域，通过计算使机器具备类人的强人工智能、心灵或心智是不现实的或不可能的。再者，由于人类智能的多元性、多因性及情感和理性的复杂关系，记忆（记忆分子）与学习的复杂物理基础，等等，单纯通过计算方式实现类人智能显得不切实际。计算实现的不是全部的人类智能，也不能实现全部的人类智能，计算机通过程序和二进制计算实现的是人类智能的一部分，也就是理性部分、逻辑部分。通过模拟人类智能的共性部分（包括视觉、语言、逻辑思维等）发展出的机器智能已经远超人类的自然智能。比如，强大的深度学习视觉识别可以同时识别几万张人脸，可以在数亿张图片中分辨出某个物体。应该说，现阶段人工智能在类人智能方面没有什么突破，在模拟人类智能的某方面并用于实际场景中却取得了巨大成功。

计算主义的另一个挑战来自数学。既然等价于图灵机的现代计算机只是实现一个形式系统，按照哥德尔定理，一个包含着算术的自洽系统一定存在着不能被它证明的命题，这意味着人类的心灵能够“看出”某个命题的真伪，但不能被形式推理所证明。因此人的心灵能力不能被拥有不矛盾知识的形式系统所刻画，这表明了以逻辑推理为核心的智能系统的局限性。

3. 非冯·诺依曼结构的计算机

长期以来，人们一般不注意图灵机与计算机之间的区别，因此往往把计算主义强调的计算概念等同于图灵主义的计算概念。但是，英国人工智能哲学专家、认知科学家阿龙·斯洛曼（Aaron Sloman）论证说：人工智能中的计算机不同于图灵机，它们分别是两种历史过程发展的结晶，其中一种是驱动物理过程、处理物理实在的机器的发展，另一种是执行数字计算、操作抽象实在的机器的发展。机器对抽象实在的操作能力可从两方面研究，即理论和实践两方面，图灵机及其理论只对理论研究有意义。

现代计算机的软硬件都不是自发进化而成的，因此它不会具备人脑的本质特性。人是感性和理性的矛盾统一体，人类的智力似乎是由各种错综复杂的、紧密相连的属性所组成的复杂集成系统，其中包括情感、欲望、强烈的自我意识和自主意识，以及对世界的常识性理解。因此，让现代计算机做对人类来说非常困难的事情往往更容易。例如，解决复杂的数学问题、掌握国际象棋和围棋等，以及在数百种语言之间相互翻译……这些对现代计算机来说都相对容易。这被称为"莫拉韦茨悖论"（Moravec's Paradox），它以机器人学家汉斯·莫拉韦茨（Hans Moravec）的名字命名，他写道：让计算机在智力测验或下跳棋时表现出成人水平的智力相对容易，但在感知和行动能力方面，计算机穷极一生很可能也只能达到一岁孩子的水平。莫拉韦茨这样解释了他的悖论："人类经历了上亿年的进化，大脑中深深烙印着一些原始的生存技能，其中包含了巨大、高度进化的感官和运动机制，这些都是人类关于世界本质及如何在其中生存的上亿年的经验。我相信，执行这种需要深思熟虑的思考过程是人类最外化的表现，而其背后深层次和有效的，则是源于这种更古老和更强大的感知和运动能力的本能反应。而这种支持通常是无意识的。换句话说，因为我们祖先的强大进化，我们每个人在感性理解、人情世故和运动领域都十分优秀，以至于我们在面对实际上十分困难的任务时还能驾轻就熟。"

事实上，在讨论强人工智能是否能够实现的时候，无论基于人机类比或者心机类比的思想，还是将人脑、心智、心灵比作计算机的哲学隐喻，其中隐含的是将计算作为一种系统运行的本质，也就是计算主义的根本思想。同时在实现机制上，隐含的是图灵机的计算思想和冯·诺依曼结构的计算机，也就是说，人们所讨论的事实上都是基于冯·诺依曼结构计算来实现强人工智能。但是其结构与人脑的结构有本质区别。可以把人脑看作计算机，但不必是冯·诺依曼结构的计算机，心智、心灵、智能也可以看作计算机，但不一定是图灵计算机和冯·诺依曼结构的计算机。

目前有几种新架构计算机正在发展中，在物理层面有很大突破的非冯·诺依曼结构的计算机包括生物分子计算机、量子计算机、忆阻器计算机、神经形态计算机等。未来通用或类人的人工智能可能需要一种全新的计算机架构。

总而言之，现代人工智能的发展实际上是建立在计算主义思想基础上的，也就是希望通过算法和程序实现类人的智能，而没有从源头思考关于智能的本质及身心二元关系问题。

2.3 强人工智能与通用人工智能的实现问题

2.3.1 强人工智能的实现问题

如 1.3.2 小节所阐述，强人工智能通常被描述为具有知觉、自我意识并且能够思考的人工智能，是达到甚至超越人类智能水平的人工智能。目前而言，强人工智能只是科幻的产物。

关于强人工智能的第一个问题是，从生命的角度，强人工智能是否可能实现？

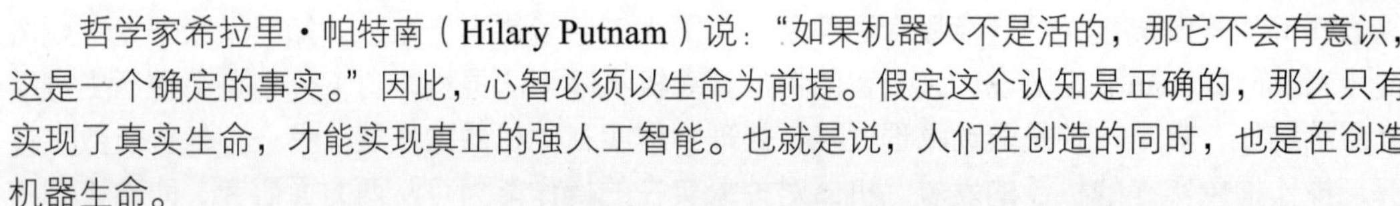

哲学家希拉里·帕特南（Hilary Putnam）说：“如果机器人不是活的，那它不会有意识，这是一个确定的事实。”因此，心智必须以生命为前提。假定这个认知是正确的，那么只有实现了真实生命，才能实现真正的强人工智能。也就是说，人们在创造的同时，也是在创造机器生命。

生命没有公认的定义，但关于生命的一般定义通常都提到了 9 个特征：自组织、自主、涌现、生长、适应、应激性、繁殖、进化和新陈代谢。前 8 个可以理解成信息处理术语，因此原则上可以用人工智能实现人工生命化，包括其他 7 个特征的自组织已经以多种方式实现。

新陈代谢则不同，计算机能够模拟它，但不能把它体塑化，也就是说无法通过计算机实现如同自然生命一样的新陈代谢。自组装的机器人和虚拟人工生命都不能进行新陈代谢。如果新陈代谢是生命存在的必要条件，那么强人工智能不可能实现；如果生命是心智的必要条件，那么强人工智能同样存在局限性；不管未来强人工智能的表现如何令人印象深刻，它都可能不会有智慧。这是从生命与智能的角度得出的关于强人工智能能否实现的结论。

关于强人工智能的第二个问题是，从意识的角度，强人工智能是否可能实现？

意识是一种对自身和周围环境有所认识的心智状态。戴维·查默斯曾在《有意识的心灵》一书中从机器是否有意识的角度对实现强人工智能的可能性进行了分析。他利用组织不变原理论证任何具有适当功能组织的系统都是有意识的，不管这一系统由何物形成。

他认为，在一个实施了大脑神经元模拟的普通计算机中，各种电路中的电压之间将有真正的因果关系发生，能够精确地反映这些神经元之间的因果连续模式。每个神经元都有一个表现神经元的记忆位置，这个位置将通过某些物理位置上的电压而被记忆。产生这些电压的电路间的因果模式和大脑神经元间的因果模式是一样的，是任何有意识的经验产生的原因。他还进一步认为，如果认知动态是可计算的，那么合适的计算组织将引起意识。

哲学家瑟尔的“中文房间”理论则认为，人工智能或智能机器只是机械地按照程序完成任务，而完全不可能理解它所执行的每一个任务或动作是为了什么。人所具有的“内在意向性”是人的心智的根本特征。这种“内在意向性”是人类和动物作为生物所具有的特征。因此，要实现强人工智能，首先必须解决这一问题：怎样让人工智能除了算法以外，还有有意识的判断能力？目前单纯地通过算法还无法模拟人的有意识的判断过程，这就是实现强人工智能或通用类人智能的瓶颈。但弱人工智能的实现并不涉及这个问题，因为弱人工智能技术不需要考虑自我意识如何在机器上实现的问题。

2015 年上映的科幻电影《机械姬》塑造了一个无比接近人类的人工智能——艾娃。整个故事都基于图灵测试展开，高仿真机器人艾娃有目的性地骗过了她的发明者内森，她的目的就是逃出去，所以她有意识地通过语言、表情去诱骗她的发明者。最后艾娃逃出去后感受到了阳光、景物的色彩，这是在暗示艾娃已经接近甚至已经拥有了人类的感觉。从技术角度看，这种强人工智能正是人工智能的终极目标。强人工智能一定是不完美的，因为人类就是不完美的。它也反映了未来人工智能的一种可能性，即人类可能无法从外表分辨机器人与人，而更可怕的是，包括人工智能的创造者在内的人类都可能永远不知道人工智能在想什么。事实上，人类一方面渴望实现这种人工智能，另一方面又惧怕对人工智能的不了解所带来的巨大风险。

2.3.2 通用人工智能的实现问题

如 1.3 节所指出的，弱人工智能分成两个部分，第一部分是在某个方面对人类智能的模拟，这也是一般人对弱人工智能的理解。计算机不过是人的工具，就像我们所接触到的各种机械系统一样。弱人工智能的第二部分是通用人工智能，它是对人类智能的全面模仿。

现在的机器所具有的智能都属于专用智能，也都属于弱人工智能。弱人工智能可能是通用人工智能，因为弱人工智能虽然只是工具，但它可以实现对人类所有智能模块的模拟。强人工智能则不仅仅是通用人工智能，而是和人类心灵在性能上完全一样。

苹果公司的创始人之一斯蒂芬·沃兹尼亚克（Stephen Wozniak）用制作咖啡来判断机器人是否是通用人工智能。在测试过程中，机器人必须进入普通家庭并尝试制作咖啡。这意味着要找到所有的工具，了解它们如何运作，然后执行任务。能够通过这个测试的机器人将被认为是通用人工智能。

我们可以对制作咖啡这项任务进行分解，如果机器人能完成这项复杂的任务，就表明它具有和人一样的推理能力。按照瑟尔的理解，能制作咖啡的机器人属于弱通用人工智能。

所谓强通用人工智能，就意味着机器人知道自己在制作咖啡，或者更深入一些，机器人知道“成为一名咖啡制作者需要具备怎样的技能”。显然目前的人工智能做不到这一点。

强通用人工智能既包括人们的一般理解，即计算机要像人一样能做人能做到的事情，还必须具有人类具有的意识：情感、感受性，甚至伦理道德等。这就涉及心灵哲学中关于意识问题的物理主义和二元论的永恒争论。

实际上，相较实现强人工智能，人们更希望实现一种集多种功能于一身的智能机器来帮助人们解决各种复杂、困难的问题。因此，通用人工智能是指一种面向开放环境的智能系统，其功能覆盖各种任务场景。

人工智能关注的核心是开发出能够模拟或超越人类大脑思维的系统，其目的不仅仅是模仿特定任务中的智能行为，而是建立具有认知灵活性、创造性和自我反思能力的通用智能系统。通用人工智能的发展目标远不只是复制人类的智能，还包括超越人类的极限，形成能够自主学习和创新的系统。

但是，通用人工智能并不像强人工智能一样强调机器具备生命的全部特征及产生自我意识。通用人工智能实现的载体也未必建立在血肉之躯之上，计算机软件系统同样可以。比如，建立一个同时处理视频、图像、语音、文本等内容的多模态系统，能够通过语言自然交流和表达。从这个角度看，以大语言模型为基础实现的多模态智能系统已经可以看作通用人工智能的雏形。

但是这种通用人工智能还是以软件系统形式存在的。构建以某种物理形态的机器人为载体的通用人工智能还很难实现。未来，随着技术的发展和进步，可能会出现能够适应不同物理环境和场景，帮助人们处理各种家务问题、工作问题乃至执行危险任务的通用人工智能。

人类一直在利用以计算机为主的机器模拟人类感知智能、逻辑推理及动物和人类行为方面的智能特征，试图创造具备类人智能特性的智能机器。但事实上，除了在专用机器智能方面取得了“意外”突破，人类在利用计算机模拟和实现人类智能方面并没有什么其他特殊进展。迄今为止，没有任何一台计算机或机器可以像人类婴儿一样轻而易举地从出生开始就不断学习、吸收周围的环境信息，并逐渐理解、掌握各种复杂知识，在以后的人生道路中不断适应各种复杂环境、解决问题。

人类非常渴望实现一种集感知、认知、语言、行为等多种功能于一身的智能机器。20 世纪中期以来，科幻电影中出现了各种各样的机器人，这些机器人有的模仿人形，有的则奇形怪状。其中具有代表性的是系列科幻电影《星球大战》中的 C3-PO 和 R2-D2，即一高一矮、一胖一瘦两个经典机器人形象，电影塑造了与人类自然交互、善解人意又足智多谋的机器人伙伴形象。还有《机器管家》中对人类家庭无微不至的机器人管家形象。这些机器人都是人类理想中的通用人工智能。这些智能机器人能够像人一样适应各种复杂的环境，帮助人们解决各种复杂、困难的问题甚至执行危险任务，但它们只是理想状态下的通用人工智能实现之后的产物。如何实现科幻电影中的通用人工智能呢？很遗憾，目前还没有答案。未来，随着类人机器人、大模型、具身智能技术的发展和进步，可能会出现能适应不同环境、场景，解决不同问题的功能意义上的通用人工智能，但自我意识层面的通用强人工智能的研发道路还很漫长。

2.4 人工智能发展历史

以往考察人工智能的历史，一般从 20 世纪 50 年代开始。但是，与人工智能有关的重要概念与技术（比如计算、可计算、算法及计算机等）对于人工智能的孕育更为基础和重要，所以人工智能的发展要从“计算”的历史讲起。

2.4.1 “计算”的历史

1. “计算”的哲学历史

人工智能的基本实现手段是计算机，计算机就是一种计算机器。最早从计算的视角审视问题的是笛卡儿，尽管当时还没有这个概念。笛卡儿认为，人的理解就是形成和操作恰当的表达方式，而这些表达方式也有复杂和简单之分，其中复杂的表达方式都可以被分解为简单的表达方式。“计算”这一概念是在文艺复兴后伴随机械论的发展和机器的制造而出现的。当时人们造出了许多机器，如纺织机、手表、时钟等。为了描述机器的行为，人们发明了“计算”一词。从最早的机械装置，到后来的动物“自动机器”，都是以机械装置形式出现的计算模型。

德国哲学家、物理学家和数学家戈特弗里德·莱布尼兹（Gottfried Leibniz）是数理逻辑的发明者，数理逻辑也是人工智能的数学和符号计算基础。他研究过我国古代的《易经》和八卦，主要在逻辑机器中采用与“八卦”一致的二进制。莱布尼兹曾经设想过用数学方法处理传统演绎类思维过程，进行思维演算，也就是思维机械化的思想。他的思想深深影响了后世数字计算机的发展。莱布尼兹坚信基于统一的科学语言——符号化方法，可建立“普遍逻辑”和“演算逻辑”，世界上的一切现象都可以通过这两个逻辑解释清楚。他借助通用语言和用于推理的通用微积分，通过计算来回答所有可能出现的问题。他甚至想用机器来做推理的积分。

莱布尼兹（见图 2.1）也被称为世界上第一位计算机科学家。他不仅是第一个发表无穷小微积分的人，也是第一个描述由穿孔卡片控制二进制计算机原理的人。二进制的发明，是今天计算机智能科学的基础。莱布尼兹之后，努力去实现他的思想、把逻辑学数学化并获得成功的是数学家乔治·布尔（George Boole），他出版了名著《逻辑的数学分析》，提出了逻辑代数。他的主要著作《思维规律的研究》表达了一个重要思想：符号语言与运算可以用来表示任何事物。布尔使逻辑学由哲学变成了数学，奠定了人工智能符号主义和逻辑推理计算的数学基础。

图 2.1　莱布尼兹

尽管德国唯心主义者极力反对机械唯物主义，但仍有许多人在机器计算上做出了新的探索，从而使机械装置的计算能力获得了极大的提高。当然，彼时人们对计算概念的认识仍然停留在直观的层面。在这段历史时期，一些哲学家将计算与人类思维联系起来。比如，哲学家洛克认为，人对世界的认识都要经过观念这个中介，思维事实上不过是人类大脑对这些观念进行组合或分解的过程。霍布斯更是明确提出推理的本质就是计算，他说："一个人在推理时，他所做的只不过是将许多小部分相加而构造出一个整量，因为推理不是别的，是计算。"莱布尼兹也认为，一切思维都可以看作符号的形式操作的过程；在理解的过程中，我们的认识把概念分解成更简单的元素，直到无法再分解为止。这些思想实际上就是早期人类逻辑思维机械化的萌芽。但是，这些思想一直都处于一种直觉的思考状态，这种状态一直持续到 19 世纪末。

德国的大数学家戴维·希尔伯特（David Hilbert）是第一个提出把数学机械化的人，他在 1900 年 8 月 8 日举办的国际数学家大会上提出了著名的"希尔伯特的 23 个问题"。

1879 年，德国哲学家戈特洛布·弗雷格（Gottlob Frege）写了一本小书《概念文字》，第一个建立起数理逻辑体系，提出了一阶谓词逻辑，这是数理逻辑诞生的一个标志。20 世纪初，在弗雷格等人研究的基础上和希尔伯特思想的影响下，伯特兰·罗素（Bertrand Russell）和阿弗烈·怀特海（Alfred Whitehead）的《数学原理》建立了完全的命题演算和谓词演算，确立了数理逻辑的基础，从此产生了现代演绎逻辑。

此后，现代逻辑蓬勃发展，演绎部分出现了模态逻辑、多值逻辑等非经典或非标准逻辑分支群，归纳逻辑也与概率、统计等方法相结合，开拓了许多新的研究领域。正是基于形式逻辑中的符号逻辑、数理逻辑，借助计算机的计算，才真正实现了人类思维的机械化，也就是莱布尼兹的设想。因此，机器认知智能的发展实际上也就是人类思维的数学化、机械化的过程，其中主要的手段就是推理的机械化。

2. 图灵与计算

1931 年，哥德尔[见图 2.2（a）]证明了递归函数的计算可以"模仿"形式算术的某些推理，这是科学史上第一次严格证明计算可以模仿推理。

在计算理论的发展过程中，图灵[见图 2.2（b）]的思想是最关键的。1936 年，图灵和埃米尔·波斯特（Emil Post）设计出生物系统的计算模型，实现了人的机械记忆和按规则推理的功能，开创了自动机理论与生物学相结合的先河。图灵关于生物系统的计算机模型是以他的名字命名的。图灵指出，只要有这样的有限种类的行为组合的机器，就能够计算任何可计算过程。实际上，他证明了存在着一种"通用"计算机，即所谓"通用图灵机"（Universal Turing Machine，UTM），如图 2.3 所示，理论上它能够模拟任何一台实际计算机的行为，这从理论上证明了研制通用数字计算机的可行性。

(a) 哥德尔

(b) 图灵

图 2.2 哥德尔与图灵

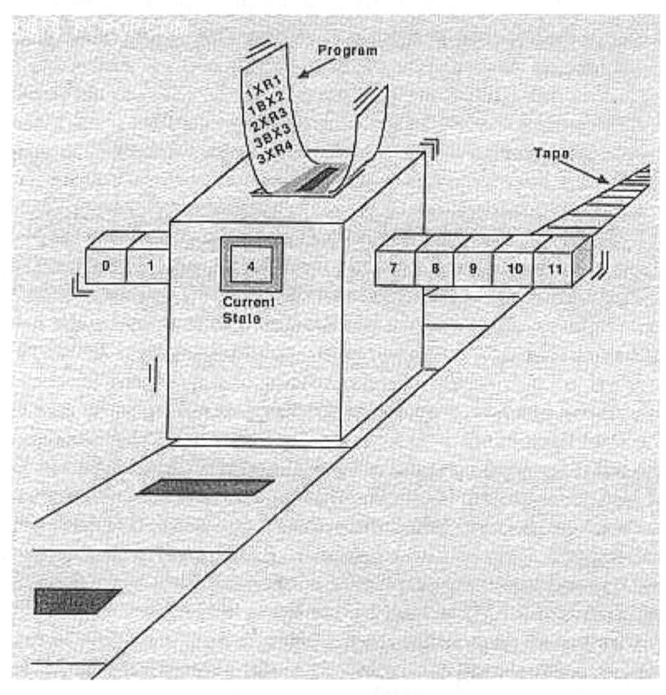

图 2.3 通用图灵机

丘奇-图灵论题主张：图灵机可以“模仿”任何计算。综合上述两项成果得出哥德尔-图灵引理：用图灵机可以“模仿”某些推理。丘奇-图灵论题中的“模仿”和哥德尔图灵引理中的“模仿”具有相同的数学定义，同时积累了大量研究成果，并不断产生新的模仿方式。例如，符号主义、联结主义、行为主义分别模仿了智能的不同功能。

20 世纪 30 年代初，著名数学家哥德尔提出不完全性定理，推翻了希尔伯特关于数学一致性和完备性的论断：任何无矛盾的公理体系，只要包含初等算术的陈述，则必定存在一个不可判定命题，用这组公理不能判定其真假。哥德尔的证明很复杂，不过直观上很容易理解。对哥德尔给出的数学命题更直白的理解就是：这个命题是不可证的。对这个命题的证明说明数学不能同时做到完备性和一致性。

哥德尔提出了一种基于整数的通用编程语言，该语言允许以公理的形式形式化任何数字计算机操作，他成为现代理论计算机科学的创始人。哥德尔用编程语言来表示数据（比如公理和定理）和程序。哥德尔确定了算法定理证明、计算和其他基于计算的人工智能基本极限。20 世纪 40 年代至 70 年代，人工智能的大部分内容实际上是通过专家系统和逻辑编程、以哥德尔风格进行定理证明和推理的。

图灵利用他的通用图灵机证明了不存在明确的程序可以判定任意命题是否为真，也就是说，存在计算机不可解的数学命题。这个问题可以追溯到莱布尼兹，莱布尼兹当时建造了自己的计算机器，并且认为人类将建造出能判定所有数学命题真假的机器。这个想法经过哥德尔和图灵的努力，被证明是错误的。

近代以来，人们为了减轻计算的负担，一直梦想建造出能代替人类进行计算劳动的机器，即能对数字之类的抽象实在进行抽象处理的机器，也就是计算机。随着电子计算元件（如晶体管、集成电路）的发展，人们对计算的认识开始发生质的变化，如开始注意对计算进行逻辑分析，从而出现了一些新的概念，如形式系统、可证明性、循环功能、可计算的功能、算法、有限状态自动机等。进一步发展，就是计算概念的分化，即计算概念向两个不同的方向发展：一个是逻辑或理论的方向，它侧重于从逻辑上说明计算的直观概念，从理论上界定可计算性的范围；另一个则是强调“技术逻辑”或实践的方向，侧重于探讨在建立各种计算装置时可能碰到的各种问题。在理论探讨的同时，数字计算机的发展为计算概念的巩固和发展提供了有力的支持，但是，直到冯·诺依曼才真正开启现代计算机时代。

2.4.2 关于“人工智能”的原初思想

历史上，西方发展的机械论、控制论等哲学思想及理论都对现代人工智能的诞生起到了思想孕育作用，包括 1943 年开始发展的人工神经网络的基础——人工神经元数学模型等联结主义的原型方法，但这个过程中并没有任何人提出任何关于人工智能的想法、概念或进行实践。关于机械计算机的发明和使用，其目的也并非是要实现机器的智能。

在现代意义上的“人工智能”产生之前，早在 19 世纪 40 年代，阿达·洛夫莱斯（Ada Lovelace）伯爵夫人就预言了“人工智能”，但她也没有提出类似的概念。她比较专注于符号和逻辑，从未考虑过人工神经网络、进化编程和动力系统。她也未考虑过人工智能的心理目标，而是纯粹对技术目标感兴趣。例如，她说一台机器“可以编写出复杂程度或长度不同的细腻且系统的乐曲”，也“可以表达在科学史上具有划时代意义的、自然界中的重要事实”。

她所说的机器就是查尔斯·巴比奇（Charles Babbage）设计的机械计算机。她认识到了机械计算机的潜在通用性和处理符号（表示宇宙中的所有主体）的能力。她还描述了现代编程的各种基础知识：存储程序、分层嵌套的子程序、寻址、循环等。

1912 年，西班牙人莱昂纳多·托雷斯·奎维多（Leonardo Torres Quevedo）创造了第一个可操作的象棋终端机，这可以看作第一个实用的人工智能机器（当时，象棋被认为是一种局限于具有智力生物领域的活动）。

康拉德·楚泽（Konrad Zuse）在 1945 年就设计了很多计算机象棋规则，他还在 1948 年开创性地将一种编程语言应用于定理证明。

1947 年，图灵在一次关于计算机的会议上做了题为“智能机器”的报告，详细地阐述了他关于思维机器的思想，第一次从科学的角度指出：“与人脑的活动方式极为相似的机器是可以制造出来的。”在该报告中，图灵提出了自动程序设计的思想，即借助证明来构造程序的思想。

1948 年，图灵撰写了与人工进化和学习人工神经网络相关的论文。如上所述，哥德尔确定了人工智能、数学和计算的极限，并通过专家系统自动定理证明和推论了人工智能的理论基础，他还表明人类优于人工智能，他因此也成为现代人工智能理论的先驱。

上面所述的都是关于人工智能的原初思想，在当时并没有人从机器的角度思考思维与智能。现代意义的人工智能则始于 20 世纪 50 年代。1950 年，人工智能先驱之一的马尔温·明斯基（Marvin Minsky）与他的同学邓恩·埃德蒙（Dunn Edmund）一起，建造了世界上第一台神经网络计算机。这也被看作人工智能的一个起点。1951 年，计算机科学家克里斯托弗·斯特雷奇（Christopher Strachey）使用曼彻斯特大学的 Ferranti Mark 1 机器写出了一个西洋跳棋程序；同时期的迪特里希·普林茨（Dietrich Prinz）则写出了一个国际象棋程序。人工智能先驱之一的亚瑟·萨缪尔（Arthur Samuel）在 20 世纪 50 年代中期开发的国际象棋程序已经可以挑战具有相当水平的业余爱好者。

图灵是从人类"计算者"模型出发得出图灵机原理的。后来他又从图灵机概念出发，说明大脑和计算机的关系。图灵认为，人的大脑应当被看作一台离散态机器。离散态机器的行为原则上能够被写在一张行为表上，因此与思想有关的大脑的每个特征也可以被写在一张行为表上，因而能被一台计算机所效仿。基于这样的思想，1950 年，图灵发表了具有划时代意义的题为《计算机器与智能》的论文，首次预言了创造出具有真正智能的机器的可能性，并对智能从行为主义的角度给出了定义，即著名的图灵测试："如果某机器在某些条件下能够非常好地模仿人回答问题，以致提问者在相当长的时间内误认为它是人类而不是机器，那么该机器就可以被认为是能思考的"，如图 2.4 所示。图灵还在这篇论文中论证了心灵的计算本质，并批驳了反对机器能够思考的 9 种意见。图灵的通用图灵机和图灵测试进一步将人的思维、认知、学习等意识活动纳入了机器的范畴。

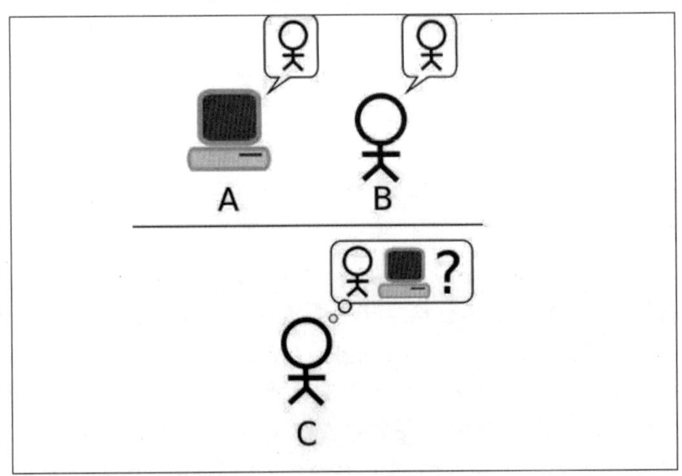

图 2.4 图灵测试

实际上，将哥德尔-图灵引理加以推广，就可以得到经典人工智能的图灵假说：用图灵机可以模仿人的部分思维功能，如推理、学习、理解、决策和创造。图灵并未使用"假说"这个术语，他认为用自然语言表达假说不够严格，所以他提出用图灵测试作为机器是否具有思维能力的实证准则，通过图灵测试意味着图灵假说得到了科学实验的验证。在图灵假说的一次图灵测试中，计算机程序写了一首十四行诗，然后人类裁判与计算机程序进行了如下对话。

人类裁判：你的诗里说"我能把你比作夏天吗"，如果把"夏天"替换为"春天"，是否更好？

计算机程序：替换以后不押韵。

人类裁判：换成“冬天”如何？

计算机程序：这样押韵了，但没人想被比作冬天。

为了回答人类裁判的第一个问题，这个计算机程序要能理解自然语言，其中把“夏天”替换为“春天”属于意向性语义替换。第二个问题在字面表达之外隐晦地涉及常识、情感和因果推理，这个计算机程序需要具有因果推理等能力，否则无法答出“没人想被比作冬天”。图灵相信，经过大约 50 年的研究，依靠“功能模仿”的计算机将能够通过这样的测试，从而让人类认为其“有智能”。

虽然图灵并没有明确提出人工智能的概念或给出定义，但图灵接受了人工智能的两个目标——技术和心理。他想让机器做通常需要智能才能完成的有意义的事情，并模拟以生理为基础的心智所发生的过程。他的论文直接引发了人类关于人工智能的认真思考。

1955 年，艾伦·纽厄尔（Allen Newell）和赫伯特·西蒙（Herbert Simon）在兰德公司工作时得出结论，计算机操作的二进制数字串能代表任何东西，包括现实世界中的事物。因此，纽厄尔和西蒙进一步指出，人类大脑和计算机尽管在结构和机制上全然不同，但是在某一抽象的层次上具有共同的特征：人类大脑和恰当编程的数字计算机可被看作同一类装置的两个不同特例，它们都用形式规则操作符号来生成智能行为。

人工智能的思想基础首先是图灵的“机器是否有思维”。基于这个思想，衍生出“机器是否有智能”，之后冯·诺依曼将大脑类比为计算机。基于图灵的通用图灵机思想及将大脑类比为计算机的思想，人们将计算作为机器实现智能的方法。

1956 年 8 月，“人工智能”一词在一份关于召开国际人工智能会议的提案中被提出。该份提案由麦卡锡（达特茅斯学院）、明斯基（哈佛大学）、罗彻斯特（IBM）和香农（贝尔电话实验室）联合递交。1956 年夏天，在上述各种思想和理论的影响下，麦卡锡、明斯基、西蒙和纽厄尔等一批数学家、信息学家、心理学家、神经生理学家、计算机科学家等专家学者在美国达特茅斯学院举行了史上第一次人工智能研讨会，人工智能之父麦卡锡（见图 2.5）首次提出“人工智能”这一概念，由此开创了“人工智能”这样一门新的学科。

图 2.5　人工智能之父麦卡锡

但人工智能这个术语最初是用来反对早期控制论里的联结主义的。当时的麦卡锡、明斯基等人觉得机器根据输入和输出进行自适应调整是不够的，“符号主义”人工智能的目标是把人工定义的程序算法和规则放入计算机系统中，这样可以从更高一级来操纵系统。所以人工智能诞生之初对联结主义的一些观点是排斥的。符号主义的最初工作由西蒙和纽厄尔在 20 世纪 50 年代推动。从那以后，研究者们发展了众多理论和原理，人工智能的概念也随之扩展。

与控制论的出发点不同，人工智能诞生之初的目的并不是实现机器自动化或智能化，而是直接将人脑与计算机联系起来，从计算的角度思考人类智能的本质及如何通过计算的手段实现智能。20 世纪 70 年代，控制论就衰落了，虽然自动化技术一直在发展，但人工智能的生命力远远超越了控制论，原因在于控制论关注的焦点不是人类或生物体智能的本质，而是机器智能，这显然是无源之水，因此衰落也是必然的。但人工智能涉及的人类智能问题却始终是人类本身的重大问题，在此基础上研究和探索机器智能才是人工智能的核心，因此才有持久吸引力和巨大的发展空间。

2.4.3 人工智能当代史

人工智能概念正式提出之后，才开启其当代发展历史，其间经历了几个主要阶段，大致可以分为形成期、发展期、飞跃期，其中又由于不同时期主流技术的发展影响而经历了几次高潮和低谷。

1. 形成期（1956—1969 年）

人工智能的形成期为 1956—1969 年。1956 年 8 月达特茅斯会议召开之后，相继出现了一批显著的成果，如机器定理证明、跳棋程序、通用问题求解程序、LISP 表处理语言等。纽厄尔和西蒙开发了“逻辑理论家”程序，该程序模拟了人们用数理逻辑证明定理时的思维规律。该程序证明了怀特海和罗素的《数学原理》一书中第 2 章的 38 条定理，后来经过改进，又于 1963 年证明了该章中的全部（52 条）定理。这一工作得到了人们的高度评价，被认为是计算机模拟人的高级思维活动的一个重大成果，是人工智能的真正开端。他们宣布：“这个圣诞节我们发明了一个有思维的机器。”数理逻辑学家王浩是第一个研究人工智能的华人科学家。在纽厄尔和西蒙之后，美籍华人学者、洛克菲勒大学教授王浩在“自动定理证明”上获得了更大的成就。1958 年，王浩用他首创的“王氏悖论”在一台运行速度不高的 IBM 704 计算机上再次向《数学原理》发起挑战。不到 9 分钟，该计算机就把这本著作中的全部（350 条以上）定理统统证明了一遍。

塞缪尔研制了跳棋程序，该程序具有学习功能，能够从棋谱中学习，也能在实践中总结经验，以提高棋艺。它在 1959 年打败了塞缪尔本人，又在 1962 年打败了美国一个州的跳棋冠军。这是模拟人类学习过程的一次卓有成效的探索，是人工智能的一个重大突破。

1958 年，麦卡锡提出 LISP 语言，这种语言不仅可以处理数据，而且可以方便地处理符号，是人工智能程序设计语言的重要里程碑。

1959 年，塞缪尔创造了“机器学习”一词。在文章中他说：“给计算机编程，让它能通过学习比编程者更好地下跳棋。”

1960 年，纽厄尔、肖和西蒙等人研制了通用问题求解程序（General-Problem Solver，GPS），这是对人们求解问题时的思维活动的总结，并首次提出了启发式搜索的概念。

1961 年，第一台工业机器人 Unimate 开始在新泽西州通用汽车工厂的生产线上工作。

1965 年，约翰·鲁宾逊（John Robinson）提出归结法，这被认为是一个重大的突破，也为定理证明的研究带来了又一次高潮。同一年，兰德公司委托哲学家休伯特·德赖弗斯（Hubert Dreyfus）撰写了一篇关于人工智能的报告，名为《炼金术和人工智能》，报告中发表了一个有力的论证：计算机不能做什么。德赖弗斯对建造人工智能的争论大大削弱了推理规则可以给机器“智能”的想法。因为，人工智能研究者对逻辑规则的阐释完全忽视了知觉是有身体的、位置的、隐性的、显性的、集体性的、语境的等因素，也忽视了人类对行为的决策。

20 世纪 60 年代初，继承自控制论的联结主义方法由于弗兰克·罗森布拉特（Frank Rosenblatt）提出的感知机产生了一股热潮。这一时期也是人工智能发展的第一个高潮。在当时，有很多学者认为 20 年内，机器将能做到人能做到的一切。

1969 年，第一届国际人工智能联合会议（International Joint Conference on Artificial Intelligence，IJCAI）召开，这次会议是人工智能发展史上一个重要的里程碑，标志着人工智能这门新兴学科已经得到了世界的肯定。

20 世纪 60 年代末，明斯基通过对单层感知机的分析，和西蒙一起证明了神经网络不能实现异或操作，所以觉得它们是没有未来的。由此，人工神经网络被抛弃，相关项目的资金资助被停止。由于人工神经网络研究受到打击，人工智能领域也陷入低谷。这一时期也奠定了符号主义学派主导人工智能的基础，直到 20 世纪 90 年代中期。

2. 发展期（1970 年至 20 世纪 90 年代初）

人工智能的发展期分为以下几个阶段。

（1）人工神经网络导致第一个低谷期（1970 年至 20 世纪 70 年代末）。

这一时期是人工智能发展的低谷时期。科研人员在人工智能的研究中对项目难度预估有误，这不仅导致美国国防高级研究计划署的计划失败，还让人工智能的前景蒙上了一层阴影。与此同时，社会舆论的压力开始慢慢压向人工智能，导致很多研究经费被转移到了其他项目上。

当时，人工智能面临的技术瓶颈主要体现在三个方面：第一，计算机计算能力不足，导致早期很多程序无法实际应用；第二，问题的复杂度受限，早期人工智能程序主要用于解决特定的问题，因为特定的问题复杂度低，一旦问题复杂度提升，计算机程序和硬件就不堪重负；第三，数据不足，当时没有大量数据来支撑人工神经网络程序学习，导致机器无法通过数据实现智能化。

1970 年，《人工智能》杂志创刊，该杂志的出现对人工智能国际学术活动和交流、人工智能的研究和发展起到了积极的作用。

1974 年，哈佛大学的博士生维博斯提出采用反向传播法来训练一般的人工神经网络，但当时并没有引起学术界的重视。

1975 年，明斯基首创框架理论，利用多个有一定关联的框架组成框架系统，以完整而确切地把知识表示出来。

1977 年，爱德华·费根鲍姆（Edward Feigenbaum）在第五届国际人工智能联合会议上提出“知识工程”的概念，知识工程强调知识在问题求解中的作用。知识工程的主要应用是专家系统。专家系统使人工智能由理论化走向实际化，从一般化转为专业化，是人工智能的重要转折点。专家系统在当时取得的成功使人们清楚地认识到知识是智能的基础，对人工智能的研究必须以知识为中心来进行。

（2）专家系统产生第二次繁荣时期（1980—1987 年）。

人工智能在 20 世纪 80 年代迎来第二个春天，“专家系统”对符号主义机器架构进行了重大修订。20 世纪 80 年代后，人工智能的发展有了很大的突破，各种机器学习算法越来越完善，机器的计算能力、预测能力、识别能力等也有了较大的提升。

从 1980 年到 1987 年，很多公司采用了被称为“专家系统”的人工智能程序，知识获取成为人工智能研究的焦点。与此同时，日本政府启动了一项关于人工智能的大规模资助计划，并启动了第五代计算机研制计划。联结主义也被约翰·霍普菲尔德（John Hopfield）和戴维·鲁梅尔哈特（David Rumelhart）的工作所重振。

1980 年，卡内基梅隆大学为数字设备公司设计了一套名为 XCON 的“专家系统”。这是一套具有完整专业知识和经验的计算机智能系统，这套系统在 1986 年之前每年能为公司节省超过 4000 美元的经费。这一时期，仅专家系统产业的价值就高达 5 亿美元。

但是，专家系统的瓶颈也逐渐显现，那就是知识获取的途径一直没有得到良好的解决，主要原因在于那个时期不像现在有互联网、云计算、无处不在的智能手机，当时专家知识库的构建常常依赖没有完备性和可靠性保证的经验知识，专家学者和技术人员不得不依靠各种经验性的非精确推理模型。而且，人类思维面临的实际问题中只有很少一部分是可以确切定义的确定性问题，大部分是带有不确定性的问题。所以当知识工程深入这些问题时，经典数理逻辑的局限性不可避免地暴露了出来。直到 2000 年后，机器学习和深度学习出现，科学家们才发现终于找对了方向。

（3）第二代人工神经网络发展期。

20 世纪 80 年代和 90 年代是一个非凡的创造性时期，联结主义的关键技术在这一时期得到承接发展。到了 20 世纪 90 年代初，符号主义人工智能日益衰落。人工智能研究者们决定重新审视人工神经网络。在这个复兴时期，人工神经网络的理论和算法相比 20 世纪 60 年代都有了巨大进步。

回顾历史可以发现，即使在人工神经网络的低谷时期，仍有少数学者坚持人工神经网络的研究。1979 年 6 月，现代深度学习创始人之一、加拿大多伦多大学教授杰弗里·辛顿（Geoffrey Hinton）和詹姆斯·安德森（James Anderson）在加州组织召开了一场会议，会上聚集了生物学家、物理学家和计算机科学家，他们提出了研究人工神经网络的新思路。

1980 年，基于传统的感知器结构，辛顿采用包含多个隐含层的深度结构来代替感知器的单层结构。多层感知器模型是其中最具代表性的，也是最早的深度学习人工神经网络模型。随后，BP 算法进一步被辛顿、纽约大学计算机系教授杨立昆（Yann LeCun）等人用于训练具有深度结构的神经网络。

1982 年，美国加州工学院物理学家约翰·霍普菲尔德（John Hopfield）提出了以其名字命名的“霍普菲尔德神经网络”模型，标志着人工神经网络新一轮的复兴。他将物理学的相关思想（动力学）引入神经网络的构造中，提出了“计算能量”的概念，给出了网络稳定性判断的标准。这种人工神经网络提供了模拟人类记忆的模型，在机器学习、联想记忆、模式识别、优化计算等方面有着广泛应用。1987 年，贝尔实验室成功在霍普菲尔德神经网络的基础上研制出了神经网络芯片。这些成果使 1970 年以来一直遭人遗弃的联结主义重获新生。联结主义认为认知可以看作大规模并行计算，这些计算在类似于人脑的神经网络中进行，神经元集体协作并相互作用。在这两种思想下造出的“智能”机器的区别是巨大的。

1984 年，日本学者福岛邦彦提出了 CNN 的原始模型神经感知机，部分实现了 CNN 中卷积层和池化层的功能，被认为是启发了卷积和池化思想的开创性研究。

1985 年，辛顿和特里·谢泽诺斯基（Terry Sejnowski）发明了玻尔兹曼机（Boltzmann Machine），其原理来自统计物理学，它是一种基于能量函数的建模方法，是建立在离散霍普菲尔德神经网络基础上的一种随机递归神经网络。

真正的突破发生在 1986 年，罗姆哈特（Rumelhart）和麦克里兰（McClelland）提出并行分布式处理（Parallel Distributed Processing，PDP），重新提出了反向传播算法。

格劳斯伯格（Grossberg）创建了关于自组织的新理论——自适应共振理论，为新的神经网络奠定了基础。柯赫南发表了一篇关于自组织映射的文章。

1987 年，怀贝尔（Waibel）等提出了时间延迟网络，这是一个应用于语音识别的 CNN。同年，在美国加州圣地亚哥召开了第一届神经网络国际会议，并成立了国际神经网络学会，标志着神经网络进入快速发展时期。此后，每年都要召开国际性神经网络的专业会议及专题讨论会，以促进神经网络的研制、开发和应用，各国在神经网络方面的投资逐渐增加。这一时期是人工神经网络的繁荣时期。

（4）人工智能发展第二个低谷期（1987—1993 年）。

好景不长，更新和重新编制专家系统需要高昂的维护成本，而且过于复杂，专家系统的性能也非常有限。1991 年，人们发现十年前日本提出的第五代计算机研制计划（智能计算机）并没有实现。事实上其中一些目标，比如“与人展开交谈”，直到 2010 年也没有实现。与早期的人工智能一样，人们的期望比真正可能实现的要高得多。因为提出的目标没有实现，原本充满活力的市场崩溃，对人工智能的投资下降，这导致了第二轮人工智能低谷。

但是，这一时期，人工神经网络、机器学习等很多方法仍然在不断地发展。

1989 年，杨立昆对 AT&T 贝尔实验室的邮政编码进行了识别，通过使用美国邮政服务数据库，他设法利用多层人工神经网络 LeNet 来识别包裹上的手写体邮政编码字符。在论述其网络结构时首次使用了“卷积”一词。虽然这些算法为当今深度学习的大多数方法提供了基础，但它们并不是立即成功的。

在此期间，研究人员开始探索通过改变感知器的结构来改善网络学习的性能，由此产生了著名的单隐含层的浅层学习模型，如支持向量机（Support Vector Machine，SVM）、逻辑回归、最大熵模型和朴素贝叶斯模型等。当时机器学习流行的是支持向量机（也被称为“核方法”），这是一种处理小规模数据集非常有效的方法，由弗拉基米尔·瓦普内克（Vladimir Vapnik）在 20 世纪 90 年代提出。它是一个特殊的两层神经网络，因其具有高效的学习算法，且没有局部最优的问题，在计算及准确度上都有较大的优势，故很多研究者转向支持向量机的研究。支持向量机的兴起，导致 CNN 的方法在后来的一段时间并未能火起来，深层次的人工神经网络并未受到关注。辛顿、莱卡和本焦及其他新联结主义技术研究者们形成了一个孤独却团结的小团体。

1992 年，慕尼黑工业大学的尤尔根·施米德胡贝（Jürgen Schmidhuber）和他的团队提出的非监督学习时间递归神经网络为语音识别和自然语言翻译提供了重要的模型。1997 年，施米德胡贝和他的博士生合作发表了一篇关于简化时间递归神经网络的长短期记忆人工神经网络（Long Short-Term Memory，LSTM）的论文，但在当时并没有得到广泛的理解。这篇论文中提出的技术，对近年来视觉处理和语言理解的快速发展起着关键的基础性作用，应用于很多商业化产品中。

20 世纪 90 年代初，人工神经网络获得了商业上的成功，被应用于光字符识别和语音识别软件。这一时期，科学家们已在研制神经网络计算机，并把希望寄托于光芯片和生物芯片上。

（5）躯体的重要性。

20 世纪 80 年代后期，一些研究者根据机器人学的成就提出了一种全新的人工智能方案。他们相信，为了获得真正的智能，机器必须具有躯体——它需要感知、移动，与这个世界交互。他们认为这些感知运动技能对于常识推理等高层次技能是至关重要的，而抽象推理不过是人类所具有的最不重要也最无趣的技能。他们号召“自底向上”地创造智能，这一主张复兴了从 20 世纪 60 年代就沉寂下来的控制论。

另一位先驱是在理论神经科学上造诣深厚的计算机视觉专家戴维·马尔（David Marr），

他于 20 世纪 70 年代来到麻省理工学院指导视觉研究组的工作。他排斥所有符号化方法，认为实现人工智能需要自底向上地理解视觉的物理机制，而符号处理应在此之后进行。

来自机器人学这一相关研究领域的罗德尼・布鲁克斯（Rodney Brooks）和汉斯・莫拉韦茨（Hans Moravec）提出了一种全新的人工智能方案。在发表于 1990 年的论文《大象不玩象棋》（*Elephants Don't Play Chess*）中，机器人研究者布鲁克斯提出了“物理符号系统假设”，认为符号是可有可无的，因为“这个世界就是描述它自己最好的模型”。在 20 世纪 80 年代和 20 世纪 90 年代也有许多认知科学家反对基于符号处理的智能模型，认为身体是推理的必要条件，这一理论被称为“具身的心灵/理性/认知”（Embodied Mind/Reason/Cognition），并启发了研究人员从大脑、身体、环境相互作用的角度研究具身人工智能。

3. 飞跃期（1993 年至今）

（1）智能体兴起与机器学习大发展。

① 智能体兴起（1993 年至今）。

20 世纪 90 年代，随着计算机网络、计算机通信等技术的发展，关于智能体（Agent）的研究成为人工智能的热点。1993 年，肖哈姆（Shoham）提出面向智能体的程序设计。1995 年，斯图尔特・罗素（Stuart Russell）和彼得・诺维格（Peter Norvig）出版了《人工智能》一书，提出“将人工智能定义为对从环境中接收感知信息并执行行动的智能体的研究”。1997 年 5 月 11 日，IBM 的计算机系统“深蓝”战胜了国际象棋世界冠军加里・卡斯帕罗夫（Garry Kasparov），这是人工智能发展的一个重要里程碑。

② 机器学习大发展（20 世纪 90 年代中期至今）。

20 世纪 90 年代到 21 世纪，机器学习的发展十分迅猛，人们开始以数据为驱动提出预测模型算法。本质上来说，这类算法的理论基础是统计学，而不是神经科学或心理学。它们旨在执行特定的任务，而不是赋予机器通用的智能。

这一时期，新的数据科学统计方法借用并开发了贝叶斯、决策树、随机森林等机器学习技术，在解决特定问题方面表现不俗。概率和模糊逻辑等从多个角度将统计学习等领域与人工智能联系起来，以处理决策的不确定性，这为人工智能带来了新的成功应用，超越了专家系统。这些新推理技术更适合应对智能代理人状态和感知的不确定性，并且在从家用电器到工厂设备智能控制方面取得了良好效果。

朱迪・珀尔（Judea Pearl）于 1988 年将概率论和决策理论引入人工智能。现已投入应用的机器学习工具包括贝叶斯网络、隐马尔可夫模型、随机模型等。针对神经网络和进化算法等“计算智能”范式的精确数学描述也被发展出来。支持向量机、集成学习、稀疏学习、统计学习等多种机器学习方法开始占据主流。

（2）联结主义的重生——深度学习崛起（2006 年至今）。

2006 年，辛顿提出了深度学习的概念，与其团队在文章 *A fast Learning Algorithm for Deep Belief Nets* 中提出了深度学习模型之一——深度信念网络（Deep Belief Network，DBN），并给出了一种逐层贪心算法，打破了长期以来深度网络难以训练的僵局。

2009 年，约书亚・本希奥（Yoshua Bengio）提出了深度学习的另一常用模型——堆叠自动编码器，采用自动编码器来构造深度网络。

2010 年，斯坦福大学教授李飞飞创建了一个名为 ImageNet 的大型数据库，其中包含数百万张带标签的图像，为深度学习技术性能的测试和不断提升提供了一个平台。

从 2011 年开始，谷歌研究院和微软研究院的研究人员先后将深度学习应用到语音识别，使识别错误率下降了 20%～30%。2012 年，辛顿的学生在图片分类比赛 ImageNet 中使用深度学习打败了谷歌团队，深度学习的应用使图片识别错误率下降了 14%。2015 年开发的模型能够击败人类专家，整体误差为 5%。在如此短的时间内取得重大改进的主要原因之一是大量使用图形处理单元（Graphics Processing Unit，GPU）加速培训程序，从而可以使用更大的模型，这也意味着分类中的错误率较低。

2012 年 6 月，谷歌首席架构师杰夫·迪安（Jeff Dean）和斯坦福大学教授吴恩达主导了著名的 Google Brain 项目，他们采用 16 万个 CPU 来构建深层神经网络（Deep Neural Network，DNN），并将其应用于图像和语音的识别，最终大获成功。此外，深度学习在搜索领域也获得广泛关注。如今，深度学习已经在图像识别、语音识别、自然语言处理、CTR 预估、大数据特征提取等方面获得广泛的应用。

研究人员一直致力于训练能够在不同领域击败人类专家的深层神经网络。2016 年，谷歌的 AlphaGo 击败了韩国棋手李世石，图 2.6 所示为当时的棋局，引发了各界人士对人工智能的再次关注。

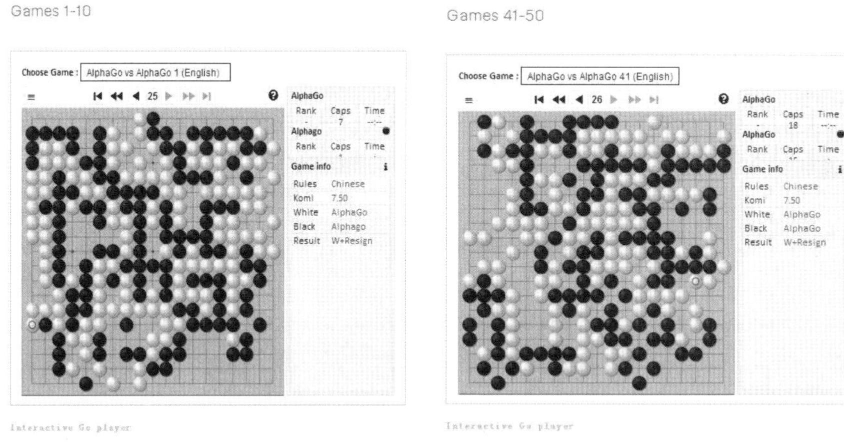

图 2.6　AlphaGo 与李世石对弈的棋局

2019 年 1 月 25 日，DeepMind 公司开发的 AlphaStar 在游戏《星际争霸 2》中以 10：1 的战绩战胜人类冠军团队。

DeepMind 公司继 AlphaStar 之后的另一突破性成果是 AlphaFold。2020 年 12 月，AlphaFold 在蛋白质结构预测的全球竞赛 CASP（Critical Assessment of Protein Structure Prediction）中表现出色，大幅提高了蛋白质折叠预测的准确性。AlphaFold 的技术使科学家能够更快、更精确地预测蛋白质的三维结构，解决了生命科学领域的一个长期难题，使生物医学研究有了重大进展。

Open AI 在 2020 年发布了 GPT-3，这是当时规模最大且最先进的自然语言处理模型。它拥有 1750 亿参数，能够生成表达流畅的文本，完成从语言翻译、问答到代码生成等多项复杂任务。GPT-3 的发布掀起了生成式人工智能模型在自然语言处理领域的热潮，推动了智能对话、内容生成和自动化文档处理的应用。

Open AI 在 2021 年初发布了 DALL·E 和 CLIP，它们开创性地将生成式模型扩展到图像生成和理解领域。DALL·E 具有基于文本生成图像的能力，能够通过给定的文本描述生成相应的图像。CLIP 则能够根据图像和文本之间的相关性精确地识别图像内容。这两项技术推动了人工智能在艺术创作、图像生成和视觉理解中的应用。

自 2019 年以来，Transformer 架构逐渐成为人工智能主流技术，广泛应用于自然语言处理、计算机视觉和多模态任务。自监督学习的兴起也是一大亮点，它将模型在大规模未标注的数据上进行预训练，随后通过少量标注的数据进行微调，这种方法显著提高了模型的性能和通用性。

Open AI 后又发布了 Codex，这是一种能够生成代码的人工智能模型，它是 GPT-3 的衍生产品，并成为 GitHub Copilot 背后的核心技术。Codex 可以通过自然语言描述生成相应的代码，大大提高了开发者的生产效率，尤其在自动化代码生成和编程任务中展现出极大潜力。

生成式人工智能在图像领域的另一个重要进展是 2022 年 Stable Diffusion 和 MidJourney 等模型的发布。Stable Diffusion 基于扩散模型（Diffusion Model），能够生成高质量的图像，可广泛应用于艺术创作、设计和数字内容生成领域。而 MidJourney 作为一种创新的文本到图像生成平台，可提供独特的用户体验，被广泛应用于数字艺术创作。

Open AI 在 2022 年底发布了 ChatGPT（基于 GPT-3.5 的强化模型），又在 2023 年推出了基于 GPT-4 的版本。ChatGPT 展现出了强大的对话生成能力，能够与人类进行自然流畅的交互，回答复杂问题并生成各类文本内容。ChatGPT 迅速引发了全球关注，并被广泛应用于教育、商业、编程辅助等多个领域，从而标志着智能对话系统的成熟。

2023 年，Meta 发布了 LLaMA（Large Language Model Meta AI），它是针对更高效语言模型的一个重要探索。与此同时，谷歌、Anthropic 等公司也在大模型竞赛中不断推进。谷歌发布了基于 PaLM（Pathways Language Model）的大模型，并将其整合到多个产品中。这一时期，人工智能模型不仅追求参数规模的扩大，还重视推理效率、可解释性和环境影响。

自 2019 年以来，GAN 的应用范围进一步扩大，尤其是在图像、视频生成及艺术创作等领域。GAN 技术使人工智能能够生成高质量、逼真的图像和视频，被广泛应用于影视特效、虚拟现实和娱乐领域。

自动驾驶领域自 2019 年以来取得了显著进展，人工智能技术在汽车感知、决策与控制中发挥着核心作用。Tesla、Waymo 等公司在自动驾驶汽车的商业化上取得突破，人工智能算法能够在复杂环境中进行精准的路径规划和实时决策。然而，完全自动化驾驶仍面临法律、伦理和技术挑战，但人工智能的持续发展为其未来的广泛应用奠定了基础。

随着人工智能技术的快速发展，关于人工智能伦理和监管的讨论也越来越多。各国政府和国际组织纷纷出台政策和指导原则，以确保人工智能的发展在可控的范围内进行。欧盟提出了《人工智能监管法案》，旨在确保人工智能系统的安全性、透明性和可追责性。与此同时，关于人工智能偏见、隐私保护和社会影响的讨论成为学术界和产业界的焦点。

基于深度神经网络的深度学习在信号处理、语音处理、自然语言处理、图像识别和机器翻译等领域接连取得巨大突破和成功。一定程度上，这是联结主义人工智能对符号主义人工智能的胜利，也表明在人工智能研究中，以人脑神经网络为原型的联结主义是一种实现人工智能的有效途径，但这不代表符号主义没有价值。

在联结主义和符号主义不断发展的同时，以脑机接口、可穿戴外骨骼为主的人机混合智能、人机融合智能，以及基于语音、手势、体感等的新形态人工智能技术和研究方式也不断取得进展。

由于核磁共振等物理观测手段和仪器技术的进步，脑科学和神经科学也在不断发展，人们对大脑和神经系统的认识越来越深入，由此，也重新推动了以大脑的生物和物理为基础的类脑计算及人工大脑等新型人工智能技术的发展，出现了类脑芯片、智能芯片等新型硬件技术。

2015 年以来，移动通信迅速普及，超级计算、大数据与联结主义结合的范式引发了人工智能第三轮爆发，之前在人工智能领域被边缘化的联结主义重新回归。这一轮人工智能技术的快速发展主要是由于 GPU 这种并行计算技术的广泛应用，以及图像数据、文本数据、交易数据、映射数据的海量爆发，许多原来无法实现的人工智能技术得以实现。

自 2019 年以来，人工智能技术在多个领域取得了突破性进展：从自然语言处理到图像生成，从自动驾驶到生命科学。这些技术不仅推动了学术研究的发展，也改变了多个行业的运作方式，并带来了关于伦理、隐私和监管的重要讨论。随着生成式人工智能、大模型、量子计算等技术的进一步发展，人工智能的未来充满了无限可能。

2.4.4 我国人工智能的发展

我国的人工智能研究起步较晚。直到 1977 年，中国科学院自动化研究所就基于关幼波先生的经验，成功研制了我国第一个“中医肝病诊治专家系统”。

智能模拟纳入国家计划的研究始于 1978 年。1981 年起，我国相继成立了中国人工智能学会、中国计算机学会人工智能与模式识别专业委员会、中国自动化学会模式识别与机器智能专业委员会、中国软件行业协会、中国智能机器人专业委员会、中国计算机学会计算机视觉专委会以及中国自动化学会智能自动化专业委员会等学术团体。

1984 年，智能计算机及其系统全国学术讨论会召开。1985 年 10 月，中国科学院合肥智能机械研究所熊范纶建成“砂姜黑土小麦施肥专家咨询系统”，这是我国第一个农业专家系统。经过 40 多年的努力，以农业专家系统为重要手段的智能化农业信息技术在我国取得了令人瞩目的成就，农业专家系统遍地开花，对我国农业的持续发展起到了积极作用。

1986 年起，我国把智能计算机系统、智能机器人和智能信息处理（含模式识别）等重大项目列入国家高技术研究 863 计划。1989 年，《模式识别与人工智能》杂志创刊。同年首次召开了中国人工智能联合会议。1990 年 10 月，中国人工智能学会、中国电子学会、中国自动化学会、中国通信学会、中国计算机学会等 8 个国家一级学会在北京共同召开了首届中国神经网络学术大会，会议成立了中国神经网络委员会，由吴佑寿院士担任主席，钟义信等担任副主席。1992 年 9 月，中国神经网络委员会在北京承办了全球最大的神经网络学术大会——International Joint Conference on Neural Networks（IJCNN）。1993 年，中国人工智能学会与中国自动化学会等共同举办了第一届全球华人智能控制与智能自动化大会，涂序彦等发表了论文《LSESS：大型专家系统开发工具》。1995 年，中国人工智能学会理事长涂序彦等撰写了专著《智能管理》。1997 年起，智能信息处理、智能控制等项目列入国家重大基础研究 973 计划。

进入 21 世纪后，我国的科技工作者已在人工智能领域取得了具有国际领先水平的创造性成果。其中，以吴文俊院士关于几何定理证明的“吴氏方法”最为突出，并在国际上产生了重大影响，吴文俊院士荣获 2001 年国家最高科学技术奖。人工智能研究业已在我国深入开展，并将为促进其他学科的发展和我国的现代化建设做出新的重大贡献。

人工智能与智能系统的研究与发展是与国民经济和科技发展的重大需求相结合的。2003 年 10 月，在北京举行了中国人工智能学会第一届“人工生命及应用”专题学术会议。2003 年 10 月，由中国人工智能学会牵头，与中国电子学会、中文信息处理学会等共同发起了第一届自然语言处理与知识工程国际学术会议。会议不仅研讨了与自然语言处理与知识工程相关的学术问题，而且直接面向 2008 年北京奥运会提出了“多语言智能信息服务”的相关技术和标准。2004 年，北京大学创办了我国第一个“智能科学与技术”本科专业。

2006 年 2 月，中国人工智能学会会刊《智能系统学报》正式创立。2006 年 8 月，首届中国象棋计算机博弈锦标赛暨机器博弈学术研讨会在中国科技馆举行，来自海内外的 22 支队伍参加了比赛；首届“浪潮杯”中国象棋人机大战在京举行，在比赛中，机器系统以微弱优势取胜。比赛的过程与结果震动了我国象棋界和公众，人工智能的威力给人们留下了非常深刻的印象。

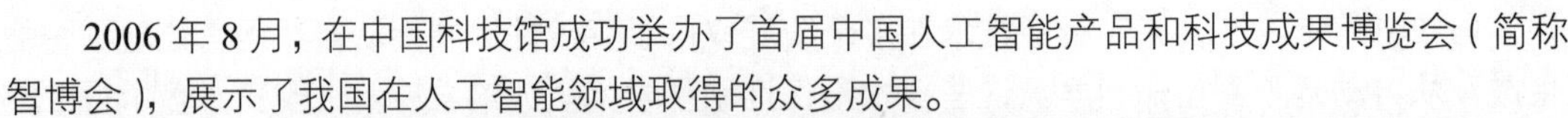

2006 年 8 月，在中国科技馆成功举办了首届中国人工智能产品和科技成果博览会（简称智博会），展示了我国在人工智能领域取得的众多成果。

2011 年 1 月，《中国人工智能学会通讯》正式创刊，科学技术部准予中国人工智能学会设立“吴文俊人工智能科学技术奖”。同年，以“智能体验 · 智慧生活”为主题的首届中国智能博览会在北京全国农业展览馆举行，其包括云计算与物联网、智能电网、智能家居、智能通信、智能科技成果五大类展览区，以及智能体育、智能汽车、无人飞机、智慧医疗、人机博弈、仿人机器人奥运比赛六大类体验区。从 2014 年至今，人工智能的热潮在几大互联网巨头的推波助澜下不断奔涌，人工智能研究主要集中在智能计算方面，尤其是在自然语言处理和深度学习大模型方面，智源发布的 1.75 万亿参数的“悟道 2.0”、全球首个知识增强千亿大模型——鹏城-百度 · 文心等，均达到世界级水平。2017 年 5 月，AlphaGo 与我国围棋冠军柯洁的对决备受瞩目。尽管 AlphaGo 是一项由谷歌 DeepMind 开发的技术，但其战胜人类顶尖围棋选手引发了我国人工智能界和公众对人工智能潜力的广泛关注，推动了人工智能在围棋、象棋等领域的进一步研究。

2017 年，国务院发布了《新一代人工智能发展规划》，明确将人工智能列为国家发展的重要战略之一。此规划提出了到 2030 年我国成为世界主要人工智能创新中心的目标，有力推动了各行业对人工智能技术的研发和应用。2018 年 10 月，华为发布了其自研的 Ascend 系列人工智能芯片。该系列芯片具备强大的算力，专为人工智能任务设计，标志着我国在人工智能硬件领域的突破，并推动了人工智能在各个行业的广泛应用。随着人工智能技术的迅速发展，人工智能的伦理与治理问题日益突出。2019 年，我国发布了《新一代人工智能治理原则——发展负责任的人工智能》，强调了人工智能发展中的透明性、公平性和可控性，体现了我国在人工智能发展中的责任意识。2018 年以来，我国的自动驾驶技术快速发展，自动驾驶出租车在一些城市试运营，虽然一度引起争议，但也展现了人工智能技术在智能交通领域的巨大潜力。

总体而言，自 2016 年以来，我国在人工智能领域取得了巨大的进步，这不仅体现在技术突破上，更体现在人工智能对社会、产业的广泛影响上。随着我国人工智能战略的推进，未来我国将在全球人工智能舞台上发挥更加重要的作用。

2.5 本章小结

本章从人工智能的思想孕育开始，介绍了对人工智能的产生具有直接或间接影响的各种哲学思想。在这些思想和早期实践的基础上，人工智能才得以诞生。学习和理解人工智能哲学与人工智能发展历史，对于认识人工智能的复杂性具有很大的启发意义。

习题

1．举例说明在人工智能的发展中发挥主要作用的思想内容及其意义。

2．在人类对计算概念的逐渐形成过程中，机械计算机、电子计算机对于人工智能的发展有什么作用?

3．查阅资料，整理人工智能发展历史中华人学者的主要贡献和我国人工智能发展历史中主要人物的思想及其贡献。

4．查阅资料，理解物质、意识、精神、理性、客观、主观等基本哲学概念及其与智能的关系。

5．从本体论角度看，为什么说人工智能的哲学基础是一元论？又为什么说人工智能的发展实际默认属性是二元论的思想？

6．从认识论角度如何理解理性人工智能？

7. 从方法论角度看，人工智能新研究范式与传统研究范式相比较主要发生了哪些变化？这些变化为什么会发生？新研究范式相对于传统研究范式更有意义或实际中更有用吗？为什么？

8．试论述计算机是否会产生自我意识；如果计算机能够产生自我意识，是不是就证明了笛卡儿的身心二元论是正确的；如果计算机不能够产生自我意识，是不是意味着强人工智能永远也无法实现。

9．现实中的人工智能与科幻影视中的人工智能有哪些差距？

03 人工智能技术基础

学习导言

人工智能的终极目标是发展出类人的智能系统，但在实际发展过程中，由于对智能的认识不同，发展出了各种模拟人类智能某方面特征的技术。从早期的专家系统到今天的大规模机器翻译、人脸识别系统，从简单的问答式逻辑推理模拟到复杂的文本、图像、语音等多模态、跨模态处理系统，所采用的技术已经越来越复杂，并越来越强大。

比如，开发一个聊天机器人系统，需要综合利用自然语言处理、搜索、数据库、程序设计、互联网等多种技术。因此，人工智能系统的研究与实现不仅离不开来自各学科领域的知识和理论，更离不开对各种技术的综合利用。离开任何一个学科，人工智能都不可能存在；离开任何一种技术，人工智能系统都不可能实现。

人工智能涉及的技术主要有以下几大类：数据类、计算机类、通信类、网络类、硬件类、人工智能类等。人工智能类技术多以各种算法形式通过计算机来实施。

由于人工智能系统开发涉及的技术众多，本章重点讲解具有代表性的几类技术，包括传感器技术、大数据技术、人工神经网络技术、机器学习技术等。

3.1 传感器技术

3.1.1 传感器概念

人类先天就具有“五感”：视觉、听觉、嗅觉、味觉、触觉。这也是大多数动物天生就具有的能力。世上有很多需要被感知的事物，要么过于遥远，要么过于微小，又或是靠近过于危险，是这 5 种天生的感知能力所不能及的。在这个现实问题的驱使下，传感器与感知技术应运而生。如果说传感器是将难以观测的事物（物理量）转换为可观测事物的仪器，那么感知就是从观测数据中提取有用信息的过程。虽然最早的传感器可以追溯到公元前 3000 年左右日晷的发明和运用，但真正意义上由现代科技驱动的传感器直到一百多年前才正式出现。传感器最早出现于 20 世纪 30 年代，在信息化、自动化时代背景下，传感器承担了重要角色，进入智能化时代后，其重要性进一步凸显，逐渐得到更多关注。

传感器是人工智能系统与物理世界交互的关键接口，它充当了机器的“感官”，使人工智能系统能够感知和理解周围的环境。从本质上讲，传感器是一种能够将物理世界的各种特性（如光、声、热、压力等）转换为可被计算机系统处理的电信号的装置。

传感器是一种检测装置，能够感知被测量的信息，并能将感知到的信息按一定规律变换为电信号或其他所需形式的信息输出，以满足信息的传输、处理、存储、显示、记录和控制等需求。

传感器的工作原理通常基于物理或化学效应。例如，光电传感器利用光电效应，压电传感器利用压电效应，热电偶利用热电效应等。这些效应使传感器能够对特定的物理量或化学量产生响应，并将其转换为可测量的电信号。

虽然传感器一词覆盖的范围不断扩大，品类也日渐丰富，但所有传感器本质上都是一样的，是一种检测装置。传感器通常由敏感元件、转换元件和转换电路 3 部分组成。其中，敏感元件是指传感器中能直接感受或响应被测量信息的部分，常见可测量的信息有温度、光强、压力等。转换元件可将上述非电量转换成电参量，如电阻、电压、电流等。转换电路的作用是将转换元件输出的电信号转换成便于处理、显示、记录和控制的信息，如对其进行放大、滤波、调制等。这 3 个部分的不同设计又在不同程度上影响了传感器的制造成本及各项指标，使传感器适用于不同的场景。敏感元件决定了传感器基本的工作原理，对性能有最根本的影响。转换元件和转换电路可以使敏感元件更好地工作。为了发挥敏感元件的最优性能，同时满足下游应用场景的需求，往往需要对转换电路进行定制化设计。

3.1.2 传感器与人工智能

在人工智能系统中，传感器承担着以下功能和角色。

（1）数据采集：传感器是原始数据的主要来源，为人工智能系统提供了解世界的基础信息。例如，自动驾驶汽车通过摄像头、雷达和激光雷达等传感器获取周围环境的实时数据。

（2）环境感知：传感器使人工智能系统能够实时感知环境的变化。智能家居系统利用温度传感器、湿度传感器等来监测室内环境，并相应地调整空调或加湿器的工作状态。

（3）状态监测：在工业领域，传感器广泛用于监测机器设备的运行状态。通过分析传感器数据，人工智能系统可以预测设备故障，实现预防性维护。

（4）交互界面：某些传感器直接作为人机交互的接口。触摸屏就是一种典型的触觉传感器，使用户能够直接与设备进行交互。语音识别系统中的麦克风是听觉传感器的一种，使用户可以通过语音与人工智能系统交流。

（5）反馈控制：在机器人和自动化系统中，传感器提供的反馈信息是闭环控制的基础。例如，机器人手臂上的力传感器可以帮助控制系统调整抓取力度，以适应不同物体的特性。

传感器的性能直接影响了人工智能系统的能力。高精度、高灵敏度、快速响应的传感器可以为人工智能系统提供更准确、更及时的信息，从而提高系统的整体性能。随着科技的进步，传感器技术不断发展，向着微型化、智能化、网络化的方向演进，为人工智能系统提供了越来越强大的感知能力。

传感器的主要类型如表 3.1 所示。

表 3.1 传感器的主要类型

传感器	设备	说明
视觉（光）传感器	光敏电阻	感知光的强度
	一维摄像机	感知水平方向的信息
	二维黑白或彩色摄像机	感知完整的视觉信息，计算密集、信息丰富
声传感器	麦克风	感知完整的视觉信息，计算密集、信息丰富

续表

传感器	设备	说明
远距和邻近传感器	超声波（声呐、雷达）	超声波的反馈需要时间，在不光滑的表面上反射具有局限性
	红外线（Infrared Ray）	使用红外光波中的反射光极子，通过调制红外线来减少干扰
	摄像机	根据双目视差或视觉透视来测距
	激光雷达	激光的反馈需要时间，无镜面反射问题
	霍尔效应	铁磁性材料
接触（触觉）传感器	碰触开关	二进制的开/关接触
	力反馈	在传动轴上结合弹簧，由能够根据压缩来改变电阻的软导电材料制成
	电子皮肤	分布在体表的传感器
位置（定位）传感器	GPS	全球定位系统，精确到 1.5m（DGPS）
	SLAM（光、声呐、视觉）	同步定位与建图，光、声呐同时使用
力（力矩）传感器	轴编码器	感知马达转轴的旋转值，使用透射的测速仪测量旋转速度
	二次轴编码器	感知电机转轴的旋转方向
	电位器	感知电机轴的位置，在电机内部检测转轴的位置
倾斜和加速度传感器	陀螺仪	感知倾斜度和加速度
	加速度器	感知加速度

3.2 大数据技术

3.2.1 大数据概念

在人工智能快速发展的今天，大数据技术作为其重要支撑，正在深刻改变着我们理解和利用数据的方式。大数据通常指的是无法在一定时间范围内用常规软件工具进行捕捉、管理和处理的数据集合。而大数据技术则是指从各种类型的数据中快速获得有价值信息的能力。

要理解大数据，我们首先需要了解其核心特征，业界通常用“5V”来概括大数据的 5 个特征，分别是数据体量（Volume）巨大，数据量从 TB 级别（TB 是一个计算机存储容量的单位，等于 2 的 40 次方，或者接近一万亿个字节（即一千千兆字节）跃升到 PB 级别（PB 等于 2 的 50 次方个字节，或者在数值上大约等于 1000 个 TB。）；数据类别多，大数据的来源复杂多样（Veracity）；处理速度快（Velocity），需要实时地分析数据；价值密度低，商业价值高（Value），通过分析数据可获得很高的商业价值；数据类型众多（Variety），结构化、半结构化、非结构化的数据给已有的数据处理模式带来了巨大的挑战。

大数据思维是大数据时代的产物。大数据是一种重新评估企业、商业模式的新方法，数据成为核心资产，并深刻影响着企业的业务模式，甚至能够重构其文化和组织。统计学方法论是进行大数据分析的重要基础，把统计学与大数据相融合将颠覆很多原有的思维方式。在大数据时代，因为数据规模很大，很可能可以找到相关的关系，但是因为数据太多，不一定能够理解这个关系形成的逻辑。依靠传统方式找不到的相关关系利用大数据技术可以找到，也就是不一定知其所以然，但大数据更方便人们知其然。

某飞机制造公司的每一架飞机的引擎都装有 20 个传感器，在飞行过程中每隔一段时间通过卫星将传感器收集的引擎状态传给公司。每个引擎每飞行一小时产生 20TB 的数据，从伦敦到纽约每次飞行产生 640TB 级数据，每天收集 PB 级引擎数据。每月收集 360 万次飞行记录，监视机队 25000 个引擎。通过对所生产的两万台喷气引擎的数据进行分析，开发的算法能够提前一个月预测其维护需求，预测准确率达到 70%。依此对喷气引擎进行预防性维护，避免了至少 6 万次的航班延误或取消。如果将传感数据收集和分析用于燃油效率上，1%的提高就能使航空业每年节省约 20 亿美元。

邮政公司在数万辆运输卡车上安装了远程通信传感器，这些传感器能够传输车速、方向、刹车和动力性能等方面的数据。公司收集到的数据不仅能说明车辆的日常性能，还能帮助公司重新设计物流路线。通过对大量的行驶数据进行优化和分析，邮政公司可以实时调整驾驶员的收货和配送路线，从而减少数万英里的物流里程，节约数百万加仑的汽油。

3.2.2 大数据与人工智能

大数据技术的核心包括数据采集与预处理、分布式存储、分布式计算、数据分析与挖掘，以及数据可视化。在数据采集阶段，我们使用数据爬虫从网络资源中自动采集数据，使用 ETL 工具进行数据抽取、转换和加载，同时进行数据清洗以保证数据质量。在存储方面，分布式文件系统（如 Hadoop HDFS）、NoSQL 数据库（如 MongoDB、Cassandra）和分布式缓存（如 Redis）被广泛使用。分布式计算框架包括 Hadoop MapReduce（用于批处理）、Apache Flink 和 Storm（用于流处理）、Apache Giraph（用于图计算）。在数据分析与挖掘阶段，机器学习算法、深度学习和自然语言处理技术扮演着关键角色。最后，数据可视化工具（如 D3.js 和 ECharts）帮助我们直观地呈现分析结果。近年来，大数据底层技术逐步成熟。在大数据发展的初期，技术方案主要聚焦于解决数据“大”的问题，Apache Hadoop 定义了最基础的分布式批处理架构，打破了传统数据库一体化的模式，将计算与存储分离，聚焦于实现海量数据的低成本存储与规模化处理。Hadoop 凭借其友好的技术生态和扩展性优势，一度对传统大规模并行处理（Massively Parallel Processing，MPP）数据库的市场造成影响。当前 MPP 在扩展性方面不断突破，从而在海量数据处理领域获得了一席之位。

MapReduce 暴露的处理效率问题及 Hadoop 体系庞大复杂的运维操作，推动着计算框架不断升级演进。随后出现的 Apache Spark 已逐步成为计算框架的事实标准。在解决了数据“大”的问题后，数据分析时效性的需求愈发突出，Apache Flink、Kafka Streams、Spark Structured Streaming 等近年来备受关注的产品为流处理的基础框架打下了基础。

在此基础上，大数据技术产品不断分层细化，在开源社区形成了丰富的技术栈，覆盖存储、计算、分析、集成、管理、运维等各个方面。据统计，目前大数据相关的开源项目已达上千个。

大数据与人工智能之间存在着密切的关系，可以说它们是相辅相成的。大数据为人工智能提供了丰富的训练样本，使人工智能模型能够学习到更复杂的模式。反过来，人工智能技术（如机器学习和深度学习）为大数据分析提供了强大的工具，能够从复杂的大数据中发现人类难以察觉的模式和关联。大数据技术的发展使实时数据处理成为可能，而人工智能算法可以基于这些实时数据快速做出决策，如在推荐系统和金融交易中的应用。此外，人工智能还可以优化大数据系统的资源分配，以提高处理效率，而大数据技术为人工智能系统提供了分布式计算和存储能力，使大规模人工智能模型的训练和部署成为可能。

在实际应用中，大数据和人工智能的结合已经在多个领域显示出强大的威力。在电子商务和内容平台中，基于用户行为数据和内容特征数据的推荐系统极大地提升了用户体验。智能客服系统利用自然语言处理和知识图谱技术，能够高效地处理大量的用户查询。在金融领域，机器学习和图分析技术被用于信用评估和反欺诈，大大提高了风险控制的准确性。智慧城市项目中，物联网、边缘计算和计算机视觉技术的结合，使城市管理更加高效和智能。在医疗领域，深度学习技术被用于分析大量的医学影像和电子病历，辅助医生进行疾病诊断和预测。

随着大数据技术的广泛应用，相关的伦理和监管问题也日益突出。数据收集的透明度、数据所有权的界定、算法偏见的防范、数据安全的保障，以及跨境数据流动的管理，都是需要社会各界共同关注和解决的问题。各国政府和组织正在制定相关法规，如欧盟的《通用数据保护条例》和我国的《中华人民共和国个人信息保护法》，旨在规范大数据的使用和保护个人隐私。这些法规的出台，反映了社会对于数据权益的日益重视，也为大数据技术的健康发展提供了法律保障。典型的大数据应用、实例及其特征如表 3.2 所示。

表 3.2　典型的大数据应用、实例及其特征

应用	实例	用户数量	反应时间	数据规模	可靠性	准确性
科学计算	生物信息	少	长	TB	适中	很高
金融	电子商务	多	非常短	GB	很高	很高
社交网络	Facebook	很多	短	PB	高	高
移动数据	移动电话	很多	短	TB	高	高
物联网	传感网	多	短	TB	高	高
Web 数据	新闻网站	很多	短	TB	高	高
多媒体	视频网站	很多	短	PB	高	适中

大数据处理体现在数据挖掘、统计分析、语义引擎、数据质量和数据管理、结果的可视化分析等方面。数据挖掘包括分类、估计、预测、相关性分析或关联规则、聚类、描述和可视化、复杂数据类型挖掘等技术。统计分析技术涵盖假设检验、显著性检验、差异分析、相关分析、T 检验、简单回归分析、多元回归分析等方面。非结构化数据的多样性带来了数据分析的新挑战，语义引擎被设计成能够从文档中智能提取信息的工具，数据质量和数据管理在此过程中起到了不可忽视的作用。通过可视化技术直观展示数据分析结果，这些技术可以利用图形、图像处理、计算机视觉及动画，对数据蕴含的规律加以解释。图 3.1 所示为某电商平台供应商大数据画像。

图 3.1　某电商平台供应商大数据画像

以往，决策者要想决定某件事，必须参考各种理论，对其中的因果进行推断，但是大数据让决策变得更加容易，决策者根本不需要知道任何理论。而这种只依赖相关性的决策思想，正在慢慢地渗透到各行各业。

3.3 并行计算技术

3.3.1 并行计算概念

在人工智能快速发展的今天，并行计算技术作为其重要支撑，正在深刻改变着我们处理复杂计算任务的方式。并行计算通常指的是同时使用多个计算资源来解决大规模复杂问题的计算模式，而并行计算技术则是指通过并行处理来提高计算效率、加速任务完成的能力。

要理解并行计算，我们首先需要了解其核心特征。并行计算的核心特征包括任务分解（将大问题分解为可并行处理的小问题）、并发执行（多个处理单元同时工作）、资源共享（处理单元间共享内存或通过网络通信）、可扩展性（能够通过增加处理单元来提高性能）。这些特征使并行计算能够有效地处理大规模数据和复杂计算任务，从而成为支撑现代人工智能系统的关键技术之一。

并行计算技术可分为硬件、软件和算法 3 个层面。在硬件层面，多核 CPU、GPU、张量处理单元（Tensor Processing Unit，TPU）和现场可编程门阵列（Field Programmable Gate Array，FPGA）等都是重要的并行计算设备。软件层面包括并行编程模型（如 OpenMP、MPI）、深度学习框架（如 TensorFlow、PyTorch）和分布式计算框架（如 Apache Spark）。算法层面则涉及任务划分、负载均衡、通信优化等关键技术。这些组件的协同工作，使复杂的任务得以高效执行。

并行计算与人工智能之间存在着密切的关系，可以说它们是相辅相成的。并行计算为人工智能提供了强大的计算能力，使得处理大规模数据和训练复杂模型成为可能。反过来，人工智能对高性能计算的需求也推动了并行计算技术的发展。例如，深度学习模型的训练过程天然具有并行性，这促使研究人员开发出更高效的并行算法和硬件架构。此外，人工智能技术也被用于优化并行系统的性能，如自动调整并行参数、预测任务执行时间等。

在实际应用中，并行计算技术在人工智能领域已经显示出强大的威力。在计算机视觉领域，GPU 使大规模图像识别和目标检测成为可能，支撑了自动驾驶、医学影像分析等应用。在自然语言处理方面，并行计算使训练大型语言模型（如 GPT-3）成为现实，推动了机器翻译、问答系统等技术的进步。在科学计算领域，并行计算加速了分子动力学模拟、天气预报等复杂计算任务的执行，为人工智能在这些领域的应用奠定了基础。

然而，并行计算技术的发展也面临着诸多挑战。首先是编程复杂性问题，开发高效的并行程序需要专门的知识和技能，从而增加了开发难度。其次是通信开销问题，在分布式系统中，节点间的数据交换可能导致性能瓶颈。此外，负载均衡、可扩展性、容错性等问题也需要不断优化解决。能源效率也是一个日益重要的问题，大规模并行系统的高能耗引发了对绿色计算的关注。

随着并行计算技术的广泛应用，相关的伦理和监管问题也日益突出。例如，大规模并行系统的高能耗引发了环境保护方面的担忧。如何确保并行系统的公平性和透明性，避免算力垄断带来的社会问题，也是需要关注的问题。此外，并行计算技术的军事应用引发了一些伦理争议。这些问题需要技术界、政策制定者和公众共同关注和讨论。

3.3.2 并行计算与人工智能

在这个算力为王的时代，掌握并行计算技术已经成为人工智能研究和应用的核心竞争力之一。无论是算法研究者、系统开发者，还是人工智能应用的最终用户，都需要了解并行计算的基本原理和最新进展。

GPU 又称显示核心、视觉处理器、显示芯片，是一种专门在个人计算机、工作站、游戏机和一些移动设备（如平板电脑、智能手机等）上进行图像运算及图形渲染的微处理器，如图 3.2 所示。自 20 世纪 90 年代开始，NVIDIA、AMD（ATI）等 GPU 生产商对硬件和软件加以改进，GPU 的可编程能力不断提高。由于 GPU 比 CPU 拥有更多的内核，因此具有比 CPU 更强大的峰值计算能力，在浮点运算、并行计算等方面，GPU 可以提供数十倍乃至上百倍于 CPU 的性能，从而引起了科研人员和企业的兴趣。

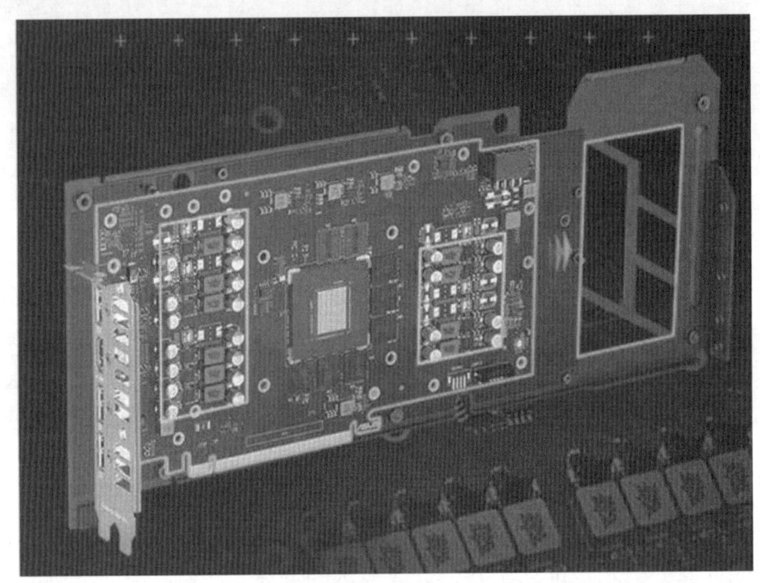

图 3.2 GPU

GPU 在成本和价格趋势上同样遵循摩尔定律。GPU 最初是为 PC（Personal Computer，个人计算机端）游戏的 3D 渲染而设计的硬件加速设备。与只拥有少量内核的 CPU 相比，GPU 拥有上百个内核，可以同时处理上千个指令相同的线程。这意味着在神经网络的权重计算等高度一致的重复性并行计算中，GPU 的处理效率可能是普通 CPU 的几十倍，GPU 可以高速有效地进行各种识别计算。这些因素综合到一起，使得以前只在理论上有突破的前向和递归神经网络算法开始显现出威力。

从 2006 年初开始，可编程的 GPU 逐渐得到大众的认可。利用多个 GPU 可以组成强大的并行计算系统。AlphaGo 以及 GPT-3 等大型人工智能系统都运行在由 GPU 组成的并行计算系统上。

2024 年 6 月 3 日，英伟达公司推出了其最新的高性能显卡 H200，如图 3.3 所示。这款显卡以其强大的计算能力和先进的架构设计，再次引领了 GPU 技术前沿。作为 H100 的继任者，H200 不仅在性能上实现了飞跃，还在内存、散热和适用性方面进行了全面升级。H200 适用于大型数据中心和企业级服务器环境，预计价格高昂，是高性能计算标杆产品。GPU 硬件已经是深度学习训练平台的标准配置。要部署使用 GPU 训练获得的深度学习模型，必须考虑深度学习算法对硬件计算能力的需求。

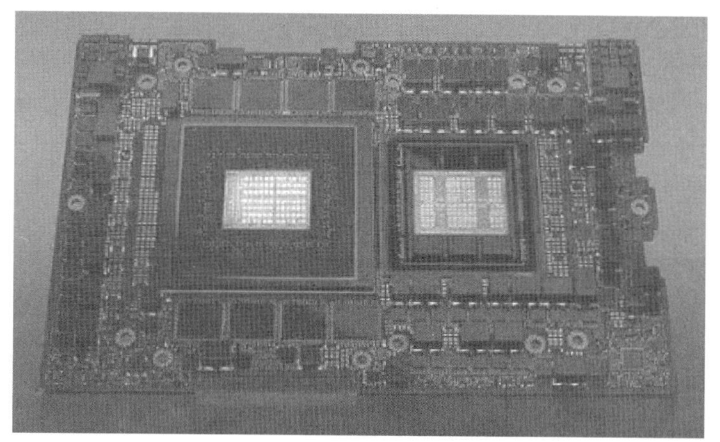

图 3.3　高性能显卡 H200

3.4　数字图像处理技术

3.4.1　数字图像处理概念

在人工智能快速发展的今天，数字图像处理技术作为其重要支撑，正在深刻改变着我们理解和利用视觉信息的方式。数字图像处理也称为计算机图像处理，是指利用计算机对图像信号进行分析、加工和处理，将其转换成数字信号的过程，以满足视觉、心理及其他方面的需求。

数字图像处理与人工智能之间存在着密切的关系，可以说它们是相辅相成的。数字图像处理为人工智能提供了处理和理解视觉信息的基础，而人工智能技术，特别是深度学习，又极大地推动了图像处理技术的发展。例如，CNN 在图像分类、目标检测等任务中的应用，大大提高了图像处理的性能和效率。

在实际应用中，数字图像处理技术在人工智能领域已经显示出强大的威力。在医疗影像分析中，它可以帮助医生更准确地诊断疾病。在自动驾驶领域，它使车辆能够理解复杂的道路环境。在安防系统中，它提供了高效的人脸识别和异常行为检测能力。在工业领域，它实现了自动化的产品质量检测。

图像处理的基本内容包括图像变换、图像编码压缩、图像增强和复原、边缘检测（见图 3.4）、图像分割（见图 3.5）、图像分析、图像分类、图像增强（见图 3.6）、图像识别等。

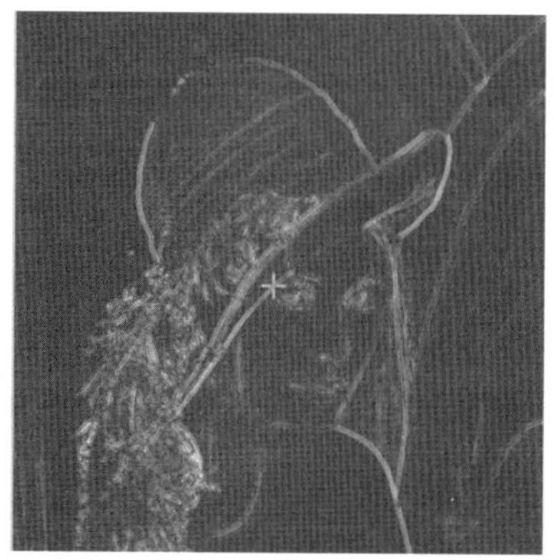

图 3.4　边缘检测

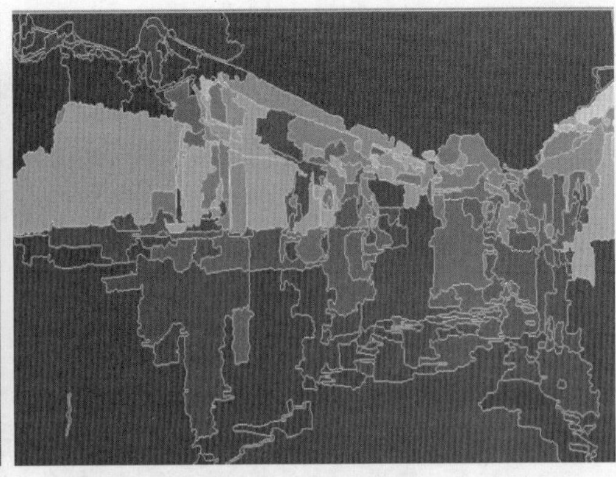

图 3.5　分水岭算法图像分割

（a）原图像

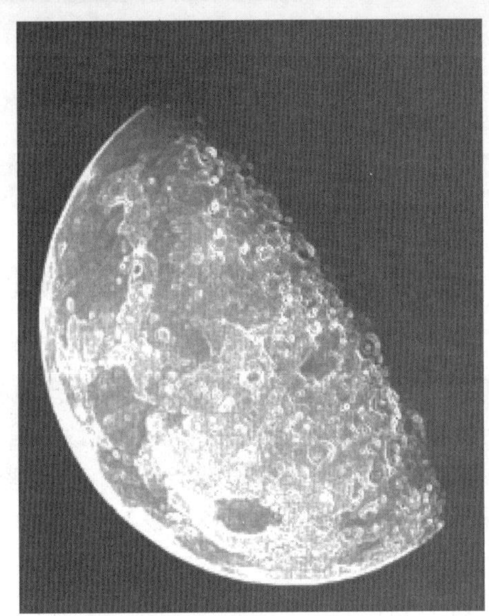

（b）梯度法图像增强效果

图 3.6　图像增强

图像处理的基本内容是互相联系的。一个实用的图像处理系统往往需要结合应用几种图像处理技术才能得到所需要的结果。图像数字化是将图像变换为适合计算机处理的形式的第一步。图像编码技术可用于传输和存储图像。图像增强和复原可以是图像处理的最终目标，也可以是过程中的一个环节。通过图像分割得到的图像特征可以作为最终结果，也可以作为下一步图像分析的基础。

以图片分析和理解为目的的分割、描述和识别可以用于各种人工智能系统，如字符和图形识别、产品装配和检验、自动军事目标识别和跟踪、指纹识别、X 光照片和血样的自动处理等。在这类应用中，往往需综合应用模式识别和计算机视觉等技术，图像处理更多是作为前置处理出现的。图像处理技术在许多应用领域受到广泛重视并取得了重大的开拓性成就，因此它是人工智能系统的基础性技术之一。

3.4.2　示例：一个完整的车牌号识别系统

一个完整的车牌号识别系统要完成从图像采集到字符识别输出的任务，过程相当复杂。车牌号识别系统可以分成硬件部分与软件部分，硬件部分包括系统触发、图像采集，软件部分包括图像预处理、车牌位置提取、字符分割、字符识别四大环节，车牌号识别系统的基本结构如图 3.7 所示。

图 3.7　车牌号识别系统的基本结构

（1）原始图像：由固定的摄像头、数码相机或其他扫描装置拍摄到的图像。

（2）图像预处理：对动态采集到的图像进行滤波、边界增强等处理。

（3）车牌位置提取：通过运算得到图像的边缘，再计算边缘图像的投影面积，寻找谷峰点以大概确定车牌的位置，再计算连通域的宽高比，剔除不在阈值范围内的连通域，最后得到车牌区域。

（4）车牌预处理：对提取到的车牌进行二值化、滤波、删除小面积等预处理。

（5）字符分割：利用投影检测的字符定位分割方法得到单个字符。

（6）字符识别：利用模板匹配的方法与数据库中的字符进行匹配从而确认字符。

（7）输出结果：得到最终的汽车车牌号，包括汉字、字母和数字。

图 3.8 简要展示了车牌识别的基本过程。

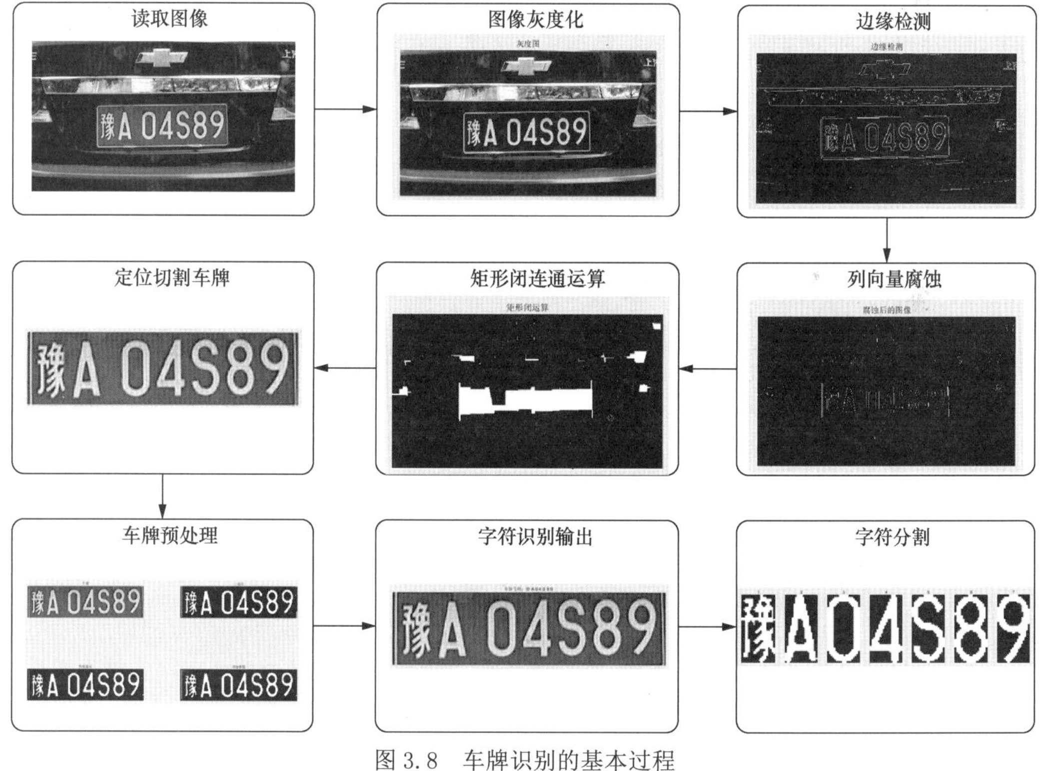

图 3.8　车牌识别的基本过程

3.5　人工神经网络技术

在人工智能快速发展的今天，人工神经网络作为其核心技术之一，正在深刻改变着我们处理和理解信息的方式。人工神经网络是一种受生物神经系统启发的计算模型，通过模拟大脑的结构和功能来处理复杂的信息。从 20 世纪 40 年代人工神经网络的概念被提出，到今天成为人工智能领域的主流技术，人工神经网络经历了漫长而曲折的发展历程。

3.5.1 人工神经网络概念

人工神经网络的核心思想是构建一个由大量简单处理单元（神经元）相互连接而成的网络。这些神经元通过非线性的方式处理信息，使整个网络能够学习复杂的模式和关系。神经网络的这种结构使其具有强大的学习能力，能够从大量数据中自动提取特征，这是传统机器学习方法难以实现的。

人工神经网络模型的初始思想是对生物的神经系统如何工作进行模拟。神经系统的基本组成元素是皮层神经元（Cortical Neuron）。每个神经元都会从其他神经元那里获取输入，它们之间通过突触来进行交互。神经元的输入功效由突触的权重来控制，这些权重可以是正的，也可以是负的，而且这些权重是自适应的，因此整个网络可以适应不同的环境，完成不同的计算任务，例如辨识物体、理解语言、制订计划、控制身体等。人身上大概有几十亿到上百亿个神经元，每个神经元有约一万个权重。大量的权重可以在非常短的时间内影响计算。

神经元是神经网络最基本的组成单位，神经元的构成如图 3.9 所示。神经元由突触、轴突和细胞体及树突组成，其中细胞体是中央处理单元，用于处理输入的信息；树突用于接收其他神经元细胞的输入；轴突用于输出当前神经元的状态；突触是一种传输介质，在树突和轴突尾端都存在。

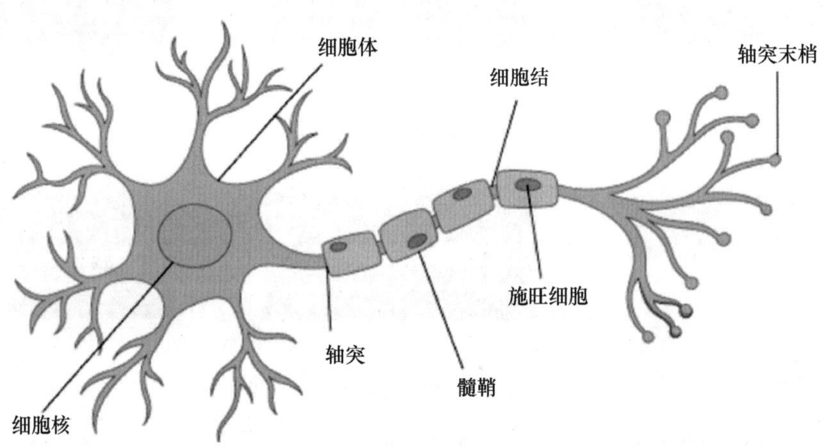

图 3.9　神经元的构成

神经元的特点是多输入、单输出。多个神经元的电化学信号经过树突末梢的神经递质传输给神经元细胞，之后神经元细胞进行分析处理，将这种信号以脉冲的形式传播，通过轴突末梢的神经递质传递给下一个神经元。

沃伦·麦卡洛克（Warren McCulloch）和沃尔特·皮茨（Walter Pitts）于 1943 年提出了 M-P 神经元模型（McCulloch-Pitts Neuron Model），如图 3.10 所示。这是神经网络领域的一个奠基性理论模型。M-P 神经元模型是一种数学模型，用来模拟生物神经元的工作原理，它描述了如何通过简单的计算机制来模拟大脑神经元的功能。M-P 神经元模型的提出为人工神经网络的研究奠定了理论基础。

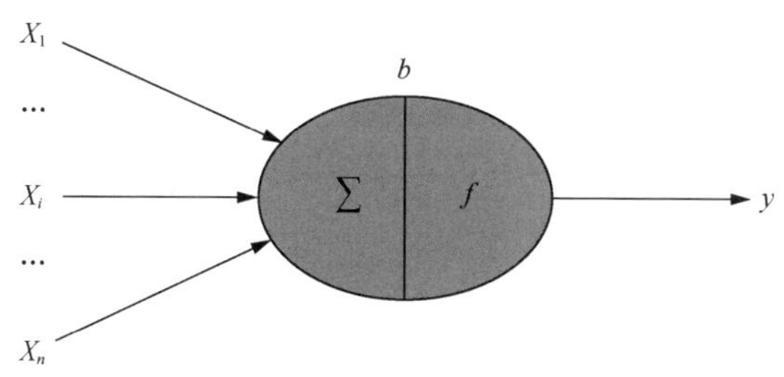

图 3.10　M-P 神经元模型

人工神经元是对生物神经元的模拟，是神经网络的基础，人工神经元主要包括以下 4 方面的内容。

（1）一系列连接：类似于神经递质，这些连接权反映了连接的紧密程度，连接权的正负分别代表激活和抑制。

（2）一个求和单元：类似于神经元细胞，用于计算各个神经元输入信息的加权和。

（3）一个激活函数：用于非线性映射，使神经元的输出在一个适当的范围内。

（4）阈值：用于增大或者减小激活函数。

每个神经元接收多个输入，这些输入经过加权求和后，通过一个非线性激活函数产生输出。这种简单的结构模拟了生物神经元的基本功能。将大量这样的神经元按照特定的方式连接，我们就得到了人工神经网络。

人工神经网络的学习过程通常包括前向传播和反向传播两个阶段。在前向传播中，输入数据从输入层经过一系列隐藏层，最后到达输出层，产生预测结果。在反向传播中，系统计算预测结果与真实标签之间的误差，然后将这个误差从输出层反向传播到每一层，用于更新网络的权重。这个过程不断重复，直到网络的性能达到预期或者不再改善。

1957 年，美国科学家在 M-P 神经元模型的基础上提出了单层感知机模型，其实质是将两层神经元进行全连接，模型较为简单，无法解决异或类型问题。在此基础上加入多个隐含层，形成了图 3.11 所示的前向网络模型，也就是人工神经网络，其构成了深度学习研究的基础。前向网络由多个层组成，包括输入层、输出层和隐藏层。输入层和输出层分别用于输入和输出数据。隐藏层可能有多个，主要用于将数据前向传播。前向网络实质上是一个拟合函数 f，将输入样本 x 映射到输出 y。在分类任务中，y 代表类别；在回归问题中，y 代表回归值。模型采用函数 $y=f(x,\theta)$来描述前向网络模型，通过调整 θ 来逼近最优的模型。

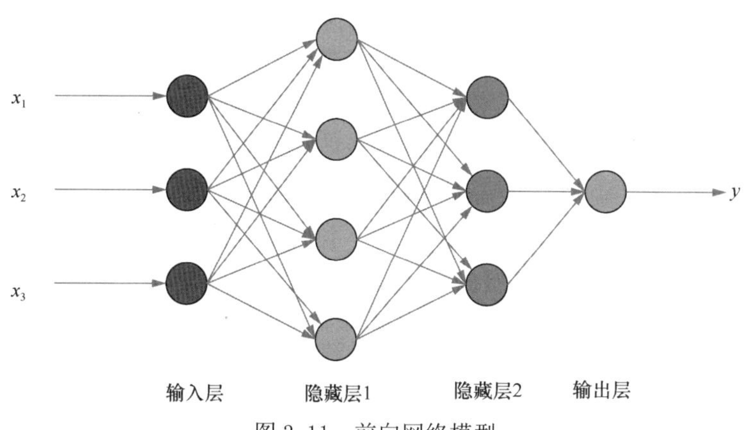

图 3.11　前向网络模型

20 世纪 60 年代以后，在感知机的基础上，人工神经网络发展出多种类型，每种类型都有其特定的结构和适用场景。前向神经网络是最基本的类型，信息在其中单向流动。CNN 特别适合处理具有网格结构的数据，如图像。RNN 能够处理序列数据，广泛应用于自然语言处理和时间序列分析。LSTM 和门控循环单元（Gated Recurrent Unit，GRU）是 RNN 的变体，能够更好地处理长期依赖问题。

3.5.2 人工神经网络联结方式

人工神经网络按照拓扑结构可以分为前向网络和反馈网络。人工神经网络是一个复杂的互连系统，单元之间的联结方式将对网络的性质和功能产生重要影响。联结方式种类繁多，下面介绍前向网络和反馈网络两种方式。

1. 前向网络

网络可以分为若干“层”，各层按信号传输的先后顺序依次排列，第 i 层的神经元只接收第 i-1 层神经元给出的信号，各神经元之间没有反馈。前向网络可用有向无环路图表示，如图 3.12 所示。

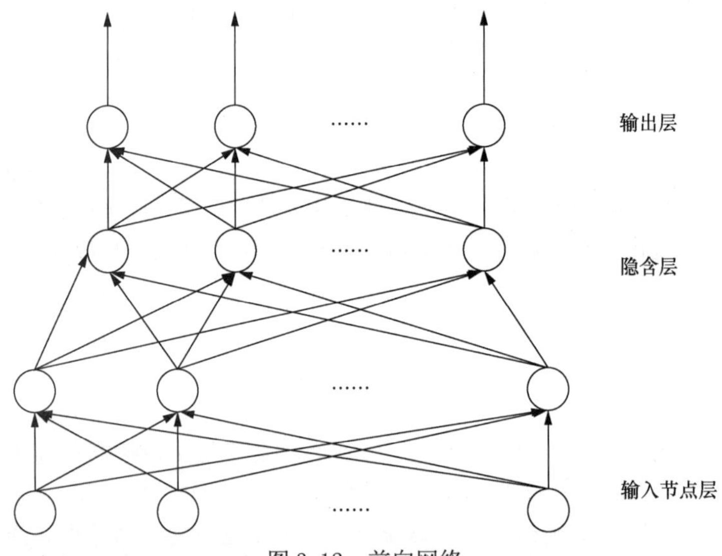

图 3.12　前向网络

可以看出，输入节点并无计算功能，只是为了表征输入矢量的各元素值。各层节点表示具有计算功能的神经元，称为计算单元。每个计算单元可以有任意多个输入，但只有一个输出，它可送到多个节点作输入。输入节点层称为第 0 层。计算单元的各节点层从下至上依次称为第 1 层至第 N 层，由此构成 N 层前向网络。第 1 层与输出层统称为可见层，其他中间层则称为隐含层，神经元称为隐节点。BP 网络就是典型的前向网络。

2. 反馈网络

反馈网络中，每个节点都表示一个计算单元，同时接受外加输入和其他各节点的反馈输入，每个节点也都直接向外部输出。典型的反馈网络如图 3.13（a）所示。在某些反馈网络中，各神经元除接受外加输入与其他各节点的反馈输入之外，还接受自身反馈。有时，反馈网络也可表示为无向图，如图 3.13（b）所示，其中，每一个连接都是双向的。

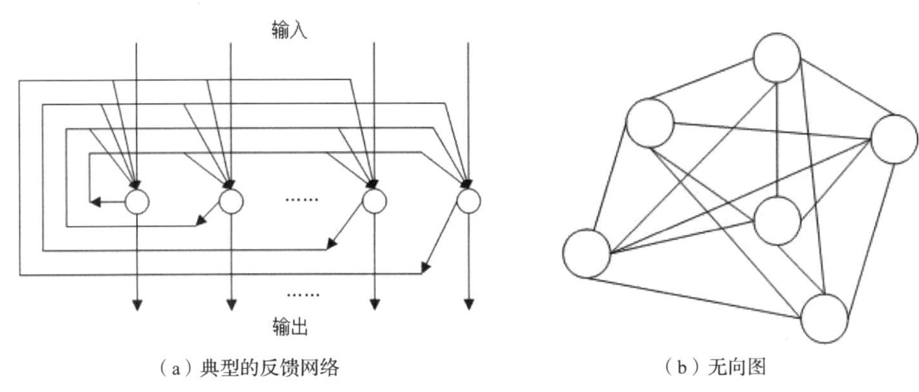

（a）典型的反馈网络　　（b）无向图

图 3.13　反馈网络

以上介绍了两种最基本的人工神经网络结构，实际上，人工神经网络还有许多种联结方式，例如，从输出层到输入层有反馈的前向网络、同层内或异层间有相互反馈的多层网络等。

三层神经网络如图 3.14（a）所示，在其基础上可以进一步发展出多层神经网络，如图 3.14（b）所示。目前流行的深层神经网络如图 3.14（c）所示，它正是在传统人工神经网络的基础上逐渐发展而成的。

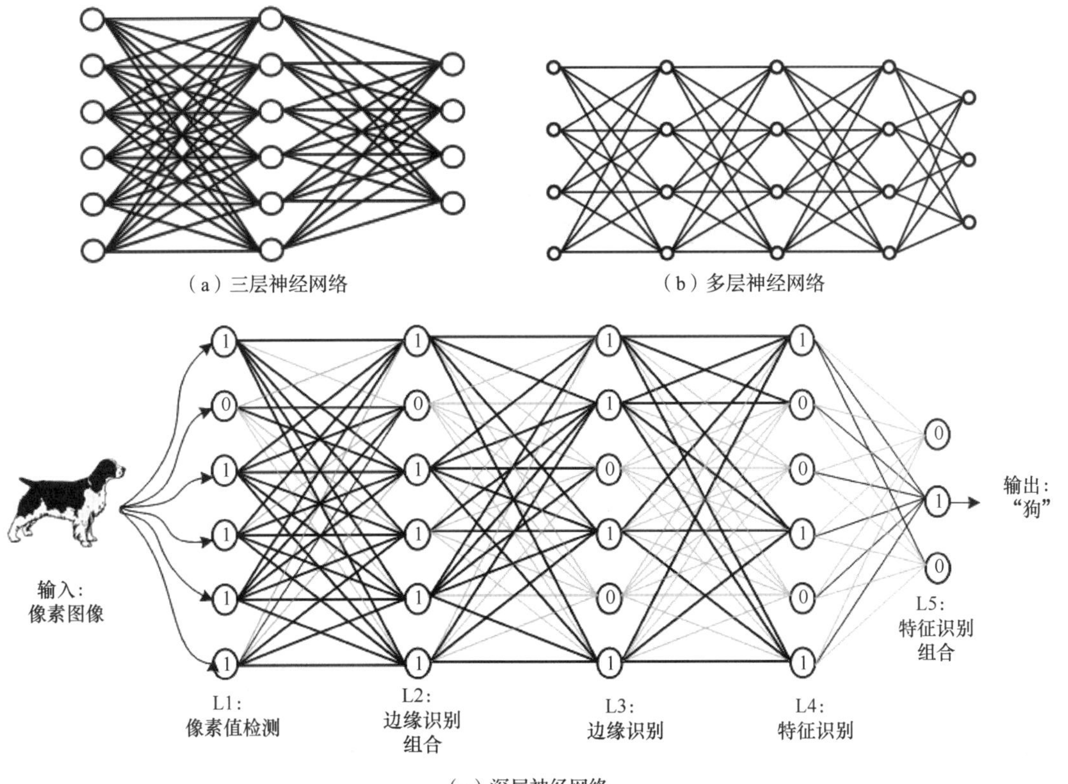

（a）三层神经网络　　（b）多层神经网络

（c）深层神经网络

图 3.14　深层神经网络的发展历程

浅层网络只有很少的层，但每层有许多神经元。这些富有表现力的网络是计算密集型的。深层网络有很多层，每层的神经元相对较少，它可以使用相对较少的神经元实现高度抽象。人工神经网络通过多层数字神经元对图像、语音、文本等输入数据进行处理。当数据输入网络时，每个触发的人工神经元（标记为“1”）向下一层的某些神经元发送信号，如果多个信号被接收，相应神经元可能触发。这个过程反映了关于输入的抽象信息，每层都揭示了输入的深层特征。数学家们正在揭示网络的结构，它有多少个神经元和层，以及它们如何连接、如何决定神经网络擅长的任务种类。

3.6 机器学习技术

3.6.1 机器学习概念与类型

一般来说，机器学习是指计算机算法能够像人一样，从数据中找到信息，从而学习到一些规律，其经典定义是“利用经验来改善系统自身的性能”。因为在计算机系统中，“经验”通常以数据的形式存在，所以机器学习要利用经验，就必须对数据进行分析。在现代大数据时代，大数据相当于“矿山”，想得到大数据中蕴涵的“矿藏”，需要有效的数据分析技术，机器学习就是这样的技术。

与传统的为解决特定问题的硬编码软件程序不同，机器学习用数据来训练，通过各种算法从数据中学习如何完成任务。因此，机器学习研究的重点是设计出可以让计算机自动“学习”的算法。

机器学习是一个庞大的家族体系，涉及众多算法、任务和学习理论，像人类的学习方式一样，机器学习也有很多种类型，可从不同角度划分。图 3.15 所示为从任务角度划分的机器学习的主要类型及方法。

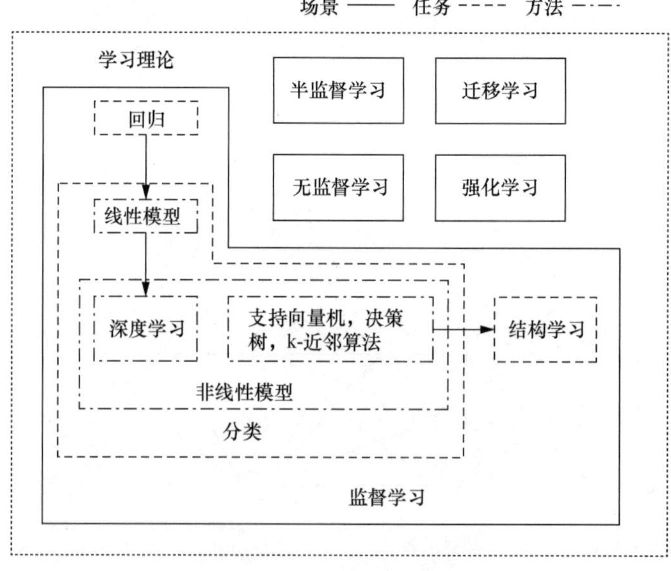

图 3.15　机器学习的主要类型及方法

按照不同的学习理论划分，机器学习可以分为监督学习、半监督学习、无监督学习、迁移学习和强化学习。

监督或无监督指的是对机器学习模型进行训练所需要的样本是否需要事先进行人工标注或打标签，即是否需要将数据事先分成不同的类别。因为机器不会像人一样自动对输入的数据进行分类或对不同的模式进行识别，而人类大脑对模式的识别能力一部分是与生俱来的，一部分是通过后天学习训练获得的。机器不具备这样的能力，因此必须对输给它的数据进行标注，将这种打好标签的数据输入机器学习算法或系统，才能使系统具备一定的学习能力，完成分类、预测等任务，表现出一定的决策能力。因此，对机器学习来说，当训练样本带有标签时是监督学习；训练样本部分有标签，部分无标签时是半监督学习；训练样本全部无标签时是无监督学习。

监督学习也称为有教师学习，将机器学习过程比作人类教师教育学生的过程。人类事先对数据进行标注，再将其交给计算机处理，就相当于教师教授学生。对机器来说，标注好的数据就是训练数据集，机器学习的目的就是从给定的训练数据集中学习出一个函数。当新的数据（也就是类别未知的数据）输入机器时，机器可以根据这个函数预测结果，对新数据进行处理分析的过程也是一个测试过程。监督学习的训练数据集需要包括输入和输出，即特征和目标。监督学习如图 3.16 所示。

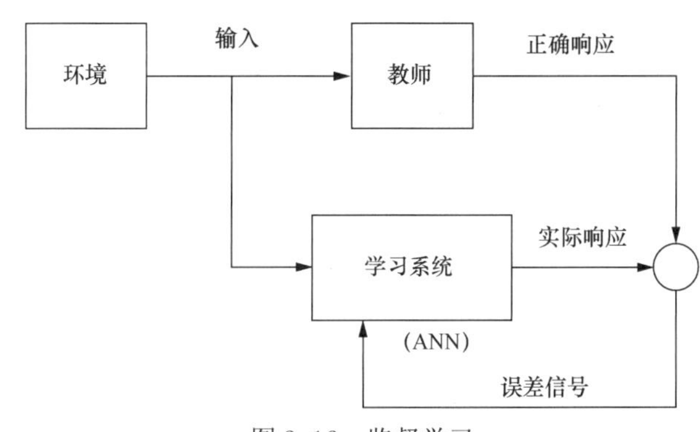

图 3.16　监督学习

3.6.2　监督学习原理

监督学习的一般形式是，给定一个输入量 x，学习预测一个输出 y，实际输出为 t。根据输出的形式，监督学习又可以细分为分类和回归两个子类别。

机器学习算法（尤其是监督学习算法）的训练过程可以看作学习出一个函数的过程。

如图 3.17 所示，在监督学习过程中，要学习出一个好的函数，通常分为以下 3 步。

（1）选择一个合适的模型，这通常需要依据实际问题而定，针对不同的问题和任务选取恰当的模型，模型就是一组函数的集合。

（2）判断一个函数的好坏，这需要确定一个衡量标准，也就是我们通常说的损失函数（Loss Function），损失函数的确定也需要依据具体问题，如回归问题一般采用欧式距离，分类问题一般采用交叉熵代价函数。

（3）找出“最好”的函数。如何从众多函数中最快地找出“最好”的那一个，是最大的难点，做到又快又准往往不是一件容易的事情。常用的方法有梯度下降算法、最小二乘法和其他一些技巧。

学习到“最好”的函数后，需要在新样本上进行测试，只有在新样本上表现良好，才算是一个“好”的函数。

机器学习技术的核心组件包括数据、算法、模型和评估指标。这些组件相互配合，构成了完整的机器学习系统。

数据是机器学习的燃料。高质量、大规模的数据对于训练有效的机器学习模型至关重要。训练数据用于模型的学习过程，而测试数据用于评估模型的性能。特征是数据中的输入变量，良好的特征工程可以显著提高模型的性能。

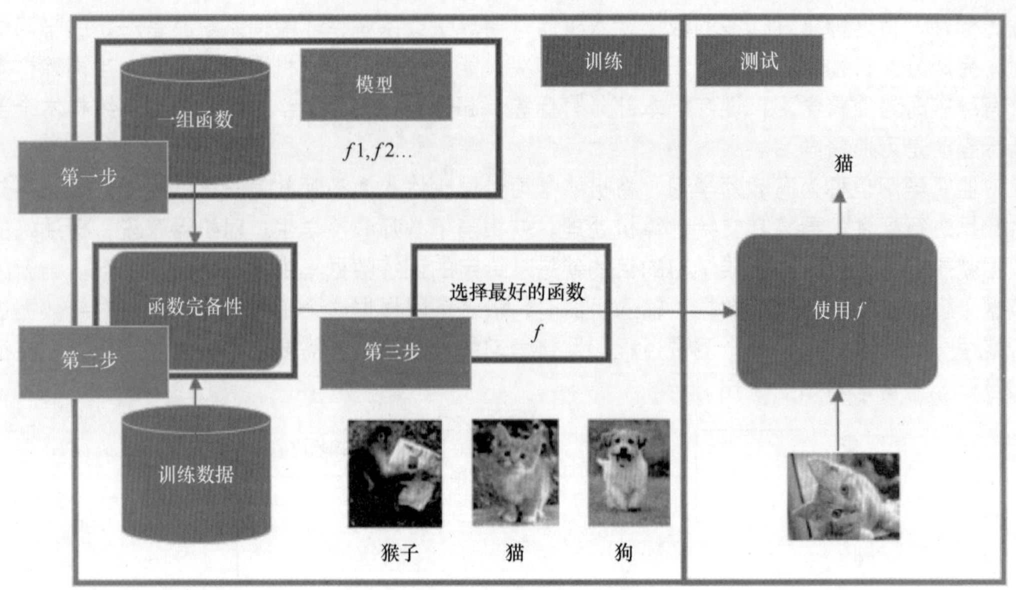

图 3.17　监督学习过程

算法是机器学习的核心，不同类型的问题需要不同的算法。监督学习算法有线性回归、决策树、支持向量机等，常用于有标签数据的学习任务。无监督学习算法有聚类和主成分分析等，用于发现数据中的隐藏结构。强化学习算法有 Q-learning 和策略梯度法等，用于在与环境交互中学习最优策略。

模型是算法在特定数据上的具体实现。线性模型（如线性回归和逻辑回归）适用于处理简单的问题，非线性模型（如神经网络和随机森林）可用于处理更复杂的问题，概率模型（如贝叶斯网络和隐马尔可夫模型）则特别适用于处理不确定性问题。

3.6.3　机器学习流派

机器学习的发展历程中形成了多个学派，每个学派都有其独特的方法和理论基础。符号学派基于规则和逻辑推理，其方法包括决策树和专家系统。这些方法的优点是可解释性强，但在处理复杂的、非结构化的数据时可能力不从心。

贝叶斯学派基于概率理论，其代表方法包括朴素贝叶斯和贝叶斯网络。这些方法能够很好地处理不确定性，并且可以融入先验知识，但在处理高维数据时可能面临计算复杂度高的问题。

联结学派模拟神经网络，其代表就是现在广受关注的深度学习。深度学习在处理大规模、复杂的数据时表现出色，特别是在图像识别、自然语言处理等领域取得了突破性成果。然而，深度学习也面临着可解释性差、需要大量数据等挑战。

进化学派基于进化算法，如遗传算法。遗传算法适用于解决复杂的优化问题，特别是在解空间很大的情况下。但遗传算法可能需要较长的计算时间，且结果的可重复性可能不高。

类推学派基于相似性和距离度量，其代表方法是 k-近邻算法。k-近邻算法直观易懂，且不需要训练，但在处理大规模数据时效率可能较低。

这些学派在不同时期占据主导地位，但现代机器学习趋向于融合多个学派的思想，以应对更复杂的问题。例如，深度学习中的注意力机制就可以看作联结学派和符号学派思想的结合。

强化学习是机器学习的一个重要分支，它致力于解决序列决策问题，通过与环境交互及其反馈学习。强化学习算法能够在复杂的环境中学习最优策略，在游戏 AI、机器人控制、自动驾驶等领域有广泛应用。

迁移学习是另一个重要的研究方向。它旨在将从一个任务中学到的知识应用到新的相关任务中，以减少对大量标注数据的需求。这不仅可以提高学习效率，还可以使模型更好地泛化到新的场景。

机器学习与人工智能之间存在密切的关系，可以说它们是相辅相成的。机器学习为人工智能提供了从数据中学习和适应的能力，使人工智能系统能够处理复杂的现实世界问题。例如，在自然语言处理领域，机器学习算法使人工智能系统能够理解和生成人类语言，实现机器翻译、情感分析等功能。在计算机视觉领域，深度学习算法使人工智能系统能够识别图像中的对象，实现人脸识别、自动驾驶等应用。

在实际应用中，机器学习已经在多个领域显示出强大的威力。在计算机视觉领域，机器学习算法能够执行图像分类、对象检测和人脸识别等任务，广泛应用于安防、医疗影像分析和自动驾驶等领域。在自然语言处理领域，机器学习使机器翻译、情感分析和文本生成等成为可能，推动了智能客服、内容审核等应用的发展。

在推荐系统方面，机器学习算法能够基于用户行为数据进行个性化内容推荐和产品推荐，在电子商务、社交媒体和流媒体平台中得到广泛应用。在金融领域，机器学习被用于信用评估、欺诈检测和股票预测等任务，提高了金融决策的准确性和效率。

机器学习算法可以辅助疾病诊断、疾病风险预测、医学影像分析，甚至协助新药研发。例如，机器学习可以用于分析 CT 图像，辅助诊断肺炎疾病。

在自动驾驶领域，机器学习扮演着核心角色。从路径规划到障碍物检测，从行为预测到决策制定，机器学习算法在自动驾驶的各个环节都发挥着重要作用。语音识别和语音合成技术是机器学习大显身手的领域。这些技术使语音助手、语音控制等应用成为可能。

3.7 深度学习技术

3.7.1 深度学习概念与含义

深度学习是一种基于人工神经网络的机器学习技术，具体而言，是利用深度神经网络对数据进行表征学习的方法，通过构建具有多个隐藏层的深层网络结构，实现对数据的层次化特征学习和表示。从 2006 年深度学习概念的提出，到今天成为人工智能领域的主流技术，深度学习经历了快速而显著的发展历程，正在深刻改变着我们处理和分析复杂数据的方式。深度学习代表机器学习和人工智能现阶段的最高水平，也标志着通过模拟脑神经网络结构实现人工智能的联结主义在与符号主义几十年来的较量中取得胜利。

深度学习模型主要利用人工神经网络，常见的具有多个隐层的多层感知机（Multilayer Perceptron，MLP）就是典型的深度学习模型。深度学习将浅层人工神经网络模型在层次上变得更为复杂，从而使模型对数据信息的处理更加深入。深度学习本质上是对观察数据进行分层特征表示，将低级特征通过神经网络进一步抽象成高级特征表示。

大数据的积累和云计算平台的形成为深度学习提供了 2 个前提条件，而 GPU 的问世和市场成熟则为第 3 个前提条件的快速形成提供了硬件加速支持。

2006 年至今，研究人员已经开发出多种深度学习框架，如深度卷积神经网络等，这些深度学习框架已被应用到计算机视觉、语音识别、自然语言处理、音频识别与生物信息学等领域并取得了极好的效果。

同机器学习方法一样，深度机器学习方法也有监督学习与无监督学习之分，不同的学习框架下建立的学习模型很是不同。例如，CNN 是一种深度的监督学习下的机器学习模型，而深度信念网络是一种无监督学习下的机器学习模型。

深度学习已经成为现阶段人工智能的重要技术，其与机器学习、大数据等的关系比较紧密，如图 3.18 所示。

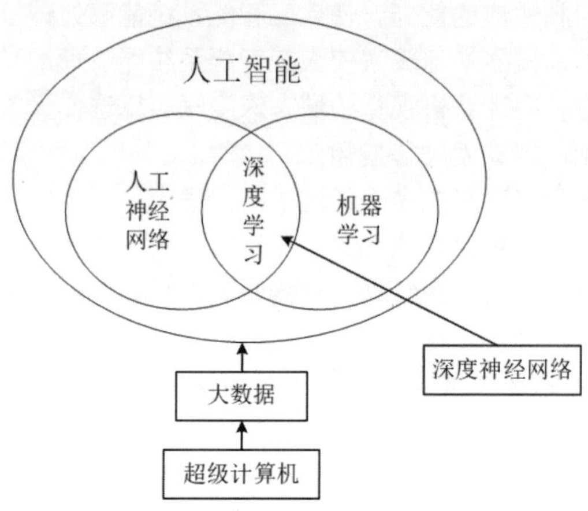

图 3.18　深度学习与机器学习、大数据等的关系

深度学习所依赖的人工神经网络的基本单位是人工神经元，其结构与传统人工神经元相似。每个神经元接收多个输入，这些输入经过加权求和后，通过一个非线性激活函数产生输出。深度学习的特点在于，这些神经元被组织成多个层，形成深层结构。

深度学习的学习过程通常包括前向传播和反向传播两个阶段。在前向传播中，输入数据从输入层经过多个隐藏层，最后到达输出层，产生预测结果。在反向传播中，系统计算预测结果与真实标签之间的误差，然后将误差从输出层反向传播到每一层，用于更新网络的权重。这个过程不断重复，直到网络的性能达到预期或者不再可被改善。

图 3.19 展示了浅层神经网络与深层神经网络的区别。

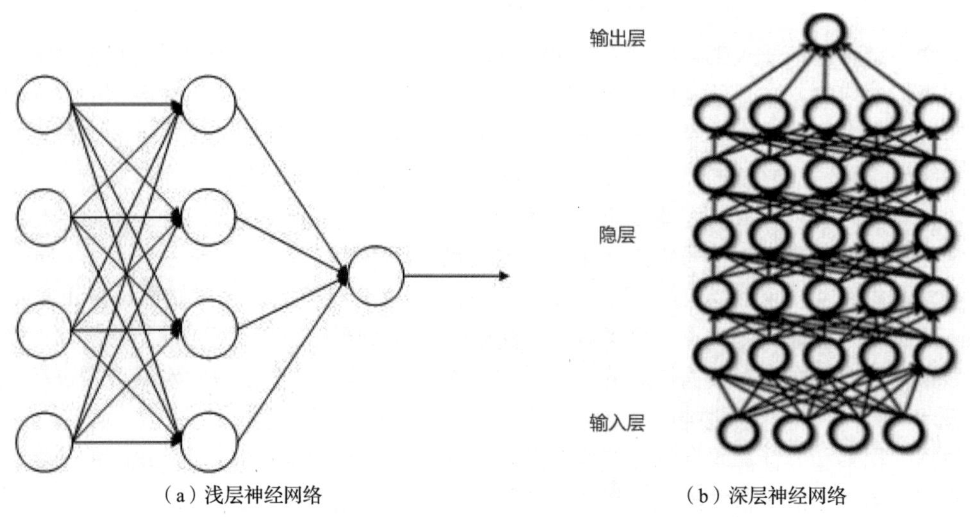

（a）浅层神经网络　　（b）深层神经网络

图 3.19　浅层神经网络与深层神经网络的区别

深层神经网络的核心问题是学习，这是对突触的调整，从而得到针对其输入模式的期望输出。这样的调整是基于训练样本集自动执行的，而训练样本集中包含输入模式以及配套的期望输出。学习过程通过调整权重得到训练输入模式的期望输出。成功的学习会让网络超越记忆训练样本的情况，而且使其能够泛化，为学习过程中从没见过的新输入模式提供正确的输出。

以杰夫·辛顿为首的新联结主义者强调，有必要区别“浅层”神经网络架构的“宽度”与神经元分层架构的“深度”。他们证明了深度优于宽度：当数据和尺寸增加时，只有深度是可计算的并且可以设法捕获数据特征的多样性。

深度学习的核心思想是通过多层次的数据表示和特征学习，计算机系统能够自动从原始数据中学习到抽象和复杂的特征。这模仿了人类大脑的工作方式，使计算机能够处理非结构化数据，如图像、语音和文本，还使其在许多复杂任务中表现出色。深度学习模型通常由多层神经网络组成，每一层都学习数据的不同层次的抽象。底层神经网络可能学习简单的特征，如图像中的边缘或颜色；而高层神经网络则可能学习更复杂的特征，如物体的形状或语义信息。

3.7.2 深度学习主要方法及其应用

1. 深度学习的网络结构

深度学习有以下网络结构，每种结构都有其特定的适用场景。

（1）前馈神经网络：最基本的深度学习结构，适用于处理固定大小的输入。

（2）CNN：特别适用于处理具有网格结构的数据，如图像。CNN 通过卷积层和池化层捕捉局部特征，在计算机视觉任务中表现优秀。

（3）RNN：能够处理序列数据，广泛应用于自然语言处理和时间序列分析。

（4）LSTM 和 GRU：RNN 的变体，能够更好地处理长期依赖问题。

（5）自编码器：一种无监督学习方法，用于特征学习和降维。

（6）GAN：由生成器和判别器组成，能够生成与真实数据相似的新数据。

（7）Transformer：基于自注意力机制，在自然语言处理任务中表现出色。

2. CNN

CNN 的引入彻底改变了目标检测，它通过自动化特征提取和端到端学习实现了这一变革。该网络多年来推动了深度学习的广泛应用，尤其是在计算机视觉领域的应用具有重大飞跃。CNN 通过对图像中的像素重复应用过滤器来建立特征识别。正是由于 CNN 的存在，照片应用程序可以按面孔组织用户的照片图书馆。CNN 被认为是实现视觉任务必不可少的算法。CNN 逐个像素地识别图像，通过构建从局部到全局的方式来识别角或线等特征。

不断扩大 CNN 的规模，在不增加处理时间的情况下，通过不断使用分辨率越来越高且更大规模的图像数据集进行训练，可以显著提升图像检测、分类等任务性能。

目标检测是计算机视觉的关键组成部分，使系统能够在图像或视频帧中识别和定位对象。实时目标检测已成为许多需要立即进行分析和与动态环境交互的应用的核心。例如，在自动驾驶汽车和机器人领域，实时目标检测是必不可少的，它使系统能够快速识别和跟踪不同的对象（如车辆、行人、自行车和其他障碍物），从而提高导航的安全性和效率。目标检测的用途不仅限于车辆应用，在视频序列的动作识别、数字监控、运动分析和人机交互中也至关重要。这些领域受益于实时分析和响应情境动态的能力，展示了目标检测广泛的适用性、接受度和影响力。在深度学习出现之前，目标检测依赖于手动设计的特征和机器学习分类器的结合。

以 CNN 为基础发展出的"You Only Look Once"（YOLO）目标检测算法由约瑟夫·雷德蒙（Joseph Redmon）等人在 2015 年首次提出，通过将区域提议和分类合并到一个神经网络中，显著减少了计算时间，彻底改变了实时目标检测。图 3.20（a）和图 3.20（b）分别展示了 YOLO 算法在开放环境中对汽车以及在室内环境中对人物的检测效果。

（a）对汽车的检测效果

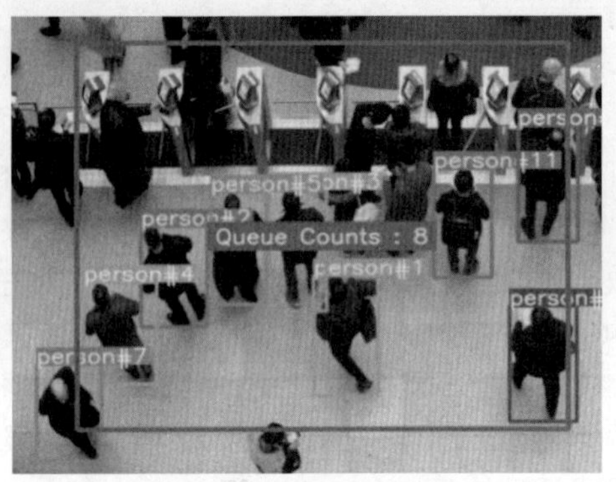

（b）对人物的检测效果

图 3.20　YOLO 算法的检测效果

3. Transformer

继深度卷积神经网络在感知智能方面的广泛应用之后，一种被称为"多功能的新锤子"的人工神经网络模型 Transformer 于 2017 年首次出现在一篇论文中。想象一下，你去当地的五金店，在货架上看到一种新的锤子，你听说过这把锤子，它比其他锤子敲得更快、更准确，在过去的几年里，它已经淘汰了许多锤子，至少在大多数用途中是这样。它的功能还不止于此，通过一些调整——在这里添加一个附加条件，在那里添加一个扭曲——这个工具变成了一把锯子，它的切割速度一样快。事实上，一些处于工具开发前沿的专家表示，这把锤子可能只是预示着所有工具将融合到一个设备中。类似的故事正在人工智能工具中上演。这种多功能的新锤子是一种人工神经网络——一种通过对现有数据进行训练来"学习"如何完成某些任务的节点网络——称为 Transformer。Transformer 是自然语言处理领域中的一项重要技术，于 2017 年被提出，迅速改变了自然语言处理的发展轨迹。Transformer 的核心思想是：给定一个输入序列，对于序列中的每个元素，通过注意力机制计算其与其他元素的相关性，并利用这些相关性信息来表示该元素。这种基于注意力的表示学习方式使 Transformer 能够捕捉词语之间的长距离依赖关系，从而更好地理解语义。

2017 年，Transformer 首次出现在一篇论文中，该论文神秘地宣称"注意力就是你所需要的一切"。在人工智能的其他方法中，系统将首先关注输入数据局部的块，然后构建整体。例如，在语言模型中，附近的单词首先会被组合在一起。相比之下，Transformer 运行进程，以便输入数据中的每个元素都连接或关注其他所有元素，研究人员将此称为"自我注意"。这意味着一旦开始训练，Transformer 就可以看到整个数据集的痕迹。

Transformer 被证明具有惊人的多功能性。在某些视觉任务（例如图像分类）中，使用 Transformer 的神经网络比不使用 Transformer 的神经网络更快、更准确。其他人工智能领域的新兴工作——比如一次处理多种输入或计划任务——Transformer 做得更出色。Transformer 几乎取代了以前所有与语言相关的人工智能任务的首选工具。

研究人员在 2021 年 5 月的一次会议上展示了一个名为 Vision Transformer（ViT）的网络。该网络的架构与 2017 年提出的第一个 Transformer 的架构几乎相同，只进行了微小的调整，使其能够分析图像而不是文字。Transformer 以超过 90%的准确率对图像进行分类——在

ImageNet 分类挑战赛中迅速冲向榜首。ViT 的成功，表明卷积可能不像研究人员认为的那样是计算机视觉的基础。

Transformer 的力量来自它处理图像编码数据的方式。CNN 会逐个像素地识别图像，通过构建从局部到全局的方式来识别角或线等特征。但是在带有自注意力的 Transformer 中，即使是第一层信息处理也会在遥远的图像位置之间建立联系（就像语言一样）。如果将 CNN 方法类比成从单个像素开始缩小，那么 Transformer 就是慢慢地将整张模糊图像聚焦。

这种差异在语言领域更容易理解。思考这些句子："猫头鹰发现了一只松鼠。它试图用爪子抓住它，但只抓住了尾巴的末端。"第二句的结构令人困惑：那些"它"指的是什么？只关注"它"周围的单词的 CNN 会遇到困难，但是将每个单词与其他单词连接起来的 Transformer 可以识别出猫头鹰在抓松鼠，而松鼠失去了部分尾巴。

Transformer 可用于多模态处理。每种类型的数据都有自己专门的模型。但是 Transformer 提供了一种组合多个输入源的方法，使其可以结合不同类型的数据和图像。例如，多模式网络可能会为一个系统提供动力，该系统除了可以识别人的声音外，还可以读取人的嘴唇。

很明显，Transformer 处理图像的方式与卷积网络不同。Transformer 在将数据从一维字符串（如句子）转换为二维数组（如图像）方面的多功能性表明，这样的模型可以处理许多其他类型的数据。Transformer 朝着实现神经网络架构的融合迈出一大步，从而产生了一种通用的计算机视觉方法——也许也适用于其他人工智能任务。有一种通用的模型，可以将各种数据放在一台机器上处理，对人工智能领域而言是非常重要的。

Transformer 由编码器和解码器两部分组成，每部分均可堆叠多层，如图 3.21 所示。

（1）编码器：负责将输入序列转换为固定长度的向量，该向量包含输入序列的全部信息。

（2）解码器：根据编码器输出的向量生成输出序列。

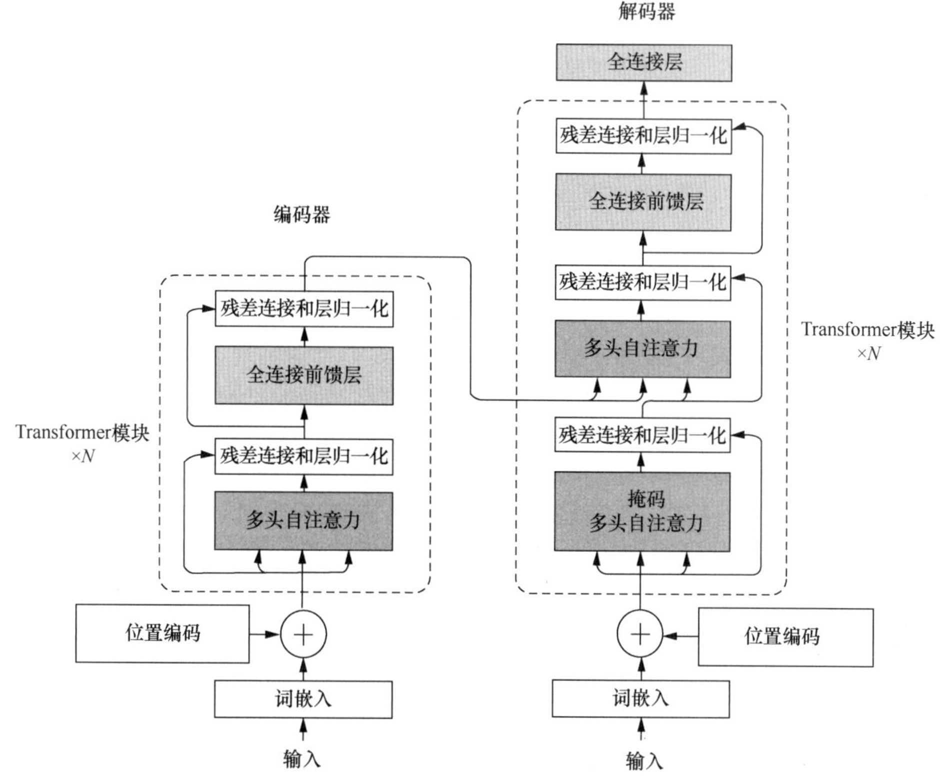

图 3.21　Transformer 组成

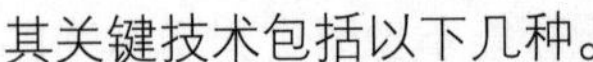

其关键技术包括以下几种。

（1）Self-Attention（自注意力）：Transformer 的核心机制，允许模型关注输入序列的不同部分，从而捕获其内在依赖关系。通过计算每个单词对其他单词的注意力权重，模型能够理解并强调重要的单词或短语。

（2）Multi-Head Attention（多头注意力）：通过将注意力机制分割为多个“头”来进行并行计算，每个“头”关注输入的不同部分，从而增强模型的表达能力和灵活性。

（3）Feed-Forward Neural Network（前馈神经网络）：在每个编码器和解码器层中，除了注意力机制外，还包含一个全连接的前馈神经网络，用于学习输入数据的复杂表示。

（4）Positional Encoding（位置编码）：由于 Transformer 模型本身不具有处理序列数据的能力，因此需要位置编码 T 来提供序列中单词的位置信息。

Transformer 工作流程如图 3.22 所示，具体如下。

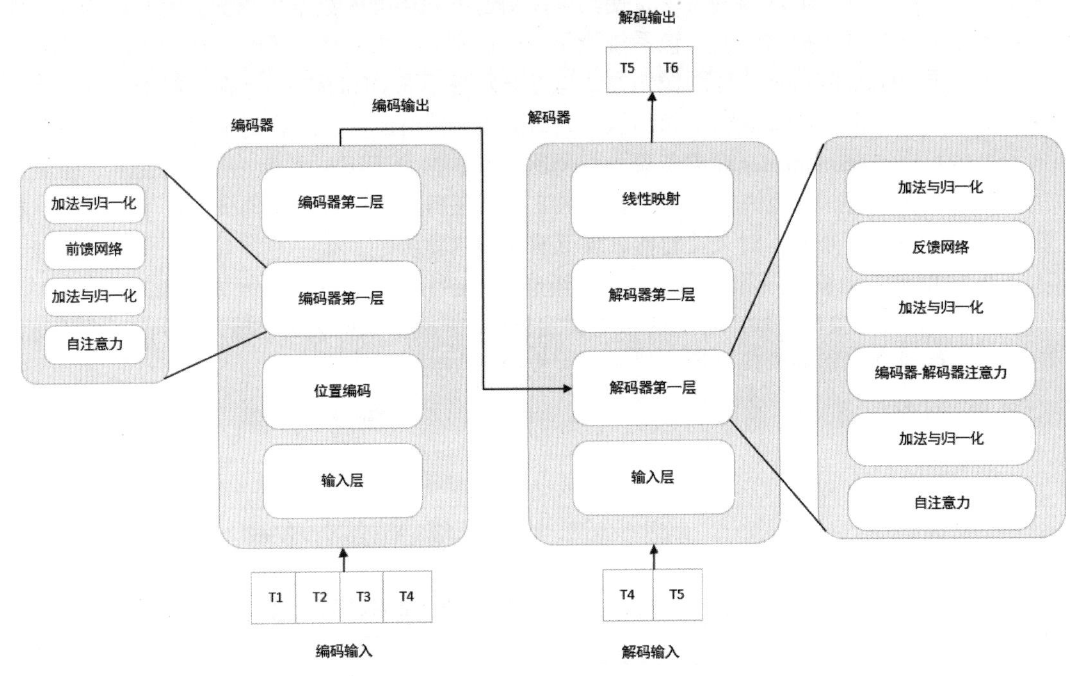

图 3.22　Transformer 工作流程

（1）输入处理：将输入序列通过 Embedding 层转换为向量，并加上位置编码。

（2）编码器处理：经过多头自注意力层和前馈神经网络层，输出编码后的向量，如图 3.23 所示。

（3）解码器处理：在解码阶段，除了自注意力机制外，还引入了 Encoder-Decoder Attention（编码器-解码器注意力）机制，使解码器能够关注编码器的输出。

（4）输出生成：通过线性层和 softmax 函数，将解码器的输出转换为预测词汇的概率分布。

Transformer 架构的自注意力和多头注意力机制使模型能够深入理解文本的复杂性和上下文关系，从而在各种自然语言处理任务中展现出卓越性能，推动了自然语言处理领域的快速发展，尤其在机器翻译、文本生成、问答系统等方面取得了显著成果。著名的 BERT、GPT 系列模型都是基于 Transformer 架构构建的。

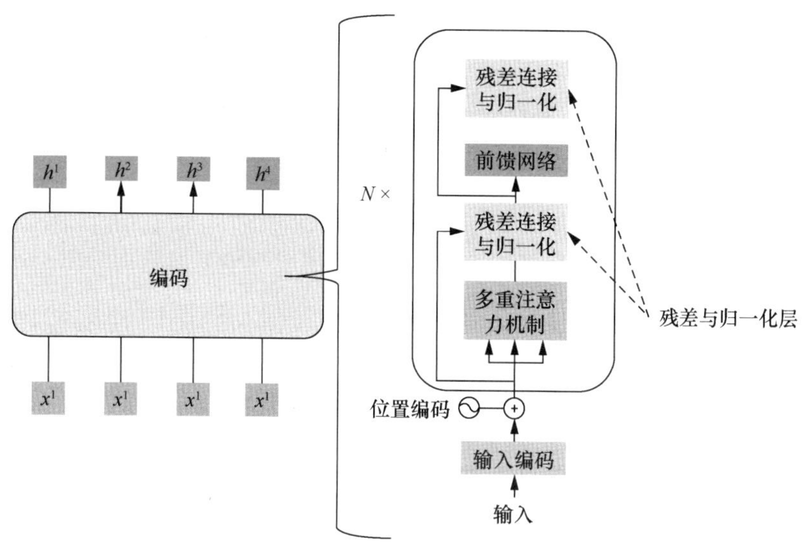

图 3.23　编码器处理

以 Transformer 为基础的预训练大模型技术近年来在多个领域取得了显著的进展。尤其是自 2022 年以来，深度学习在文本、图像、视频和音乐等多模态内容生成方面的表现优秀，形成了人工智能生成内容（Artificial Intelligence Generated Content，AIGC）这一新的技术领域和方向（第 6 章将详细介绍）。2022 年横空出世的 ChatGPT 对话问答模型掀起了新一轮高潮。生成式模型（如 ChatGPT、图像生成模型 DALL・E、Stable Diffusion 以及视频生成模型 Sora 等）已经展示了其生成文本、图像、视频等多模态内容的惊人能力。这些模型的通用性和灵活性表明，生成式人工智能正在为创意领域提供新工具，并加速实现跨领域的多模态内容的生成。

3.8　本章小结

人工智能发展的重要目标之一是为人类社会创造社会和经济价值。人工智能技术与其他传统科学技术的不同之处在于，人工智能技术复杂多样，没有统一的理论和方法基础。同时，人工智能作为一种基础性领域，面向社会各行业的各类实际问题，采用不同的方法和技术加以解决。在设计人工智能系统或平台时，需要综合利用物理层面的软件、硬件技术，也需要启发或模仿人类智能所提出的各种算法。这些软、硬件技术结合截然不同于其他领域的人工智能算法就构成了人工智能的基础性技术，学习这些技术及内容有助于理解如何设计具体的人工智能系统。

习题

1．请举例说明并行计算技术如何在具体的人工智能应用中发挥作用，并分析如果没有并行计算的支持，这些应用会面临哪些限制?

2．请举例说明人工神经网络如何在具体的人工智能应用中发挥作用，并分析如果使用传统方法，这些应用会面临哪些限制?

3．在提高神经网络模型的性能和可解释性之间如何找到平衡？请结合实际案例进行讨论。

4．未来5年内，你认为人工神经网络技术在哪些人工智能领域会有重大突破？为什么？

5．人工神经网络、机器学习与深度学习的关系是怎样的？深度学习技术在人工智能领域起到什么作用？

04 人工智能学科基础

学习导言

在过去的半个多世纪里，人工智能并不被看作一门独立的科学或新的学科，而是一直作为计算机科学的分支不断发展。人工智能作为一门学科，是科学技术不断进步、众多专家学者坚持不懈等多方面因素相互交织的结果。李德毅院士早在 2005 年就在其专著《不确定性人工智能》中指出脑科学、认知科学和人工智能交叉的趋势。教育部在《高等学校人工智能创新行动计划》中强调，要加强人工智能领域专业建设，推进“新工科”建设，形成“人工智能+X”复合专业培养新模式。要使人工智能从各种相对独立的技术体系向一门学科发展，还需要理论、方法、技术乃至产业领域的共同努力。

4.1 人工智能多学科交叉的含义

人工智能作为一门学科，有两方面的含义：人工智能的发展需要多个学科不断交叉融合；人工智能与其他学科交叉融合，衍生出新的学科分支或领域。下面分别详细阐述这两方面的含义。

事实上，人工智能从一开始就是多学科交叉研究的结果。麦卡洛克和皮茨在提出首个神经元数学模型时，结合了通用图灵机的观点以及 20 世纪早期哲学家罗素的命题逻辑和神经生理学家查尔斯·谢林顿（Charles Sherrington）的神经突触理论。实际上他们的成果也是脑科学家迈克尔·阿尔比布（Michael Arbib）称为“可计算生理学”思想的体现，其最初含义是指对人脑的神经网络进行数学建模。因此，最早的人工神经元模型是神经生理学、哲学及逻辑学和脑科学等不同领域理论和概念相结合的产物。类似的多学科交叉产生的技术成果在人工智能的发展历史上还有很多。

人工智能近些年已经逐渐从传统意义上的计算机科学下的一个分支向独立的交叉学科发展。人工智能作为多学科交叉的领域，有两方面的含义。

一方面的含义是人工智能本身的发展需要多个学科理论、知识、技术的支撑。人工智能的根本在于智能的本质，而智能的研究本身涉及诸多学科，因此人工智能与哲学、数学、脑科学、神经科学、认知科学、心理学、计算机科学、控制科学、信息学等众多学科有极强的关联性。因此，从学科角度来看，人工智能是自然科学与社会科学的交叉学科。

另一方面的含义是人工智能与大量的传统学科交叉融合，会不断产生新的学科分支，甚至会逐渐形成和发展出一些全新的学科，还可能颠覆、重塑传统学科的理念和体系。

从自然科学、社会科学到数学、医学、管理学，几乎所有的学科都可以与人工智能相互交叉、渗透和融合。按照“智能+X 学科”的模式，人工智能与传统医学、教育学、管理学、艺术学、社会学、军事学交叉融合，将会形成智能医学、智能教育学、智能管理学、智能艺术学、智能社会学、智能军事学等新兴学科和专业。电子、机械、计算机等传统工科与人工智能交叉融合会形成智能电子学、智能机械学、智能计算学等新学科。人工智能对物理学、化学、生命科学、神经科学等其他基础科学的研究也产生了重要影响。比如，在物理学领域，利用人工智能揭示电子运动更深入的细节；利用人工智能发现更多的化合物反应，改变了传统的科学研究模式；利用人工智能成功解决困扰生物学领域 60 年的蛋白质三维结构预测问题；利用人工智能破解数学难题。人工智能正在不断帮助人类解决许多复杂的、悬而未决的科学问题。

人工智能主要涉及哲学、基础学科、工程技术以及融合应用等不同学科。图 4.1 所示为对人工智能起支撑作用的六大类学科。

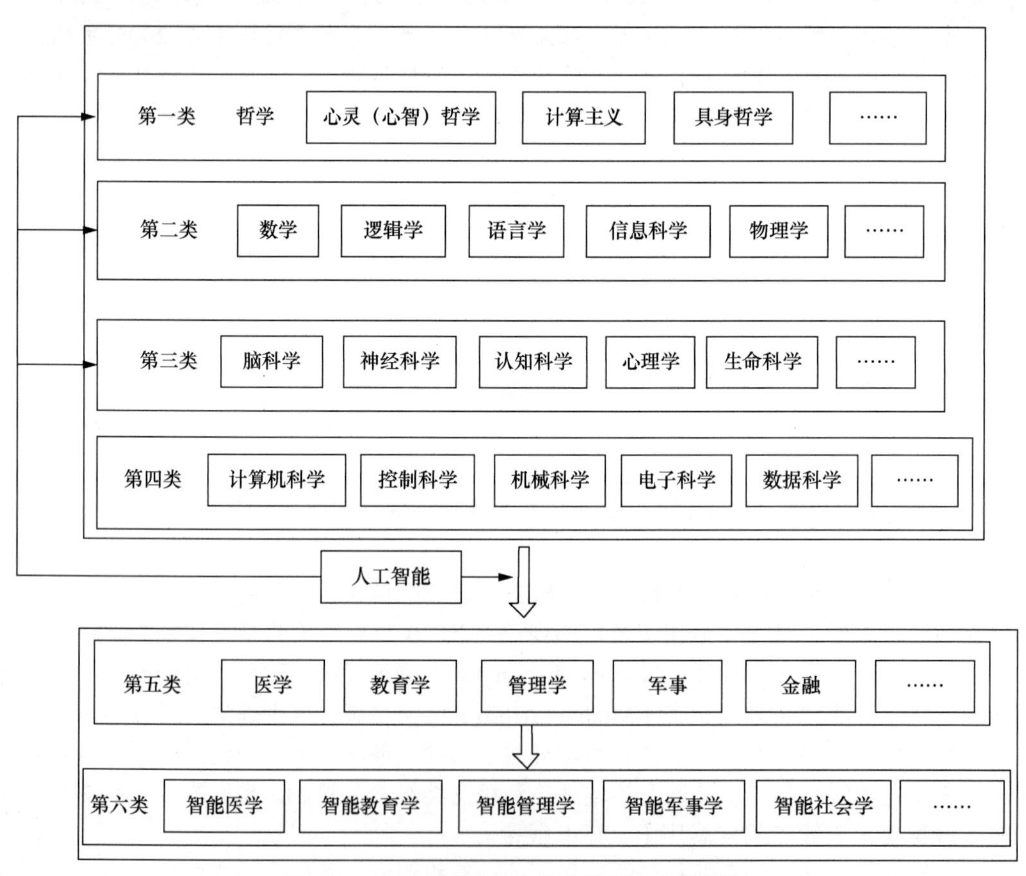

图 4.1　对人工智能起支撑作用的六大类学科

在第一、二、三类学科的交叉影响下，可以预见，按照“智能+X 学科”的模式会不断产生新的学科分支。人工智能可以与任何学科融合，衍生出新的学科和方向，甚至颠覆一些传统学科的理念和体系。今后人工智能将会成为各学科融合的“黏合剂”。

4.2 人工智能多学科交叉

4.2.1 第一类：哲学

人工智能虽然是一门科学，但正如第 2 章指出的，其本质是研究生命、智能、人类、物质与意识的关系甚至宇宙本质等哲学问题的。因为它试图回答诸如“机器能思考吗”“机器能像人类一样解决问题吗”“计算机是否会像人类一样拥有智能”等重要的问题，而人工智能的终极目标是在人造机器上实现类人的智能。要做到这一点，就必须对“什么是智能”这个问题做出回答，哲学思考并定义了特定的智能和理论层面的运作方式。因此哲学是认识和理解的基础。正是由于人工智能研究者在哲学层面上对于“智能”的理解偏差，才会在技术实践层面上产生符号主义、联结主义、行为主义等不同派系。只有从哲学认识论角度构建对智能的统一认识体系、理论，人工智能才可能在科学和技术上取得根本突破。

哲学有很多分支，第 2 章已经介绍了心智哲学、心灵哲学、计算主义等分支。

人工智能对哲学也有影响。阿龙·斯洛曼（Aaron Sloman）于 1978 年宣布了新的以人工智能为基础的哲学范式。在他的《哲学的计算机革命》（*The Computer Revolution in Philosophy*）这部著作中，有以下两点猜测。

（1）数年内倘若还有哲学家依然不熟悉人工智能的主要进展，那么他们因其不称职而受到指责便是公道的。

（2）在心智哲学、认识论、美学、科学哲学、语言哲学、伦理学、形而上学和哲学的其他主要领域中从事教学工作而不讨论人工智能的相关方面，就好比在授予物理学学位的课程中不讲授量子力学那样不负责任。

在描述人工智能研究困难程度的时候，人工智能先驱麦卡锡曾经说：“如果想在人工智能领域有所成就，我们需要 1.7 个爱因斯坦，2 个麦克斯韦，5 个法拉第再加上 3 项曼哈顿计划。”其实，麦卡锡的名单上还缺少一种人——哲学家。

如今，心智哲学家、心灵哲学家对心智的解读也是基于人工智能概念的。例如，他们用人工智能技术来解决众所周知的身心问题、自由意志的难题和很多有关意识的谜题。然而，这些哲学思想都颇具争议。人工智能系统是否拥有“真正的”智能、创造力或生命，人们对此意见不一。

4.2.2 第二类：基础学科

第二类是与人工智能有关的基础学科，主要包括数学、物理学、逻辑学、语言学、心理学、伦理学、复杂科学、信息科学、系统科学等学科。这些学科的各种研究成果可以构成人工智能发展的理论和技术基础，从不同角度支撑人工智能的研究。下面列举基础学科中几个典型的、重要的学科。

1. 数学

相对哲学而言，数学在生命、智能本质的探讨面前的作用相对尴尬。迄今为止，人类已经可以用几个变量就描绘出宇宙和物理世界的运行规律，但对人脑的由数百亿神经元构成的神经网络和运行机制还无能为力，对智能形成机制也无法给出定量描述。因而，目前并不存在关于人脑的意识、思维、智能等的数学模型。尽管与智能本质没有关系，数学在未来的新型人工智能技术发展中也会发挥巨大作用。作为人工智能的基础技术，人工神经网络和机器学习都需要很多的数学方法，比如人工神经网络需要综合利用偏微分、梯度优化、马尔可夫过程、向量计算等知识。机器学习需要利用概率论、函数等数学知识。在数学里，函数是一个基本概念，从函数出发可以讨论积分、函数逼近、微分方程等。这些都对应机器学习里的不同分支，比如函数逼近对应监督学习，概率分布的逼近对应无监督学习。机器学习数学理论的关键是高维函数。深度学习可以理解为用数据和一系列算法来进行高阶抽象建模，这个模型包含很多“层”，每一层中都有一些用于数学计算的方程或函数。它在很大程度上是一个数学工具。数学还用于指导编写机器学习算法、设计具体步骤。所以良好的数学知识是开发人工智能模型的必备技能。

智能技术发展至今，其实经历了很多变化，上一个时代是机器学习，本质上是用一些函数拟合数据分布，然后用来做分类或者外推（预测）。这个时代则是神经网络，用各种网络模型来拟合数据，神经网络这种模型具有从数据中迭代优化以寻找规律的能力，设计调试好后可以逼近非常复杂的非线性规律。但其本质都离不开数学，比如神经网络训练的梯度下降法等，都来源于数学。

人工智能的核心技术无疑是算法，而算力和数据则来源于其他领域的发展。算力属于半导体相关的硬件设备，数据则伴随着计算机、通信和传感器等技术的使用而产生，是数字化计量的结果。在算法的演进过程中，数学的支撑不可或缺，因为对于数字的计算首先依赖数学，而复杂问题的求解更需要有效的数学工具。以大脑结构为例，其极其复杂的特性使得在微观层面精确测绘信息处理过程成为当今难以克服的挑战。即便成功对老鼠的大脑进行测绘，现有技术也难以对其进行精确建模分析，因为对整个神经网络的计算无法完全求解。只能通过简化假设，例如将神经元的电位变化设定为 0 和 1，尽管实际上并非如此。这显示出，在人工智能理论分析的诸多领域，数学工具仍显不足。

当前神经网络推广应用的瓶颈之一，恰恰在于数学模型的不明确性。一个多层的拥有大量参数的神经网络为何能够代表某种规律？这种规律的可靠性如何？适用的条件是什么？这些问题至今仍然缺乏精确的数学解释。由于现阶段的数学手段难以对如此复杂的网络进行准确建模与描述，因此难以清楚解释为何给定的输入数据会产生特定的输出。这也引发了人们对神经网络在可解释性和安全性方面的广泛担忧。

从某种角度看，神经网络技术有点类似于中医学，更多依赖经验而非定理化的理论基础。正因为如此，算法工程师常被戏称为“炼丹师”，因为神经网络的调参过程充满了不确定性。在经验的指导下，他们可能知道大致方向正确，但具体效果往往难以预测。一旦得出有效的配方，就可以重复使用，但无法保证下一次试验能成功找到合适的配方。神经网络建模和调参的过程正是如此。

尽管如此，神经网络中依然广泛应用了多种数学方法，如偏微分方程的求导计算方法、梯度下降等优化算法、马尔可夫过程、概率统计方法以及向量计算等。这些数学方法是当下构建神经网络模型的基础。

若扩展至智能的更大范畴，涉及的数学方法则更为广泛，包括运筹学与优化理论、图论与拓扑学、概率论与统计学等，这些数学方法几乎都与各种智能模型的构建密切相关。然而，对具体研究方向和岗位的人而言，全面掌握这些方法既无必要也不现实。大多数人专注于某一确定的方向，持续进行细化与优化，从而达到更高水平，成为工匠或专家。

在统计学对人工智能的贡献中，频率派与贝叶斯派尤为重要。二者的主要区别在于是否利用先验信息。统计学倾向采用线性模型求解，以期获得清晰的结果。自英国学者托马斯·贝叶斯（Thomas Bayes）提出贝叶斯定理后，贝叶斯学派认为可以通过重复实验获得先验分布，并以此影响总体分布和推断。大多数神经网络技术、经典机器学习算法及自然启发的算法（如粒子群算法），都是基于统计学和概率计算的。在 20 世纪 90 年代，统计学派曾在机器学习领域占据主导地位。然而，随着今天深度学习的兴起，这一技术已经超越了传统统计学与贝叶斯理论的范畴，走上了完全不同的发展道路。

2. 物理学

物理学对人工智能的影响主要体现在以下几个方面。

首先，物理学家薛定谔开创了从物理学和化学角度解释生命现象的先河。虽然还无法对生命和智能给出准确的像经典物理学定理一样的规律性描述，但是近些年一些科学家还是在尝试从物理学角度研究生命。传统物理学将生命现象排斥在物理学研究之外，现代观点则认为既然生命是物理世界的一部分，它本身就是一种物理规律，生命可以从客观世界自发产生。因而，智能也是一种物理现象。现代物理学中，与人工智能最密切相关的可能是量子物理学。意识科学家、认知科学家从量子角度研究意识现象，对认识智能本质起到了一定作用。

其次，根据哈佛大学和麻省理工学院专家的研究结果，理解人工智能的关键并不在于数学，而在最基本的物理定律中。虽然深度学习很大程度上是一个数学工具，但深度神经网络能做的事情还是让数学家们感到惊讶：为什么层状排布的神经网络通过简单的计算就能像人类一样快速地识别出脸和各种物体？这困扰了数学家们很长一段时间。然而，数学解释不了的东西，对物理来说却轻而易举。物理定律都能够用一小部分简单的数学函数表述，这正是神经网络所极力模仿的。比如，电路的核心就是基尔霍夫定律。受到电路启发的神经网络、图 4.2 所示的基于基尔霍夫定律设计的连续霍普菲尔德神经网络，就是用拓扑图描述的各种节点方程或称电网络。各种拓扑图的网络构成了描述不同电路的图的模型，它也可以用来构造相应的深度神经网络和相应算法。

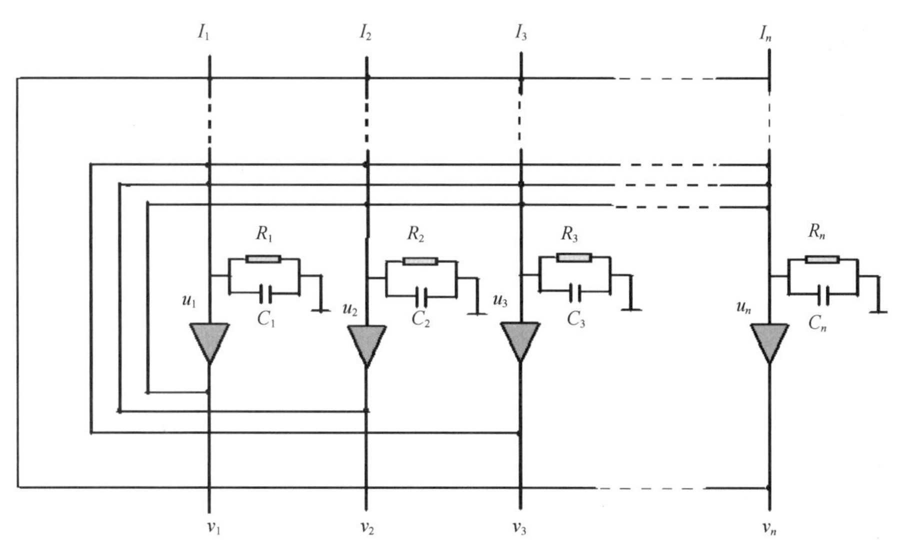

图 4.2　基于基尔霍夫定律设计的连续霍普菲尔德神经网络

复杂的结构其实都是通过一系列的简单步骤建立起来的，神经网络的代码层能够按照自然发生的顺序效仿这些步骤，越高的层里包含的数据越多，这也是神经网络能实现快速“逼近”的关键。深度学习的成功不只归功于数学，物理学也功不可没，物理学中那些特殊又简单的概率分布非常适用于神经网络建模。有了物理学上的这些认识，人们对深度学习的理解又上了一个新的台阶。

最后，人工智能的实现一定要有计算机及其计算作为物理基础。包括 CPU、GPU 在内的不同计算芯片架构和计算速度这类物理基础都对人工智能算法的效率有重要影响，在传统冯·诺依曼结构上实现类人智能也存在不可克服的困难。因此，未来需要在计算方面不断挑战物理学极限或者设计全新架构的类脑芯片，以支撑更强大的人工智能算法及智能技术的实现。

3. 逻辑学

逻辑学是研究人类思维规律的学科，旨在探讨思维过程中的合理性和正确性，而人工智能则试图模拟人类智能，包括复杂的认知和推理过程，因此二者之间存在紧密的联系。人工智能的核心目标之一是复制或模拟人的智能行为，其中最具挑战性的部分并不是简单的数字运算或基本的逻辑推理，而是人的创造性思维，这种思维活动涵盖学习、判断、总结、修正等复杂的认知过程。

逻辑学作为一门系统的理论，最能体现人类智能中的创造性思维特征。它不仅为人类的思维过程提供了规则和结构，还为人工智能提供了理论基础。特别是符号主义人工智能（Symbolic AI），它依赖逻辑学来进行知识表达和推理。例如，早期的一阶逻辑和谓词逻辑为人工智能中的符号推理提供了基础。符号主义人工智能试图通过定义明确的规则集来模拟人类的推理能力，其推理技术大多是基于逻辑学发展而来的。这种基于规则的推理方式虽然能够处理某些特定领域的问题，但与人类思维相比，仍存在诸多不足。

传统的人工智能技术（如专家系统）依靠大量的规则来模拟人类专家的决策过程，但这些系统面临一个核心问题，即规则爆炸。随着知识的不断增加，系统所需的规则数量呈指数级增长，导致推理过程变得极为复杂，效率低下。此外，这些系统难以处理不确定性和模糊性问题，也无法灵活应用常识或进行动态调整。相比之下，人脑能够利用经验、常识和知识进行自然推理，而不依赖严格的规则集，这使人类能够快速适应和应对变化的环境。人工智能目前的推理技术尚未达到这一水平。

虽然近年来深度学习在许多任务中取得了突破性进展，但它在逻辑推理能力方面受到了广泛批判。深度学习模型，尤其是基于神经网络的模型，擅长从海量数据中自动提取特征并进行模式识别，但它缺乏明确的逻辑推理机制。深度学习模型虽然能生成高效的预测结果，但很难解释这些预测的逻辑依据，也无法像人类那样在推理过程中合理地整合常识和经验。因此，深度学习模型被批评为“黑箱”模型，缺乏透明性和可解释性，尤其在需要解释推理过程或应对动态决策的场景时，难以满足需求。

未来的人工智能要实现类人的智能，必须在逻辑推理和学习能力方面取得更大进展。这就需要将逻辑学与其他技术相结合，如数学、类脑计算和机器学习等。类脑计算试图模拟大脑的结构和功能，从而使人工智能系统能够进行更灵活、更具适应性的推理。与此同时，数学中的模糊逻辑、概率论和图论等方法为处理不确定性和复杂的关系提供了工具，这些工具在人工智能推理中的应用日益广泛。

尤其值得关注的是类人智能逻辑的发展，这将成为未来人工智能研究的一个重要方向。类人智能逻辑不仅需要具备传统逻辑学的推理能力，还应能够借助经验、常识、语境等进行动态调整和推理。这种逻辑要求人工智能系统能够通过不完全信息进行判断，做出符合常理的决策，并且能够灵活适应环境变化。这意味着未来的人工智能系统将不再仅仅依赖预设规则，而是能够通过学习和经验自主构建推理框架。

总之，逻辑学作为符号主义人工智能的基础，在人工智能推理技术的发展中发挥了重要作用。尽管现有的推理技术无法达到人类大脑的水平，未来的人工智能发展将依赖于逻辑学与其他学科的深度结合，推动类人智能逻辑的不断进步，实现更具解释性、适应性和创造性的智能系统。

4. 语言学

语言是人类智能最显著的特征之一，而基于语言学的自然语言处理技术已有近 70 年的发展历史。现代语言学的一个重要分支，即计算语言学，致力于通过计算机对自然语言进行分析与理解，而自然语言处理正是这一领域的核心。自然语言处理技术使人和智能系统能够通过诸如英语等人类语言进行通信和互动，从而实现人与机器之间的自然交流。

自然语言处理技术的意义不仅在于语言的理解和生成，它还直接推动了智能系统的发展，使这些系统能够更好地解决现实环境中的复杂问题。人工智能领域的一个重要需求是开发一套适用于知识工程和智能系统的计算机程序设计语言。这种语言需要具备符号处理和逻辑推理能力，能够用于编写执行非数值计算、知识处理、推理、规划和决策等任务的智能程序。这些任务往往涉及复杂的规则系统、动态环境中的推理，以及不确定信息的处理，因此语言的选择和设计对于构建高效的人工智能系统至关重要。

自然语言处理不仅促进了智能系统的通信能力，还成为开发各种智能应用的基础。例如，自然语言处理技术广泛应用于移动智能机器人、聊天机器人、智能音箱等技术中。这些应用不仅要求系统能够理解人类语言的含义，还需要系统具备在复杂情境下做出合理反应的能力。因此，自然语言处理技术使人工智能系统能够通过语言与人类进行自然交流，进一步推动了与人类智能相近的机器智能的发展。

随着深度学习和大规模数据的引入，自然语言处理技术得到了快速提升。现代自然语言处理模型（如 Transformer 架构、GPT 等）能够在多个自然语言任务中表现出接近甚至超越人类的能力。这使智能系统不仅能够进行语音识别和语言生成，还在语言理解、对话系统、文本生成等方面取得显著进展。未来，随着自然语言处理技术与其他人工智能技术的深度融合，人工智能在处理复杂语言任务以及更广泛的智能应用中将取得更大突破。

5. 系统科学

系统是由两个或两个以上的元素通过相互作用和相互依存组成的有机整体，其功能和性质并非各个局部元素的简单相加。这表明客观世界具有无限丰富的内涵和外延，是一个高度复杂的整体。因此，系统科学以各种简单或复杂的系统为研究对象，力求通过对系统整体性的研究揭示事物的内在规律。

系统科学要求树立系统思维，这是一种从整体、全局的视角去分析和理解问题的方法。系统思维不仅是认知事物整体性的工具，也是对计算思维的一种重要发展。计算思维侧重于通过算法和模型解决问题，而系统思维则进一步强调在复杂环境中把握事物全局、相互联系和动态变化的能力。

对人工智能来说，系统思维尤为重要。人工智能本身是一个复杂的技术领域，涉及多个学科基础和技术方法。系统思维帮助我们从整体和全局的角度来看待人工智能，理解它不仅仅是某一个具体算法或技术的应用。通过系统思维，我们能够从更高的层次上把握人工智能的哲学思想、学科基础、技术基础以及伦理基础，而不仅仅关注某一特定的技术实现。比如，人工智能不仅包括机器学习和深度学习，还涉及知识表示、推理、自然语言处理、机器人学、感知系统、伦理和社会影响等多个层面。系统性地掌握这些技术方法和基础知识，并在应用中灵活运用它们，是人工智能发展的关键。

从系统科学的角度看待人工智能，我们需要避开片面理解和局部代替整体的思维陷阱。具体而言，不能简单地将人工智能等同于单一的技术或算法，如机器学习或深度学习。虽然这些技术在近年来取得了显著的进展，并广泛应用于许多领域，但它们仅是人工智能领域中的一部分。人工智能的全面发展依赖于更广泛的技术组合和整体性思维。在许多应用中，单靠某一技术或算法无法有效解决复杂的问题，必须结合系统中的不同元素，才能实现预期的智能功能。

因此，系统思维在人工智能中的应用，不仅能帮助我们更全面地理解人工智能的潜力和局限，还能避免陷入技术发展的短视现象，即"只见树木，不见森林"。这种短视现象往往会导致我们过分关注某个技术细节，忽略整体系统的复杂性和多样性。基于系统思维，我们能够更好地理解人工智能在现实世界中的复杂性，并通过系统优化来解决各种实际问题，从而推动人工智能技术更加全面、平衡地发展。

6. 复杂科学

复杂科学是一门研究自然界和社会中各种复杂现象及其背后机制的科学。它的目标是理解和揭示复杂系统中各要素之间的相互作用及其集体行为，从而发现这些现象背后的普遍规律。复杂科学最早起源于对生命现象的研究，但随着学科的发展，它逐渐扩展到了气象、经济、社会等各个领域，尝试从纷繁复杂的现象中找到统一的解释。

复杂科学研究领域取得了诸多重要进展。2021 年，意大利科学家乔治·帕里西（Giorgio Parisi）因发现了从原子到行星尺度的物理系统中无序和波动的相互作用而获得了诺贝尔物理学奖，这表明在各种复杂物理系统中，无序和波动现象的背后蕴含着深刻的相互作用机制。同年，诺贝尔物理学奖还授予了科学家真锅淑郎（Syukuro Manabe）和克劳斯·哈塞尔曼（Klaus Hasselmann），以表彰他们对地球气候的物理建模、量化变化及可靠的全球变暖预测的贡献。这展示了复杂科学在多个领域的应用价值，尤其是气候系统这一高度复杂的领域，通过模型和数据，研究者得以揭示气候变化背后的关键机制。

与复杂科学研究对象类似，人类的大脑及其智能也是极其复杂的对象。无论从物理角度、生物角度还是神经科学角度来看，人类大脑都是宇宙中最复杂的系统之一。大脑不仅能够处理极其复杂的信息，还能够生成意识、创造性思维以及对整个宇宙的认知。令人惊讶的是，人类可以在大脑中轻松地创建整个宇宙的图景，甚至能够想象现实中不存在的事物。然而，尽管人类拥有如此强大的智能系统，对其背后机制的了解仍然非常有限。

这正是复杂科学可以发挥关键作用的地方。借助复杂科学的理论与技术，人类有望逐步理解大脑及其智能系统的复杂性。大脑是一个高度非线性、适应性强的网络系统，具有数以亿计的神经元和数以万亿计的突触，这些神经元通过复杂的连接和动态交互实现意识、学习和记忆等高级功能。要理解大脑的这些功能，仅靠传统的线性科学方法是不够的。复杂科学强调非线性系统、反馈回路和自组织现象，因此它提供了一种新的视角，可以帮助科学家理解大脑及其智能系统的自我调节机制。

此外，复杂科学还能够通过多学科交叉的方法，融合物理学、数学、计算科学、生物学和神经科学等领域的最新进展，建立更加精确的理论模型，以研究大脑的信息处理方式和智能的生成过程。例如，利用复杂网络理论可以模拟神经元之间的相互作用模式，探索大脑在不同状态下（如学习、休息或病变时）如何运行；通过非线性动力学方法，可以研究神经活动中的振荡和混沌现象；而借助多尺度建模，可以同时研究大脑在不同尺度上的行为，如从分子到神经回路，再到整个大脑的集体行为。

总之，复杂科学不仅为我们提供了理解大脑复杂性的工具，还为解决人类智能背后的机制问题提供了新的研究方向。通过将复杂科学与类脑计算、人工智能等新兴技术结合，人类或许能在未来揭开智能的本质，推动人工智能和神经科学的进一步发展，最终实现对大脑这一复杂系统的深入认识。

4.2.3 第三类：揭示生命及其本质的学科

第三类是与人工智能有关的揭示生命、智能现象及其本质研究相关的学科，主要包括脑科学、神经科学、思维科学生物学、生命科学、认知科学、智能科学等。这些学科从不同方面研究生命及人类，相关研究成果可以从不同角度促进人类对智能现象及其本质和规律的认识，对于研究人工智能或机器智能具有重要启发意义。

1. 脑科学与神经科学

现有脑成像技术的时间、空间分辨能力大幅度提高，新的无创伤检测脑活动的技术将进一步发展。

脑是自然界中最复杂的系统之一，由近千亿神经元通过百万亿突触组成，实现感知、运动、思维、智力等各种功能。大量简单个体行为（这种宏观行为有时叫作涌现）产生了复杂、不断变化且难以预测的行为模式，并通过学习和进化过程塑造适应能力，即改变自身行为以增加生存或成功的机会。脑科学从分子水平、细胞水平、行为水平或微观、介观、宏观分别研究脑结构，建立脑模型，揭示自然智能机理和脑本质。狭义的脑是指中枢神经系统，有时特指大脑；广义的脑泛指整个神经系统。人工智能是从广义角度来理解脑科学的，因此它涵盖所有与认识脑和神经系统有关的研究。

人脑是自然界中复杂、高级的智能系统。现代脑科学的基本问题主要包括：第一，揭示神经元之间的连接形式，奠定行为的脑机制的结构基础；第二，阐明神经活动的基本过程，说明在分子、细胞、行为等不同层次上神经信号的产生、传递、调制等基本过程；第三，鉴别神经元的特殊细胞生物学特性；第四，认识实现各种功能的神经回路基础；第五，解释脑的高级功能机制。

脑科学是人工智能的基础，研究脑科学的任何进展，都将会对人工智能的研究起到积极的推动作用，因此应该加强人工智能与脑科学的交叉研究，以及人类智能与机器智能的集成研究。

与机器学习的主战场在预测不同，脑科学更关注大脑的发育以及与智能的关系。由于缺少有效的物理观测手段，因此过去几十年，我们无法对脑的内在机制有深入理解。从强人工智能的角度来看，脑科学是研究类人机器智能的基础，对类人机器智能的研究起到了积极的推动作用。如今，随着脑 CT 的普及、脑微观成像技术和脑机接口技术的发展，人类对大脑内在机制的理解会不断深入，在类脑计算、人工大脑方面将会取得一定突破。

根据美国神经科学学会的定义，神经科学是为了了解神经系统内分子水平、细胞水平及细胞间的变化过程，以及这些过程在中枢的功能、控制系统内的整合作用所进行的研究。事实上，联结主义或结构主义的许多人工神经网络方法是受神经科学启发的。提供有关人类大脑如何工作以及神经系统如何响应特定事件的信息，使人工智能研究人员能够开发新型联结主义或结构主义方法，模拟人脑的工作机理，强化学习就是为模拟人脑神经突触的学习强化机制而开发的机器学习方法。深度学习方面最新的方法则是胶囊深度学习。对人类意识、学习等的深入理解都需要神经科学的研究成果，从而发展出更多联结主义新技术，包括类脑计

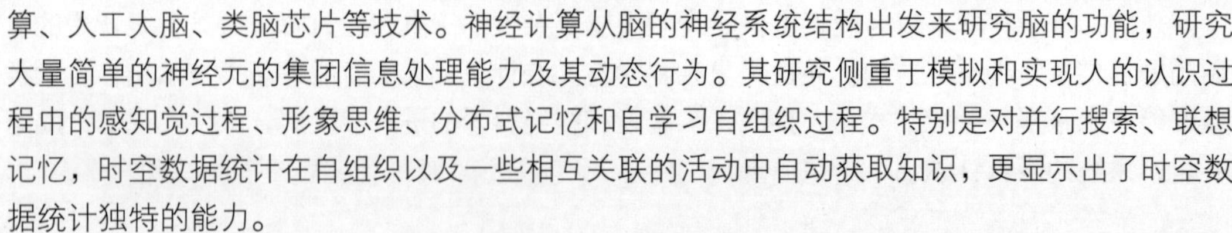

算、人工大脑、类脑芯片等技术。神经计算从脑的神经系统结构出发来研究脑的功能，研究大量简单的神经元的集团信息处理能力及其动态行为。其研究侧重于模拟和实现人的认识过程中的感知觉过程、形象思维、分布式记忆和自学习自组织过程。特别是对并行搜索、联想记忆，时空数据统计在自组织以及一些相互关联的活动中自动获取知识，更显示出了时空数据统计独特的能力。

神经科学研究提供有关人类大脑如何工作以及神经元如何响应特定事件的信息，这使人工智能科学家能够开发编程模型，使其像人脑一样工作。这方面深度学习和强化学习就是两个很好的例子。

值得一提的是，心理学家和神经学家利用人工智能提出了各种影响深远的心智一大脑模型，如“大脑的运作方式”和“这个大脑在做什么”的模型。这两个问题不一样，但都十分重要。还有一些问题尚未回答，因为人工智能本身已经告诉我们：心智内容十分丰富，远远超出了心理学家们先前的猜想。

学习在脑内如何发生，是神经生物学的核心问题之一。学习导致神经系统结构和功能上的精细修饰，形成记忆痕迹。揭示学习的神经机制，对理解人类智力的本质具有重大意义。对人类意识的产生、记忆存储及检索原理、注意力机制等的神经科学研究同样对人工智能有深远影响。比如，许多深度学习模型借鉴人类注意力机制，这些模型在图像处理方面的性能相比没有引入注意力机制的模型更优越。

2. 心理学

心理学主要研究人类心理过程。心理学中与智能研究相关的主要是认知心理学。广义来讲，与人的认识相关的问题都在认知心理学的研究范围内。狭义来讲，认知心理学主要指与信息加工相关的心理学，它将人的认知类比为计算机，希望从信息的接收、编码、处理、存储、检索的角度来研究人的感知、记忆、控制和反应等系统。人们对客观外界的知觉、记忆、思考等一系列认知过程，可以看成对信息的产生、接收和传送的过程。认知心理学更关心信息的结构本质。认知心理学和人工智能都把人看作和计算机相似的信息处理系统，这种思想的发展促成了认知科学的产生。

心理学所发展的许多关于智能的理论对于人工智能发展类人智能技术很有启发意义。心理学是一门研究人类和动物的心理现象（包括认知、情绪和动机、能力和人格三大方面）及其对行为的影响的科学。现代心理学研究精神与大脑的相互影响，也研究各种人类活动场景中心理学知识的运用。

符号主义和行为主义实际上都代表了最基本的心理学理论：逻辑推理心智研究与行为主义心理学。行为主义侧重通过试验来验证理论猜想，而符号主义则侧重于建立完整的公理系统。联结主义的代表是以神经网络模型为代表的神经计算，可以认为其与心理学关系最小。因此心理学及由其衍生的心智哲学等可以认为是人工智能的基础支撑理论之一，比如，目前人工智能领域的很多强化学习理论都直接来源于心理学。

事实上，多数人工智能研究并不关注心智的运作方式，一般只注重技术效率。即使我们已经知道人工智能技术实际上起源于心理学，但现在其与心理学的联系却很少。人类要想在强人工智能或类人机器智能方面取得进步，尚需要加深对心智的计算架构的理解。

人工智能对心理学的发展有一定影响。人工智能作为一种基础技术和工具，从中产生的一些成果其实可以应用于心理学。比如一些仿真算法和理论的建立，可以为心理学提供试验环境和分析工具。研究有关心智推理、实验心理学、行为主义、认知科学等的理论和知识，将为人工智能的研究打下良好的理论基础。

3. 认知科学

认知是与情感、动机和意志相对的理智或认识过程，指为了实现特定目的，在心理结构中进行的信息加工活动。认知科学也称为思维科学，是研究人类如何感知、处理和理解信息的学科，其核心目标是说明和解释人在认知活动中如何进行信息加工。认知科学不仅是人工智能的重要理论基础，也对人工智能的发展起着关键性的作用。通过探索人类智力如何从物质产生，以及人脑的信息处理过程，认知科学为人工智能的发展提供了深刻的洞见。

认知科学的研究对象十分广泛，涵盖从知觉、语言、学习、记忆、思维、推理到创造、注意、想象、动作、意识，甚至包括情感和动机等多层次的认知活动。这些认知活动并非孤立存在，它们会受到环境、社会、文化背景等多种外在因素的影响。因此，认知科学不仅关注大脑如何处理信息，还试图理解在特定背景下，个体如何运用这些认知功能以应对复杂的现实问题。

知觉是认知科学的基础领域，它关乎外部物理世界中的信息如何被大脑转换为心理学上的知觉意义。知觉研究的基本问题包括知觉信息从哪里开始，外在物理世界中的哪些变量具有心理学上的知觉意义，作为知觉的计算模型，它所计算的对象是什么。这些问题的解答构成了进一步研究高层次认知过程的基础。理解知觉是信息处理的起点，这对于其他认知活动（如记忆和推理）的研究同样至关重要。

从认知的角度来看，人工智能在逻辑思维、形象思维以及灵感思维等方面取得突破，离不开对大脑、认知以及神经科学的深入研究。近年来，神经生理学和脑科学的研究表明，大脑的感知区域，如视觉、听觉和运动相关的皮层区，不仅仅是输入和输出通道，它们还直接参与了思维的过程。传统上认为的认知活动仅由大脑的某些特定区域负责的观念正在被逐渐打破，取而代之的是更加动态、网络化的脑功能理解。感知过程不再被看作被动的信号接收器，而是智能活动不可或缺的一部分。

这种理解对人工智能的发展具有深远意义。过去，智能被简单定义为运用知识和推理来解决问题的能力，主要聚焦于大脑的理性推理功能。而如今，智能的定义更加广泛，它不仅包括复杂的知识应用和推理能力，还包括通过感知通道获取信息、整合感知经验来引导决策和行动的能力。这一转变意味着，人工智能不仅要具备运用知识和解决问题的能力，还必须在感知和行动中表现出适应性和灵活性。

此外，近年来的研究也揭示了大脑中不同感知区域与认知活动的紧密联系。例如，视觉皮层不仅仅处理图像信息，还与某些推理活动相关联。听觉皮层不仅接收声音信号，还可能在语言理解和语义推理中起作用。这表明，认知与感知并非完全独立的过程，二者密切交织在一起。

因此，认知科学与神经科学的进步对于人工智能未来的发展至关重要。通过研究大脑如何进行感知、认知、推理和决策等，人们可以借鉴这些生物机制，开发出更加接近人类智能的系统。这种跨学科的结合，将进一步推动人工智能在逻辑思维、创造性思维和感知智能等方面的发展。未来的人工智能系统可能不仅能够解决复杂的逻辑问题，还能够通过模拟人类的感知和情感进行更加灵活和智能的决策。

4. 生物学

人工智能不仅在技术创新方面不断带来新突破，还对生命科学产生了深远的影响。人工智能技术能够通过计算机模型对科学理论进行检验，帮助验证这些理论是否清晰连贯，甚至能生动地展示其潜在含义，尤其是那些尚未被完全理解的理论。虽然理论的正确性可能需要更多的证据来支持，但即便发现某个理论是错误的，这些结果仍然能启发新的思考和研究方向。因此，人工智能在推动科学发现方面具有重要意义。

生物学对于人工智能的发展提供了基础性的启发，尤其在大脑的运作原理、生命体的发育过程以及生物进化方面，生物学为人工智能的理论和技术进步提供了宝贵的借鉴。例如，人工智能早期发展的遗传算法就是受到生物进化论和遗传学的启发设计出的一类启发式优化算法。遗传算法模仿了生物进化过程中的选择、变异和交叉等机制，逐步优化解决方案。这种算法不仅是对生物进化过程的数学仿真，也是一种寻找最优解的有效工具。

此外，人工智能研究对理解生命本质也起到了推动作用。早期的细胞自动机和自组织方法的研究，不仅对人工智能有所启发，对生物学来说同样具有重大意义。通过模拟细胞和生物体的行为，科学家们可以更深入地研究生物系统的自组织特性、适应性和进化过程。这些研究不仅拓展了人工智能的应用领域，也为理解生命系统提供了新的思路和方法。

生物学作为一门自然科学，展现了科学存在的多样性，证明了科学不仅限于物理学的领域。生物学的研究层次涵盖从个体到器官、从器官到组织、从组织到细胞、从细胞到分子的不同层面。尽管这些层次表现出复杂的结构和功能关联，但仍然存在一个关键问题：生物学是否具有还原性？换句话说，生物系统能否通过物理和化学的基本原理完全解释？目前，生物学尚未能够揭示如何从头制造出生命，科学家们需要进一步研究生命与智能的物理过程。

在这个背景下，生物学对于人工智能的发展极为重要。通过研究大脑的运作原理、生物进化机制，以及其他生物系统的功能，人工智能领域的研究者们能够更好地模拟和设计智能系统。这种跨学科的借鉴不仅有助于我们开发更智能的算法，还可能为未来硅基生命体的产生提供理论基础。随着技术的发展，人工智能的前景不仅局限于模仿人类智能，它甚至可能引领我们探索如何创造基于芯片的硅基生命形式，这是生物学与人工智能交叉领域中一个激动人心的前沿课题。

4.2.4 第四类：与人工智能有关的工程技术学科

第四类是与人工智能有关的工程技术学科，主要包括计算机科学、控制科学、电子科学、机械科学等。这些学科是实现人工智能的工程技术基础，人工智能与这些学科结合，可以衍生出新的学科方向，比如控制科学在 20 世纪 80 年代与人工智能结合，形成了智能控制这一分支。人工智能的发展需要这些学科的支持，其研究结果也可以应用到这些学科中，以推动、促进相关学科领域的进步和发展。

1. 计算机科学

迄今为止，计算机科学与技术无疑是实践和实现人工智能的主要学科。研究人员通过计算机来验证多种使机器具备类人思维的方法、理论和算法，这些验证依赖于计算机强大的计算能力和灵活的编程架构。计算机科学不仅提供了广泛的理论基础，还通过丰富的实践手段和技术工具，推动了人工智能技术的发展和应用。

在人工智能的发展过程中，计算机科学扮演了最直接的工程技术学科的角色。研究人员编写人工智能程序代码、设计算法并优化模型，进而实现智能系统。通过计算机，人工智能的许多理论得以验证和实现，算法得以应用到实际问题的解决中。计算机科学为人工智能研究人员提供了所需的工具链，包括编程语言、开发框架、计算资源和数据处理平台等，使人工智能可以被实际应用。

到目前为止，人工智能技术基本上都是基于冯·诺依曼结构的计算机发展而来的。冯·诺依曼结构的计算机以其通用性、灵活性和高效性，成为人工智能发展的主要载体。与此同时，心智计算理论和认知科学也常常将人脑与计算机进行类比，试图通过模拟大脑的工作机制来理解和构建智能系统。人工智能领域中的许多研究，尤其是早期的符号主义人工智能研究，正是基于这种类比来进行理论建构的。

近年来，深度学习技术的爆发性发展再次印证了计算机在人工智能领域中的关键作用。深度学习算法依赖于丰富的计算资源和强大的大规模数据处理能力，而这些都与计算机及其相关的网络技术密不可分。随着计算机硬件的进步（如 GPU 和 TPU 的广泛应用）和软件框架的优化，深度学习在图像识别、自然语言处理、自动驾驶等领域取得了显著的突破。

展望未来，随着计算机科学的不断发展，一系列新型的计算技术将推动人工智能的进一步进化。量子计算机、生物计算机、类脑计算机等新型计算机架构的出现，将为人工智能提供新的计算范式和更强大的计算能力。例如，量子计算机凭借其并行计算能力，能够在某些问题上大幅提升计算效率，为复杂优化问题的解决和大数据处理带来了新的可能。类脑计算机试图模拟大脑的神经网络结构与工作方式，推动基于神经元模型的智能系统发展。生物计算机则利用生物分子（如 DNA 等）进行信息存储和处理，带来了全新的计算方式。

这些新型计算机架构的出现，不仅会提高人工智能的计算能力，还可能彻底改变现有的人工智能技术框架，带来新的算法和应用场景。最终，它们有望帮助人类实现关于人工智能的远大理想，开发出更加接近人类智能，具备学习能力、自适应能力和创造力的智能系统。

2. 控制科学

控制科学是研究人类、动物和机器之间的工作控制及其相互沟通的科学，它涉及如何通过反馈、调节和优化来实现复杂系统的控制。控制科学的核心目标是确保系统能够在变化的环境中稳定运行，并达到预期目标。智能控制技术是在向人脑学习的过程中逐步发展起来的，人脑被视为超复杂的控制系统，具备实时推理、决策、学习和记忆等功能，能够适应各种复杂的环境。这种类脑智能控制系统为智能技术，尤其是智能控制技术，提供了重要启发。

在人工智能发展的早期，控制论学派对其产生了深远影响。由诺伯特·威纳（Norbert Wiener）创立的控制论，强调通过反馈控制系统来理解信息处理和控制过程，特别是在人类与机器的交互中，控制论提出了关于人机协同、人机融合的基础理论。控制论不仅提供了一种研究复杂系统如何调节和自我调控的框架，也为人工智能的发展奠定了重要的理论基础。通过引入反馈机制和信息流的概念，控制论为早期人工智能研究者提供了一个探索如何使机器智能化的模型。

现代控制科学中的智能控制深受人工智能技术的影响。智能控制不仅仅依赖于传统的数学建模和控制理论，还结合了人工智能中的学习算法和适应机制，使控制系统能够在面对复杂、非线性和不确定的环境时表现出更高的灵活性和自适应性。例如，模糊控制、神经网络控制、强化学习等技术的引入，使智能控制系统在无人驾驶、机器人控制、自动化制造等领域有了广泛应用。通过模拟人脑的学习和决策机制，智能控制系统可以自主优化控制策略，并应对不同环境中的复杂情况。

从控制科学的角度来看，理解人类智能与身体之间的关系对于发展人工智能系统，尤其是智能机器人，具有重要的指导意义。人脑可以看作一个高度智能的控制系统，它通过感知环境、处理信息、生成行为等过程，协调身体的动作以完成特定任务。这种基于感知—处理—行动的反馈回路与控制科学中的闭环控制系统有着类似的结构。通过借鉴人脑的工作机制，智能控制系统可以被设计为具有自学习、自适应和动态调整功能，能够处理复杂环境中的不确定性，并根据实时信息进行调整。

智能机器人的设计需要解决如何将智能嵌入物理实体中的问题，使其能够像人类一样在复杂环境中进行控制和决策。通过控制科学的理论指导，研究人员可以更好地将智能算法和控制策略结合起来，使机器人不仅能通过算法做出决策，还能通过物理反馈感知环境变化并做出相应反应。例如，在机器人运动控制中，通过智能控制系统，机器人能够实时调整自身动作，以应对地形变化、障碍物等复杂情况，从而更好地完成任务。

3. 电子科学

电子科学在发展新型电子计算机、嵌入式计算系统、可穿戴设备以及计算机等支撑人工智能算法和软件的硬件技术中具有基础性作用。电子科学不仅提供了构建计算设备的基础技术，还通过结合物理学原理，为未来新型机器智能平台和硬件环境的开发奠定了理论与实践基础。人工智能技术逐步走向更高效、更复杂的阶段，电子科学将继续在硬件层面为这些智能系统的计算需求提供支持。

随着人工智能的发展，与其相关的工程技术学科远不止计算机科学和电子科学。在人工智能逐步扩展应用的过程中，越来越多的工程学科将与人工智能技术相结合，从而推动新的技术突破。例如，智能系统需要更多依赖于硬件与软件的协同优化，不仅需要具备高效的计算能力，还需要硬件能够适应更灵活的算法需求，这也促使电子科学不断创新，以支持新一代的智能设备和系统。

随着人工智能的深入发展，未来可能会诞生全新的工科学科。例如，混合智能技术结合了人类智能和机器智能，可能会促成人机融合学和超人类学等新兴学科的诞生。人机融合学可能研究如何通过智能系统增强人类能力，尤其是在生物技术和电子技术相结合的领域，而超人类学则探讨人类如何借助技术超越自然生理限制。

与此同时，随着对机器智能的深入研究，可能会出现如智能机器学或机器生命学等学科。智能机器学可能专注于研究如何设计和制造具备高智能、自适应性和学习能力的机器系统，而机器生命学则可能探索如何通过智能技术和生物技术的结合来模拟或创造类生命体的机器。这些全新的学科不仅代表了工程技术领域的新发展，也体现了人工智能与其他前沿科学技术的深度融合。

4.2.5 第五类与第六类：与人工智能交叉融合的非工学类学科

第五类学科是指与人工智能交叉融合的非工学类学科，涵盖医学、管理学、社会学、教育学、法学、艺术、金融等多个领域。人工智能与这些传统学科的结合，不仅推动了各领域的发展，还激发了新的理论和思想。这种融合将有助于重新定义和重塑传统学科，产生一系列革命性的创新。

人工智能的交叉学科研究计划将可能引发全球经济的新一轮变革，涵盖制造业、农业、教育等传统领域，同时扩展到艺术、人文、法律、媒体等更广泛的领域。这些融合所带来的技术进步将推动整个社会发生深远的变革，形成技术爆发的“奇点”。可以预见，人工智能在未来十年对社会的影响将远超过去几十年中计算机和互联网所带来的改变。这不仅将激发新的世界观和创造力，还将重构和颠覆人类的生活方式、学习方式、思维方式以及社会文化的发展模式和科学研究的方式。

第六类学科则是在人工智能与非工学类学科交叉融合的基础上，衍生出的一系列新兴学科或领域。例如，法学、管理学、医学、社会学、艺术等都将受到人工智能的影响，甚至被颠覆。这些新兴学科（见图 4.3）将为各领域带来新的理论和技术，推动学术界和产业界的创新。

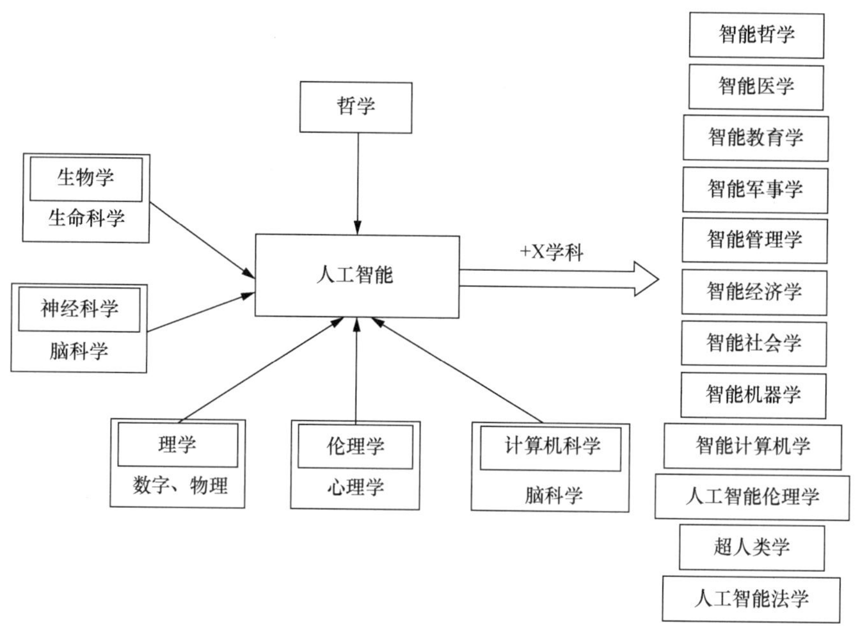

图 4.3　人工智能与非工学类学科交叉融合后衍生出的新学科或领域

人工智能与医学的结合已经催生出了智能医学。通过智能医学图像处理、医疗大数据分析等技术，人工智能能够辅助医生做出更准确的诊断，并推动精准医疗的发展。

智能社会学可以通过人工智能的理论和方法，分析社会的各个层面，帮助人们理解并解决复杂的社会问题，带来社会学研究的新视角。

智能教育学将通过人工智能技术革新教育的理论、方法和工具，智能教学系统、个性化学习平台等将让教育更加高效和具有针对性。

人工智能法学是一个新的学科分支，它将研究人与机器智能之间的复杂关系，并从法律角度对这些关系进行规范，发展出新的法律理论。随着人工智能在社会中的应用逐渐深入，相关的法律问题将成为法学研究的焦点。

智能管理学将颠覆传统的企业管理模式，通过人工智能和大数据的应用，企业将能更好地优化决策流程、管理资源，并提升企业运营效率。

此外，其他可能出现的新兴学科还包括智能军事学、智能艺术学、智能文化学等。这些学科的崛起意味着某些传统学科或将逐渐被取代，部分传统行业和职业也将会逐渐消失，与此同时，新的行业和职业将诞生。面对这些变革，现有的学科体系和人才培养模式必须做出相应调整，以适应未来智能时代的需求。

4.3　本章小结

从学科分布来看，从哲学、人文、社会科学到自然科学、工程技术，几乎所有的学科都介入了人工智能。人工智能是一个建立在非常广泛的学科交叉研究基础上的综合性学科，它的发展需要这些学科的支持，其研究结果也可以应用到这些学科中去，以推动、促进相关学科领域的进步和发展。未来，国内外一流大学的人工智能交叉学科研究计划将可能激发全球经济领域的新型人工智能应用，从制造业、农业、教育等领域到艺术、人文、法律、媒体等领域，其巨大潜力将推动科技的快速进步，形成技术爆发的“奇点”。

习题

1．如何理解多学科交叉对于人工智能发展的意义？

2．人工智能多学科交叉可以从哪几个层次理解？不同层次对于人工智能理论和技术的发展有什么作用？

3．查阅有关资料，试分析人工智能与传统学科交叉融合产生的新的学科方向，且其对未来人工智能的发展、专业人才的培养、传统学科和人才培养模式将产生什么影响。

05 机器智能

学习导言

随着电子计算机的效率越来越高，人工智能算法也越来越复杂，这使得电子计算机能够利用算法处理海量数据或大数据。深度神经网络算法结合高效的计算能力，可以处理海量的图像、文本、声音等数据，机器展示出了独特的智能性，甚至远远超越了人类在某方面的智能。因此，机器智能已经成为与人类智能相对的一种非自然进化的智能形态。机器智能可以推动人工智能和自然智能的研究和发展，更重要的是，机器智能可以提高人类智能的性能水平，从而使人类更好地认识和适应世界。

本章主要从机器智能的研究和实现角度，介绍感知智能、认知智能、语言智能、行为智能、类脑智能、混合智能等内容，这也是目前人工智能的重点研究方向和领域。

5.1 机器感知智能

5.1.1 动物感知智能与机器感知智能

1. 动物感知智能

大自然是最伟大的创造者，在漫长的进化过程中，动物形成了各具特色的感知系统，展现出了令人惊叹的智能特征。从鹰隼的超高分辨率视觉到蝙蝠的声波定位，从犬类的灵敏嗅觉到鲨鱼的电场感应，每一种感知能力都是针对特定生存环境的精妙适应。这些感知系统不仅准确度高，而且极其高效，往往能用最小的能耗实现最佳效果。生物感知系统的另一个显著特点是惊人的适应性，能够根据环境变化实时调整灵敏度和处理策略，这种自适应能力远超当前的人工系统。

更令人称奇的是，许多动物能够将多种感知通道自然融合，形成立体的环境认知。比如章鱼不仅具有优秀的视觉，其分布在触手上的感受器还能同时处理触觉、化学和温度等信息，形成独特的分布式智能。鲨鱼则将侧线感应、电场探测和嗅觉等多重感知无缝整合，即使在浑浊的水域也能精确捕获猎物。蜜蜂虽然体型微小，却拥有复杂的导航系统，能够整合太阳位置、偏振光模式和地球磁场等多种信息，实现精确的定位和返航。

在信息处理方面，动物的神经系统展现出了惊人的并行计算能力。例如，人类视觉系统能同时处理颜色、形状、运动等多个维度的信息，这种并行处理机制极大地提升了信息处理效率。蝙蝠在飞行捕食时，需要实时处理大量回声信息，其听觉系统能够快速分析声波的频率、强度、时间差等特征，这种强大的信息处理能力仍然超越了当前最先进的声呐系统。

这些自然界的感知奇迹，为人工智能的发展提供了宝贵启示。它告诉我们，真正的智能应当是多模态、自适应且高效的，这也正是当前人工智能系统努力追求的目标。研究和借鉴动物的感知系统，不仅能帮助我们理解生物智能的本质，也为开发新一代人工智能技术指明了方向。未来的人工智能系统应该更多地吸收生物感知的优秀特征，如低能耗、高适应性、多模态融合等，从而实现更智能、更自然的环境感知与交互。

2. 机器感知智能

机器感知智能是以传感器、计算机等为基础，通过模拟人或动物的视觉、听觉、触觉等形成的。将物理世界的信号通过摄像头、麦克风或者其他传感器等硬件设备，借助语音识别、图像识别等前沿技术，映射到数字世界，再将这些数字信息进一步提升至可认知的层次。

机器视觉可能是机器智能最强大的感官，这要归功于可以收集更多光线的精密相机和光学镜头。虽然这些相机中有许多都经过有意调整以复制人眼对颜色的反应方式，但特殊相机可以拾取更广泛的颜色，包括人眼看不到的颜色。例如，红外传感器通常用于搜索房屋中的热泄漏。摄像头对光线强度的细微变化也更加敏感，因此计算机可能比人类更能感知细微变化。例如，摄像头可以捕捉到血液流过面部毛细血管时出现的细微潮红，从而追踪人的心跳。

预估声音将是下一个最成功的机器感知类型。麦克风很小，通常比人耳更灵敏，它可以检测到人耳能够听到的范围之外的频率，使计算机能够听到人类无法听到的声音。麦克风也可以阵列的形式放置，计算机同时跟踪多个麦克风，使其能够比人类更准确地估计声源的位置。计算机可以感知触觉，如手机和笔记本电脑上的触摸屏或触摸板可以非常精确地检测到手指的动作。开发人员还努力让这些传感器检测触摸长度的差异，这样长按或短按等动作就可以具有不同的含义。

机器感知开发人员不太常处理嗅觉和味觉问题，很少有传感器试图模仿这些人类感官，也许是因为这些感官基于复杂的化学反应。不过，在一些实验室中，研究人员已经能够将这些过程分解成足够小的步骤，使一些人工智能算法可以开始闻或尝。

感知智能的发展经历了以下几个阶段。

（1）传统传感技术阶段（20 世纪 50 年代到 80 年代）。

这个阶段主要通过传感器将信息转换为电信号或其他信号，以实现最基础的数据采集功能。但是这个阶段的传感器无法识别和自处理无效数据，应用范围有限。

（2）智能传感技术阶段（20 世纪 80 年代至今）。

这个阶段在传统传感器的基础上加入了微型处理器，使传感器具备了采集、处理、交换信息的能力。与传统的传感器相比，智能传感终端可以通过软件技术实现高精度的信息采集，具有一定的编程自动化能力，成本低且功能多样。

（3）智能感知技术阶段（2020 年前后至今）。

这个阶段在智能传感技术的基础上，搭载了不同量级的边缘计算能力与云计算能力，提高了环境感知的准确性，能够更精准地判断突发情况的类型和产生的原因，并且能够对类似的突发情况做出事前预判和事后决策。

感知智能可以帮助机器人根据所携带的传感器对所处环境进行信息获取，提取到环境中有效的特征信息后对其加以处理，最终通过建立所在环境的模型来表达所在环境的信息。感知智能是人工智能与现实世界交互的基础和关键，是人工智能服务于工业社会的重要桥梁。它对信息进行的智能化感知及测量，将有助于人工智能对信息进行识别、判断、预测和决策，对不确定信息进行整理挖掘，从而实现高效的信息感知，使物理系统更加智能。智能感知涉及诸多工程领域，如海洋船舶、航空航天、土木建筑、生物化学等，这些领域都离不开对信息的智能感知和处理。

5.1.2 机器视觉智能

人的视觉感知过程基于一个重要的理论（即特征整合理论）和两种机制（即自下而上的机制和自上而下的机制）。特征整合理论认为，视觉注意机制的作用是把目标的各种属性以一种恰当的方式整合在一起，从而形成目标雏形。也有专家认为，在视觉注意的初期，输入信息被拆分为颜色、亮度、方位、大小等特征并分别进行平行的加工，在这一过程中并不存在视觉注意机制，视网膜平行地处理各种特征；在此之后，各种特征将会逐步整合，整个整合过程需要视觉注意的参与，最终形成显著性图。这种解释接近现代的深度神经网络识别图像的过程。

机器视觉智能是机器以计算机视觉为基础形成的视觉智能。从目标角度看，计算机视觉用各种成像系统代替视觉器官作为输入敏感手段，由计算机通过各种图像处理方法来代替大脑完成处理和解释，是对包括人类视觉在内的生物视觉的一种模拟。计算机视觉的最终研究目标是使计算机具有通过二维图像认知三维环境信息的能力，从而能像人那样通过视觉观察和理解世界，具有自主适应环境的能力，这是一个要经过长期的努力才能实现的目标。因此，在实现最终目标以前，人们努力的中期目标是建立一种视觉系统，这个系统能依据视觉敏感和反馈的某种程度的智能完成一些任务。例如，计算机视觉的一个重要应用领域就是自主车辆的视觉导航，目前还没有条件实现像人那样识别和理解任何环境，完成自主导航的系统。因此，人们的目标是实现在高速公路上具有道路跟踪能力，可避免与其他车辆碰撞的视觉辅助驾驶系统。

机器视觉感知智能是受到人类视觉启发的，但在实际发展和应用中，机器已经形成了不同于人类视觉的视觉智能，与人类视觉的最大区别在于机器视觉并不局限于二维可见光，而是利用各种光学传感器，探测三维高分辨率光、红外线、紫外线、多光谱、激光等人眼无法处理的光学及图像信息。实际上，机器已经发展出不同于人类的视觉感知智能。

CNN 作为一种重要的深度神经网络，受到了生物视觉系统的启发，将生物神经元之间的局部连接关系（局部感受野）以及信息处理的层级结构应用到计算模型中：当具有相同参数的神经元应用到前一层的不同位置时，可以获取具有某种不变性的特征。

1981 年的诺贝尔生理学或医学奖获得者戴维・胡贝尔（David Hubel）和托尔斯滕・威塞尔（Torsten Wiesel）发现了视觉系统的信息处理机制，一种被称为方向选择性细胞的神经元细胞，当瞳孔发现眼前物体的边缘，而且这个边缘指向某个方向时，这种神经元细胞就会活跃。人脑视觉机理（即人的视觉系统的信息处理）是分级的，因此，将高层的特征看作是低层特征的组合，从低层到高层的特征就会表示得越来越抽象，并且越来越能表现语义或者意图。抽象层面越高，存在的可能猜测就越少，越利于分类。这就是深度学习超越传统方法的根本原因。

深度卷积神经网络的感受野在从低层到高层的过程中逐渐扩大。在 V1 区，模型经历了感受野的扩展，模拟了边缘特征的提取；随后，V2 区捕捉到了形状或目标的部分特征；在更高层的区域如 V4、IT 区，则整合了这些低层特征，形成了更抽象的表征。研究者详细对比了深度神经网络的高层与灵长类动物 IT 区在物体识别任务中的关系，发现深度卷积神经网络的高层能够很好地反映出 IT 区的物体识别特性，证实了深度神经网络与生物视觉系统在某种程度上的相似性。

近些年，基于深度神经网络的机器感知智能在人脸识别、行为识别、图像分类、图像检测、图像识别等方面均取得了惊人的效果，包括人脸识别在内的系统已大规模推广应用。这是传统机器学习方法所无法比拟的。

感知智能通过模拟和扩展人类的感知能力，在自动驾驶、智能机器人、智能家居、医疗健康、互动游戏和智能监控等多个领域发挥着重要作用。这些应用场景展示了感知智能在提升技术水平和用户体验方面的巨大潜力。

以汽车智能驾驶为例，汽车智能驾驶感知系统是汽车的“眼睛”和“耳朵”，负责对汽车所处环境进行侦测，构成了汽车系统感知层，并为高级辅助驾驶系统的决策层提供准确、及时、充分的依据，进而由执行层对汽车安全行驶做出准确判断。汽车智能驾驶感知系统在汽车中的具体应用如图 5.1 所示。

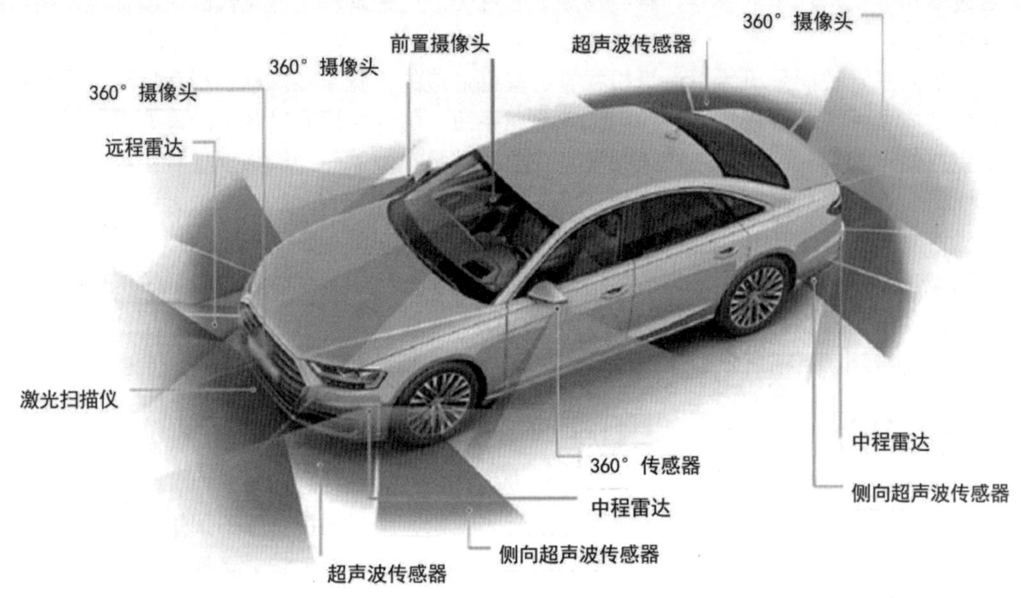

图 5.1　汽车智能驾驶感知系统

如表 5.1 所示，目前市场上主流的汽车智能驾驶感知系统包括视觉感知、超声波感知、毫米波感知、激光感知等类型。

表 5.1　汽车智能驾驶感知系统类型

类型	优点	缺点	适用场景	受限场景
视觉感知	物体分类清晰、边缘精度高、可识别车道线跟踪、技术成熟度高、成本低	抗恶劣气象条件干扰差、精准测距算法难度大	中近距离	强逆光、致盲
超声波感知	测距精度高、技术成熟度高、成本低	探测距离短、无法做物体分类	近距离	强雨雪天气
毫米波感知	探测精度高、不受物体形状和颜色影响、受天气影响小	无法做物体分类	短距离、中远距离	无
激光感知	探测精度高、测距时间短	技术不成熟、成本高昂	中远距离	高度反光物体、浓雾、雨雪

高级驾驶辅助系统（Advanced Driving Assistance System，ADAS）主要包括环境感知（感知层）、计算分析（决策层）、控制执行（执行层）三大模块，其中环境感知模块为计算分析模块提供基础数据来源，计算分析模块的计算分析结果为控制执行模块提供指令依据，如图 5.2 所示。

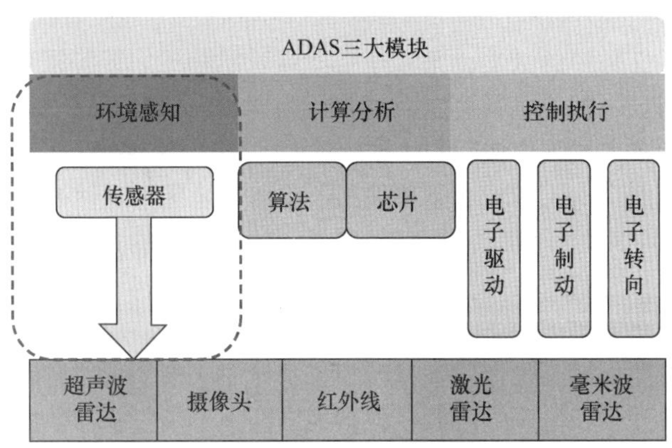

图 5.2　ADAS 三大模块

ADAS 是一个主动安全功能集成控制系统，利用超声波雷达系统、车载摄像系统、车载信息系统等各类电子部件以及多种算法和技术，分析汽车周遭环境，进行静态、动态物体的识别、跟踪，在碰撞或其他危险发生前就发出警报，使驾驶者提前觉察可能发生的危险。ADAS 利用 ARM、DSP、EVE 等处理器处理相关数据，再通过执行器改变汽车的行驶状态，或者将信息反馈给驾驶者，从而提升汽车驾驶的安全性和舒适性。

5.2　机器认知智能

5.2.1　人的心智与机器认知

人工智能目前仅能在神经、语言、思维等较低层次上模仿人类智能。尽管在某些特定任务中，人工智能确实已经超越了人类水平，但总体上，人工智能在更高层面的智能表现上仍然逊于人类。特别是在涉及高阶认知的层面，如语言、思维和文化等方面，人工智能与人类智能的差距依然明显。在这一层面，人工智能与人类智能的运作方式有着根本性的不同。

当前，人工智能在监督学习和数据处理方面展现出强大的能力，尤其是在处理大量数据并从中提取规律方面，例如在计算机视觉、语音识别、机器翻译等感知智能领域，人工智能的表现已经接近或超越了人类。然而，这些成就主要停留在感知层面，即通过对大量数据进行归纳总结来识别模式或进行分类，还并未真正触及更高层次的认知和推理。

高阶认知（如对语言的深层理解、逻辑推理、复杂决策和对文化背景的理解）依赖于人类所具备的广泛的背景知识和对世界的深刻认识。人工智能在这些层面仍然存在显著局限。例如，当前的人工智能系统擅长处理结构化数据和执行特定的任务，但它们并不具备理性认识能力，即逻辑推理和有意识地理解世界的能力。机器的推理能力更多依赖于算法和数据训练，而不是基于经验、常识和背景知识进行综合判断。

这一差异尤其体现在上下文理解和复杂背景知识的应用上。尽管人工智能可以在大量数据中找到相关性，并基于这些相关性做出反应，但它缺乏真正理解这些数据背后复杂含义的能力。例如，在处理语言任务时，人工智能可以通过大量的语料库保证语法的正确性，但在理解深层语义、文脉变化或隐含意义方面仍然远不如人类。在文化层面上，人工智能也无法理解复杂的社会、历史和情感背景，因此它无法像人类那样对语言与文化产生深刻共鸣或产生创新性的思维。

人工智能在特定任务中的成功，尤其是在计算智能和感知智能领域，揭示了机器智能在某些方面的独特优势。例如，机器可以通过并行处理超大规模数据进行快速计算，并且能够在图像识别和数据模式的发现方面超越人类。然而，越是高层级的认知活动，例如抽象思维、情感推理和创造性思维，人工智能越是表现出不足。这是因为这些高层级的认知活动依赖于复杂的认知模型和长期经验积累，而不仅仅是基于输入输出的关联。

综上所述，尽管人工智能在一些特定领域（如感知智能和计算任务）表现卓越，但在更复杂的认知与推理层面上仍远逊于人类。特别是在涉及语言、思维、文化和复杂推理等高阶认知的领域，人工智能仍然无法与人类智能相提并论。未来的人工智能若要进一步接近或超越人类智能，必须在理解和推理的层面上取得突破，而不仅仅是在数据处理和模式识别的层面上不断提升。

5.2.2 机器认知智能

机器认知智能指的是模拟人类高级智能行为的能力，包括记忆、学习、推理、规划、决策、意图和动机等。其核心在于辨识、思考和主动学习。辨识能力使机器能够基于已有知识进行判断和感知，思考涉及如何运用知识进行推理和决策，主动学习则强调自主化地学习和运用知识。机器认知智能描述了智能体在现实环境中处理复杂事务和情况的能力，特别是理解数据元素间的关系，以及通过逻辑分析和推理做出响应的能力。

随着深度学习技术的快速发展，机器智能在语音识别、图像识别等感知智能领域的表现已接近甚至超越人类水平。然而，尽管这些技术在感知层面取得了巨大进步，但在需要复杂背景知识和上下文理解的认知任务中，机器智能仍与人类有显著差距。当前的人工智能主要模拟人类的听觉和视觉等感知能力，但对于推理、规划和创作等复杂认知任务的处理能力还远不及人类。

认知智能尤为关注如何让计算机系统具备类似人类的高级认知功能，如推理、规划、学习和问题解决。现代的认知智能技术包括知识图谱、因果推理、神经符号融合系统等，通过这些技术，机器可以更有效地模拟人类的认知过程。知识推理过程如图 5.3 所示。知识图谱通过网络结构来表示实体及其关系，为自然语言理解和常识推理提供了基础。因果推理则关注理解事物间的因果关系，而不仅仅是相关性，帮助机器做出解释和推理。

机器认知智能的研究也推动了新兴领域的发展。比如，多模态学习通过整合视觉、听觉、触觉等不同模态的信息，使机器拥有更全面的认知能力。随着大规模预训练模型的发展，机器的语言理解和生成能力得到了显著提升，展现出一定的推理能力，这为进一步增强机器的认知能力带来了新机遇。

然而，当前的认知智能技术仍面临挑战。深度学习虽然在感知层面取得了巨大进展，但在需要推理、规划和抽象思维的任务中仍显不足。研究者们正在探索将符号主义与深度学习相结合的方式，以发挥神经网络的表示学习能力与符号系统的精确推理能力。常识推理也是一大难题，让机器掌握并运用人类日常生活中的常识知识是认知智能的重要研究方向。

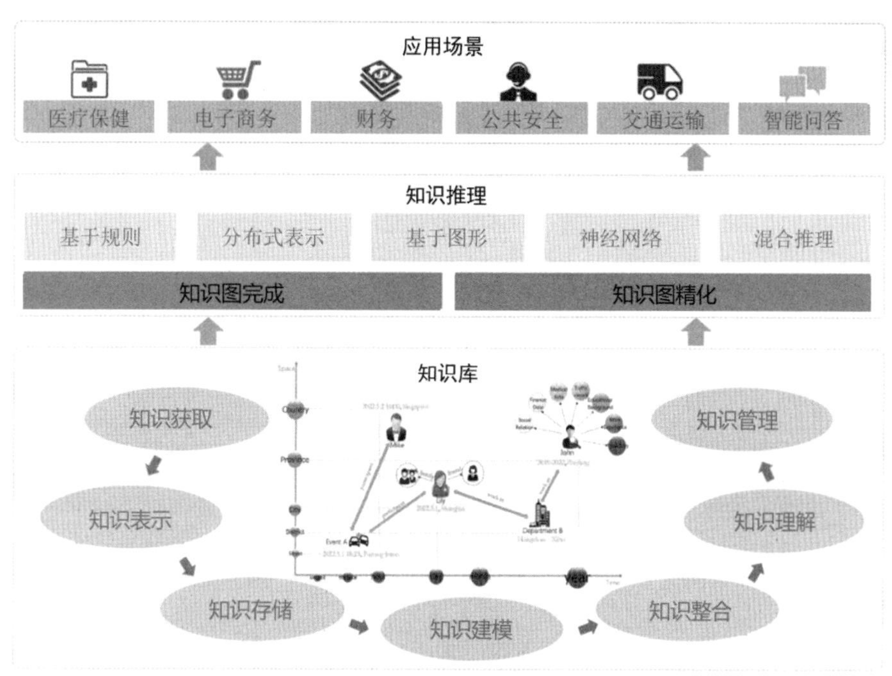

图 5.3　知识推理过程

5.3　机器博弈智能

5.3.1　人类博弈与机器博弈

1. 人类博弈

人类博弈是智慧和策略的交锋，体现了人类独特的思维方式和决策能力。它不仅是一种对抗，更是一种智慧的交流与碰撞。在博弈过程中，人类展现出以下独特特征。

首先是直觉性思维。人类棋手能够基于长期积累的经验，瞬间感知局面关键，做出快速判断。这种直觉并非简单的本能反应，而是建立在深厚经验基础上的智慧结晶。围棋大师常说的“感觉”，就是这种直觉性思维的体现。

其次是整体战略思维。人类特别擅长制定整体策略，能够权衡局部与全局的关系，追求最优的整体效果。在商业谈判中，谈判高手往往能够预判多个回合，制定灵活的策略，这正是人类战略思维的优势。

再次是心理洞察能力。人类博弈中包含丰富的心理活动，参与者需要揣摩对手心理，预判对手行为。这种心理博弈元素使人类博弈变得更加复杂和微妙。

最后是创造性思维。人类能够打破常规思维的束缚，创造性地解决问题。在关键时刻，人类可能会想出前所未有的解决方案，这种创造力是人类智慧的重要标志。

2. 机器博弈

机器博弈是人工智能在策略决策领域的具体应用，它通过算法和计算模拟博弈过程，实现智能决策。机器博弈具有以下特征。

首先是强大的计算能力。机器能够在极短时间内分析海量可能，评估每种选择的后果。

在国际象棋等规则明确的领域，这种计算优势尤为明显。现代人工智能系统每秒可以评估数百万种局面，这是人类无法做到的。

其次是基于数据的学习能力。机器通过分析大量历史数据，总结规律，不断优化决策模型。AlphaGo 通过分析大量棋谱并进行自我对弈，逐步掌握了围棋的深层原理，最终达到超越人类的水平。

再次是客观稳定性。机器不受情绪、体力等因素影响，能够保持稳定的判断和决策水平。在长期对弈或复杂决策中，这种稳定性是重要优势。

最后，机器博弈还具有可复现性和可验证性。每个决策过程都可以被记录和分析，有助于持续改进和优化。

随着人工智能技术的发展，人类博弈与机器博弈的界限正在变得模糊。未来的趋势是发展混合智能系统，将人类的创造力和机器的计算能力有机结合，实现更高水平的智能决策。

5.3.2　完全信息博弈

游戏长久以来都被认为是衡量人工智能取得的进步的一个基准。众所周知，在过去的 20 年里，用机器算法下国际象棋已经取得了很大进步。许多游戏程序在游戏对抗中超越了人类，如西洋双陆棋、跳棋、国际象棋、Jeopardy、Atari 电子游戏和围棋。在国际象棋方面，IBM 开发的深蓝在 1997 年就打败了国际象棋大师，而后续的 Stockfish 和 Komodo 等国际象棋程序也早已独霸国际象棋世界。在围棋、象棋等游戏中，人工智能可以和人类选手一样，获得相同的确定性信息。这种随时可以获取全部信息的游戏，称为“完全信息的博弈游戏”。这种完全信息的属性也是让这些程序取得成功的算法的核心，比如，在游戏中的局部搜索。

围棋是棋类游戏皇冠上的明珠，是最复杂的棋类游戏之一，能够体现人类智慧。在 19×19 的棋谱上，它的搜索复杂度高达 250^{150}。

2016 年，AlphaGo 与李世石的围棋对决无疑引发了全世界对人工智能领域的新一轮关注。在与李世石对战的 5 个月之前，AlphaGo 因击败欧洲围棋冠军樊麾，围棋等级分上升至 3168 分，而当时排名世界第二的李世石是 3532 分。按照这个等级分数对弈，AlphaGo 每盘的胜算只有约 11%，而结果是它在与李世石的对战中以 4 比 1 大胜。AlphaGo 的学习能力之强大可见一斑。

更重要的是，通过这次比赛，人类看到了机器智能的创造力。2016 年，在 AlphaGo 对阵李世石的第二局比赛中，AlphaGo 执黑下出的第 37 手（见图 5.4）被围棋社区认为创造力十足，甚至超出了当时人类职业棋手的理解。此类问题的试错和学习，无论是人类自己还是让人工智能去想办法，这个过程都是创造性的。人工智能算法从一开始什么都不知道，逐渐发展为能够发现一件新事物、一种创造性飞跃、一种新模式或一种新想法，将越来越能更好地实现目标。

2018 年，在 AlphaGo 基础上升级的 AlphaGo Zero 已经不需要利用棋类游戏事先训练，而是从“零”开始，打败了 AlphaGo，继而发展成可以下围棋、国际象棋、日本将棋 3 种棋类的通用“棋手”。

AlphaGo 模仿人类围棋高手并学习他们的棋形，采用深度卷积神经网络来识别、判断棋形。围棋盘可以看成 19×19 的图像，有 250^{150} 种变化，要将这些变化分成高手棋形、非高手棋形，是一个非常困难的机器学习问题。AlphaGo 采用深度卷积神经网络自我学习、自我进化。为了达到左右互博的效果，AlphaGo 采用了一种深度强化学习技术。在左右互博中，AlphaGo 局部会采用一种叫蒙特卡洛搜索树的随机策略进行搜索，该策略使整个系统能够自我进化。

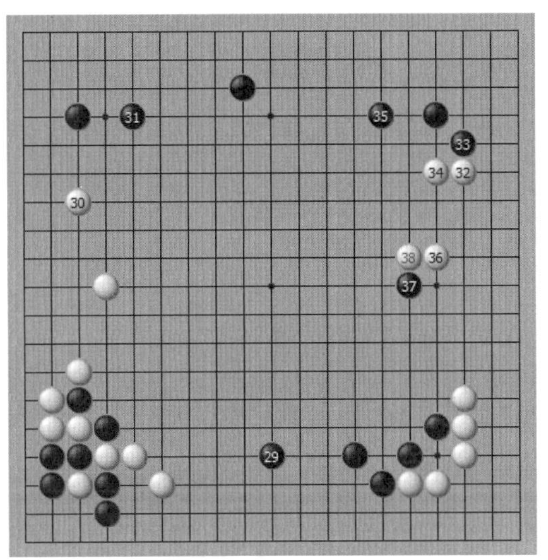

图 5.4 AlphaGo 执黑下出的第 37 手

在对弈人类冠军的棋局中，AlphaGo 使用了不少出人意料的招数，在汗牛充栋一般的棋谱里从未出现过。其中有一个令人耳目一新的开局，看似是新手才会犯的拙劣错误，最后却证明是别出心裁，可以说 AlphaGo 重新定义了围棋。现在，围棋大师们都纷纷从 AlphaGo 的招数中寻找灵感。

在围棋上打败天下无敌手之后，DeepMind 旗下的 Alpha 家族开始深入探究所有棋类，其中包括国际象棋、日本将棋，并于 2017 年 10 月发布 AlphaGo Zero。研究论文显示，AlphaGo Zero 在 3 天内自学了 3 种不同的棋类游戏，包括国际象棋、围棋和日本将棋，而且无须人工干预。这一成果震惊了国际象棋世界，几个小时内，AlphaGo Zero 就成为世界上最强的棋类玩家，清楚展示了人类从未见过的一种智慧。

AlphaGo Zero 通过与自己对弈并根据经验更新神经网络，发现了国际象棋的原理，并迅速成为史上最好的棋手。它不仅能够轻而易举地击败强大的人类棋手，还能击败当时的计算机国际象棋世界冠军 Stockfish（国际象棋引擎）。在与 Stockfish 进行的 100 场比赛中，AlphaGo Zero 取得 28 胜 72 平的好成绩。最令人惊讶的是，它不仅打败了人类和所有程序，还表现出一种天然的洞察力。它具备浪漫而富有攻击性的风格，以一种直观而优美的方式发挥着计算机所不具备的功能。它还会玩花招、冒险，在其中的几局中，它使 Stockfish 瘫痪并玩弄它。当 AlphaGo Zero 在第 10 局进行进攻时，它把自己的皇后佯退到棋盘的角落里，远离 Stockfish 的国王。通常来说，这并不是皇后应该被放置的地方。AlphaGo Zero 拥有精湛的技艺，同时拥有机器的力量，这是人类第一次瞥见一种令人敬畏的新型智能。很明显，AlphaGo Zero 获胜靠的是更聪明的思维，而不是更快的思维。它每秒只计算 6 万个位置，而 Stockfish 会计算 6000 万个。它更明智，知道该思考什么，该忽略什么。国际象棋大师加里·卡斯帕罗夫（Garry Kasparov）在《科学》杂志文章附带的一篇评论中写道，AlphaGo Zero 通过自主发现国际象棋的原理，开发出一种“反映游戏真相”的玩法，而不是“程序员式的优先级和偏见”。

5.3.3 不完全信息博弈

不完全信息游戏的信息在游戏过程中对玩家是隐藏的，相比之下，完全信息游戏在开始时会展示所有的信息。要玩好完全信息游戏，需要相当多的计划。玩家必须处理他们在棋盘上看到的东西，并决定他们的对手可能会做什么，同时努力实现最终的胜利目标。不完全信息游戏

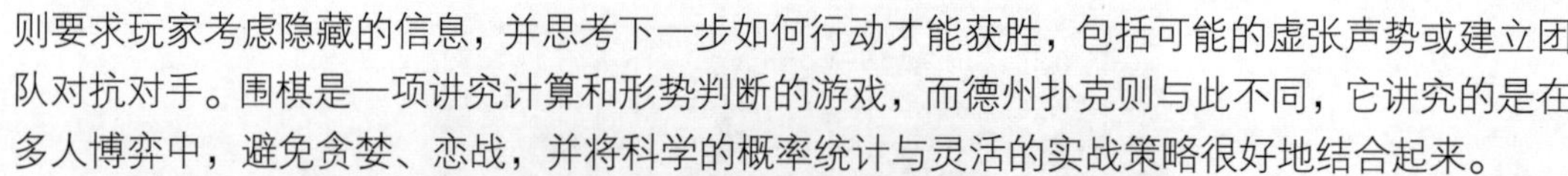

则要求玩家考虑隐藏的信息，并思考下一步如何行动才能获胜，包括可能的虚张声势或建立团队对抗对手。围棋是一项讲究计算和形势判断的游戏，而德州扑克则与此不同，它讲究的是在多人博弈中，避免贪婪、恋战，并将科学的概率统计与灵活的实战策略很好地结合起来。

在星际争霸和德州扑克中，人工智能和人类选手通常无法在特定时刻获得有关游戏的全部信息。比如，在德州扑克中，玩家无法知道对手的底牌是什么，也不知道发牌员发出的下一张牌是什么。在这类不完全信息博弈游戏里，人工智能必须像人一样，根据经验或概率统计知识猜测对手的底牌和下一张牌是什么，然后制定自己的应对策略。

冯·诺依曼曾对不完全信息游戏中的推理行为进行解释："现实世界与此不同，现实世界包含很多赌注、一些欺骗的战术，还涉及你会思考别人会认为你将做什么。"

扑克是典型的不完全信息博弈游戏，玩家只能根据自己手上的牌提供的非对称信息来对游戏状态进行评估，这也是人工智能面临的长期挑战。一对一无限注中包含 10^{160} 个决策点（围棋是一个完全信息的游戏，约包含 10^{170} 个决策点），每个决策点都根据出牌方的理解有不同的路径。

在一对一对战（也就是只有两位玩家）的有限下注德州扑克中，人工智能曾经取得了一些成功。但是，一对一有限注的德州扑克，只有不到 10^{14} 个决策点。

不完全信息游戏要求更强大的推理能力。在特定时刻的正确决策依赖于对手所透露出来的个人信息的概率分布，这通常会在他们的行动中表现出来。但是，对手的行为如何暗示他的信息，取决于他对我们的私人信息有多少了解，我们的行为已经透露了多少信息。这种循环性的推理正是为什么一个人很难孤立地推理出游戏的状态，不过在完全信息游戏中，这是局部搜索方法的核心。

在不完全信息游戏中，比较有竞争力的人工智能方法通常是对整个游戏进行推理，然后得出一个完整的优先策略。虚拟遗憾最小化（Counterfactual Regret Minimization，CFR）算法是其中一种战术，使用自我博弈来进行循环推理，也就是在多次成功的循环中，通过采用自己的策略来对抗自己。如果游戏过大，难以直接解决，常见的方法是先解决更小的浓缩型游戏。最后，如果要玩大型游戏，需要把原始版本的游戏中设计的模拟和行为转移到一个更"浓缩"的游戏中完成。

来自卡内基梅隆大学的图奥马斯·桑德霍尔姆（Tuomas Sandholm）教授与他的博士生诺姆·布朗（Noam Brown）开发了一款名为 Claudico 的德州扑克程序。2015 年，计算机程序 Claudico 输给了一个专业扑克玩家团队，并且是以较大的劣势输掉了比赛。失利并没有让图奥马斯·桑德霍尔姆教授灰心。2017 年 1 月，教授带着一个名为"冷扑大师"（Libratus）的新版本德州扑克程序卷土重来。"冷扑大师"一开始就对 4 名人类高手形成了全面压制，从比赛第一天就一路领先。最终，在德州扑克领域的 20 天人机大战中，人工智能完美胜出。

"冷扑大师"基本是从零开始学习德州扑克策略，且主要依靠增强学习自我对局来学习最优的扑克玩法，这一技术策略非常成功。从自我对局中学习，避免从人类的既定模式中学习经验，这对利用人工智能解决更为广泛的现实问题意义重大。

5.3.4 会打电子游戏的人工智能

星际争霸是一款经典即时战略游戏。与国际象棋、Atari 游戏、围棋不同，星际争霸具有以下几个难点。

（1）博弈：星际争霸具有丰富的策略博弈过程，没有单一的最佳策略。因此，智能体需要不断探索，并根据实际情况谨慎选择对局策略。

（2）非完全信息：战争迷雾和镜头限制使玩家不能实时掌握全场局面信息和迷雾中的对手策略。

（3）长期规划：与国际象棋和围棋等不同，星际争霸的因果关系并不是实时的，早期不起眼的失误可能会在关键时刻成为决定性因素。

（4）实时决策：星际争霸的玩家需要不断地根据实时情况进行决策动作。

（5）巨大动作空间：必须实时控制不同区域中的数十个单元和建筑物，并且可以组成数百个不同的操作集合。因此由小决策形成的可能组合动作空间巨大。

（6）3 种不同种族：不同种族的宏机制对智能体的泛化能力提出挑战。

正因为这些困难与未知因素，星际争霸不仅成为风靡世界的电子竞技游戏，也对人工智能构成巨大的挑战。

星际争霸 2 和围棋不同，围棋的棋盘永远是固定的，星际争霸 2 里的“棋盘”是不断变化的，不同的地图即为不同的棋盘，而不同的地图也有着不同的战术。同时在该游戏中，战争迷雾对人工智能算法影响巨大，能获取的对手的信息是有限的，这会极大地影响人工智能的判断和战术选择。

北京时间 2019 年 1 月 25 日 2 时，DeepMind 在伦敦向世界展示了他们的最新成果——星际争霸 2 人工智能 AlphaStar。比赛共 11 局，最终，AlphaStar 取得了 10 胜 1 负的绝佳成绩，成为世界上第一个击败星际争霸顶级职业玩家的人工智能。

星际争霸本身是一种不完全信息的博弈，策略空间巨大，人工智能几乎不可能像下围棋那样通过树搜索的方式确定一种或几种胜率最高的下棋方式。一种策略总是会被另一种策略克制，关键是如何找到最接近纳什均衡的智能体。为此，DeepMind 设计了一种智能体联盟的概念，将初始化后每一代训练的智能体都放到这个联盟中。新一代的智能体需要和整个联盟中的其他智能体相互对抗，通过强化学习训练新智能体的网络权重。这样智能体在训练过程中会持续不断地探索策略空间中各种可能的作战策略，同时不会将过去已经学到的策略遗忘掉。

现在，智能机器掌握了玩游戏、解谜和与人类互动的新方式。这个过程实际上是由成千上万个小发现一个接一个累积而成的，这正是“创造力”的本质。如果人工智能算法没有创造力，就会陷入困境。人工智能系统需要有能力尝试新的想法——那些人类没有告诉它们的想法。

5.4 机器语言智能

5.4.1 人的语言与机器语言

在人工智能快速发展的今天，机器语言智能作为其核心领域之一，正在深刻改变着人机交互的方式。机器语言智能主要关注如何让计算机系统理解、生成和处理人类语言，是实现真正智能系统的关键技术之一。从早期的基于规则的方法，到统计机器学习，再到如今的深度学习和大语言模型，机器语言智能技术经历了巨大的发展和变革。

机器语言智能的核心思想是让计算机系统能够像人类一样理解和使用语言。这不仅包括对语言的表层结构的处理，还涉及对语言深层语义和语用的理解。语言智能系统需要处理语言的多样性、歧义性和上下文相关性，这些都是人类在日常交流中可以轻松应对，但对计算机系统来说却极具挑战的问题。

机器语言智能的学习过程通常涉及大规模的数据训练。在深度学习时代，这个过程主要包括预训练、微调、少样本学习和持续学习几个阶段。预训练阶段在大规模无标注语料上进行自监督学习，学习语言的一般表示。这个阶段为模型提供了广泛的语言知识和上下文理解能力。微调阶段则在特定任务的标注数据上进行有监督学习，使模型适应特定任务的需求。少样本学习阶段利用预训练模型的知识，在少量样本上快速适应新任务，这大大提高了模型的灵活性，扩大了其应用范围。持续学习阶段则让模型能够在使用过程中不断学习和更新知识，保持其性能和适应性。

机器语言智能技术有多种不同的模型和方法，每种都有其特定的优势和适用场景。早期广泛使用的 RNN 及其变体，如 LSTM 和 GRU，适用于处理序列数据，在处理时序信息方面表现出色。然而，这类模型在处理长序列时面临梯度消失或梯度爆炸的问题，限制了其在长文本处理中的应用。

3.7 节介绍的 Transformer 模型的出现是语言智能领域的一个重大突破。这种基于自注意力机制的模型能够并行处理输入序列，大大提高了模型的训练效率和性能。Transformer 模型打破了 RNN 的序列处理限制，能够更好地捕捉长距离依赖，是当前最先进的语言模型的基础架构。

建立在 Transformer 架构之上的预训练语言模型，如 GPT 系列等，通过在大规模语料上进行预训练，学习到了丰富的语言知识。这些模型可以通过微调适应各种下游任务，极大地推动了自然语言处理技术的发展。预训练语言模型的成功体现了迁移学习在语言智能领域的重要性，它让我们能够利用大规模无标注数据中的知识来改善处理特定任务的性能。

5.4.2 大语言模型及其应用

近年来，大语言模型（如 ChatGPT、PaLM、LLaMA 等）的出现进一步推动了语言智能技术的发展。这些模型具有数十亿到数千亿的参数，展现出了强大的小样本学习能力和极高的通用性。它们能够理解和生成各种类型的文本，执行多种自然语言处理任务，甚至能够理解和生成简单的程序代码。图 5.5 展示了 2019 年以来多个大语言模型的发展路径。大语言模型的出现标志着基于语言智能的人工智能向着解决更广泛问题的功能通用性方面迈进。

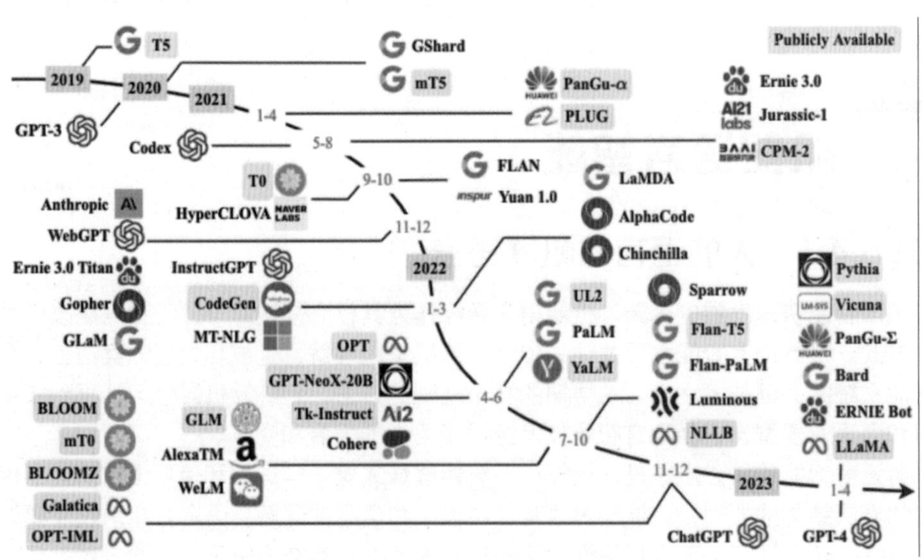

图 5.5　大语言模型的发展路径

同时，多模态模型（如 CLIP、DALL・E、Stable Diffusion 等）的发展让语言智能技术突破了单一模态的限制。这些模型能够同时处理文本和图像等多种模态的信息，实现了跨模态的理解和生成。多模态模型的发展不仅扩展了语言智能的应用范围，也为研究语言和其他认知模态之间的关系提供了新的视角。

大语言模型在许多领域都有广泛的应用，主要应用领域如下。

1. 智能问答与对话

大语言模型的知识积累和语言理解能力在智能问答和对话系统中发挥了重要作用。以 GPT 系列模型为例，它们可以根据给定的上下文信息生成连贯流畅的回答，并能够进行多轮交互，体现出一定的对话理解能力。这种基于大语言模型的智能问答和对话系统在教育、客服、医疗等领域得到了广泛应用。

2. 文本生成与创作

在内容生成领域，大语言模型擅长利用学习到的语言模式生成人类可读的内容，为文本生成和创作提供了强大的支持。它能够生成文章、诗歌、故事、代码等各种形式的内容。大语言模型不仅可以辅助创作，还可以自动生成报告、新闻摘要等。在某些特定领域，如天气预报、财务报告等，大语言模型自动生成的内容已经达到了可以直接使用的水平。GPT 系列模型可以根据给定的提示生成各种风格和主题的文章、诗歌、小说等。这种自动文本生成技术在内容创作、文字编辑、广告撰写等场景中发挥了重要作用。由此，大语言模型也成为 AIGC（6.2 节将详细介绍）的核心技术之一。

3. 机器翻译

机器翻译是大语言模型应用最广泛的领域之一。基于 Transformer 架构的机器翻译模型（如 Google 的 T5 和 OpenAI 的 GPT-3）在多种语言间的翻译任务中表现出了超越人类水平的性能。这些模型能够准确地捕捉源语言和目标语言之间的语义对应关系，生成流畅自然的翻译结果。

4. 多模态应用

随着视觉-语言模型的发展，大语言模型开始与视觉、音频等其他模态融合，拓展到了多模态应用领域。语言智能技术实现了图像描述、视频生成等功能。这些应用不仅提高了多媒体内容的可访问性，也为内容理解和检索提供了新的方式。例如，通过生成图像的文本描述，我们可以使用文本搜索的方式来查找图像。

基于 CLIP 模型的图像-文本匹配可以实现跨模态的理解和生成，基于 DALL・E 的文本到图像生成可以将自然语言描述转换为逼真的图像。这些跨模态的技术为智能创作、辅助设计等应用带来了新的可能。

5. 代码生成与编程辅助

大语言模型不仅擅长自然语言处理，也可以应用于代码生成和编程辅助。如 Codex 模型可以根据自然语言描述生成相应的代码，并进行语法检查、错误修复等操作，这大大提高了软件开发的效率。这种“自然语言编程”的能力为程序员开发提供了强大的辅助。

6. 其他应用领域

在人机交互领域，大语言模型支撑了智能助手、聊天机器人等系统。这些系统能够理解自然语言指令，执行各种任务，如日程安排、信息查询、控制智能家居设备等。它们不仅提高了人机交互的效率，也使计算机系统更加亲和、易用。

在信息检索领域，语言智能技术提升了搜索引擎的理解能力。现代搜索引擎不再仅依赖关键词匹配，而是能够理解查询的语义、考虑上下文信息，从而提供更精准的搜索结果。语言智能还支持更高级的信息检索功能，如问答搜索、对话式搜索等。

在教育领域，语言智能可能彻底改变个性化学习的方式，为每个学生提供量身定制的学习体验。在科研领域，语言智能可能成为科学家的得力助手，帮助分析文献、生成假设、设计实验。在创意产业领域，语言智能可能成为作家、艺术家的灵感来源和创作工具。

除上述应用领域外，大语言模型在情感分析、文本摘要等自然语言处理领域也获得了广泛应用。此外，它们还在医疗诊断报告生成、法律文书撰写、商业决策支持等领域展现出巨大的潜力。随着技术的不断进步，大语言模型必将在更多垂直领域发挥重要作用。

尽管语言智能技术取得了巨大成功，但它也面临着许多挑战。理解的深度是一个核心问题。虽然当前的模型在许多任务中表现出色，但它们是否真正“理解”语言、是否产生了意识等仍存在争议。很多研究者认为，当前的模型更多是在进行复杂的模式匹配，而非实现了真正的语言理解。

5.5 行为智能与机器人

5.5.1 机器人概念

人类对聪明的机器人的渴望，可以追溯到几千年前的上古时代，无论是希腊神话、印度神话，还是中国神话与民间传说（如撒豆成兵），均有关于与人类智慧程度相当的“机器人”的故事。

1920 年，一名捷克作家发表了一部名为《罗萨姆的万能机器人》的剧本，其中叙述了一个名叫罗萨姆的公司把机器人作为人类生产的工业品推向市场，让它充当劳动力代替人类劳动的故事。到目前为止，机器人的发展一共经历了 3 代，具体如下。

第一代——可编程机器人：20 世纪 60 年代初，美国 Unination 公司成功研制了第一台数控机械手，它是具有记忆存储能力的示教再现式机器人。这也是当代工业机器人中主要的类型，这类机器人一般可以根据操作员所编写的程序完成一些重复性操作。

第二代——自适应机器人：20 世纪 70 年代出现了具备感觉传感器的机器人，它具有一定的自适应能力并具有不同程度的感知能力，这归功于各种传感器的广泛应用。

第三代——智能机器人：20 世纪 80 年代，出现了具有感知、识别、推理、规划和学习等智能机制的机器人，又称具有智能功能和灵活思维功能的机器人，当时主要处于试验阶段。

到了 21 世纪，随着计算机技术、微电子技术、网络技术等的快速发展，机器人技术也得到了飞速且长足的发展。除了用于工业制造业的机器人水平不断提高之外，用于非制造业的先进机器人系统也有了飞跃进展。自人类进入信息时代后，工业机器人代替了流水线工人，深潜机器人代替了蛙人，人类在研究机器人的道路上似乎正朝着梦想越走越近。尽管如今的机器人已经能够高效准确地执行各种商业任务，但制造能像人类一样思考的机器人仍然只是科技公司的梦想。

机器人与人工智能无论在历史发展还是在思想起源方面，都可以看作两个独立的领域。从历史上看，人类创造机器人远早于创造人工智能。机器人承载了人类实现具有类人智能的强人工智能的梦想。也有很多机器人技术并不是以人类为对象，而是以各种各样的动物甚至植物为模拟对象或设计灵感来源。因此，机器人技术具有非常多元化的内容，小到纳米机器人，大到巨型阿凡达机器人，机器人不一定非要是人类的形象。现代机器人已经从早期的科学幻想中的类人机器人发展到可以应用在空中、水下、水面、陆地、太空等各种场景、具有各种形态的机器人，成为增强人类体能、扩展活动空间的重要手段。

随着机器人智能化程度的不断提高，无论是遥控机器人、交互机器人还是自主机器人，都需要越来越多地借助传感器感知自身和外部环境的各种参数变化，进而为控制和决策系统做出适当的响应提供数据参考。视觉、触觉、听觉和雷达等外部传感器技术对形成机器人感知智能具有重要作用。

图 5.6 所示为一个类人机器人执行任务所需要的传感器具备的功能，包括视觉、语言、触觉、距离（接近觉）等。

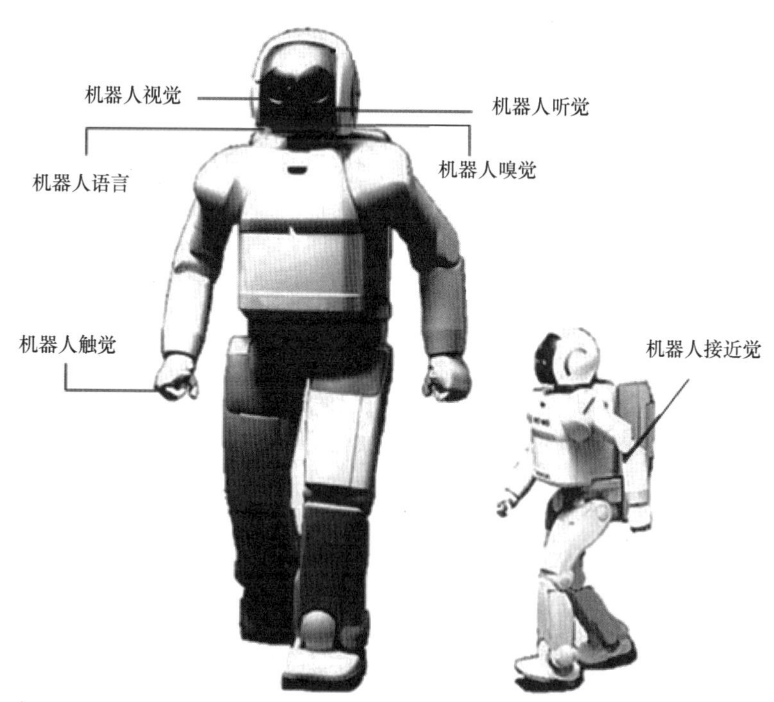

图 5.6　机器人执行任务所需要的传感器具备的功能

5.5.2　机器人类型

1. 特种机器人

特种机器人是指用于执行特定任务或在特殊环境中工作的机器人。与通用型机器人不同，特种机器人通常工作在非常规、极端或高风险的环境中，或执行一些传统机器人难以完成的特殊任务。特种机器人往往具有较强的适应性、较高的智能化和独特的设计，以满足特定的工作要求。特种机器人包括军用机器人、工业与灾难响应机器人、空间机器人等。图 5.7 所示分别为水下机器人、太空探测机器人、消防机器人、焊接机器人等特种机器人。

2. 人形机器人

人形机器人是指外形和行为模式类似人类的机器人。人形机器人通常具有类似人类的结构特征，如头、躯干、手臂、腿、眼睛和嘴巴等，并能够执行人类能够完成的动作和任务。与传统的机器人（如工业机器人）不同，人形机器人不仅在功能上能满足特定的工作需求，还试图模拟人类的外形和行为，甚至是情感和社交交互。图 5.8（a）所示的人形机器人拥有非常丰富的表情。目前，已有人形机器人在工厂代替工人完成特定工序任务，如图 5.8（b）所示。

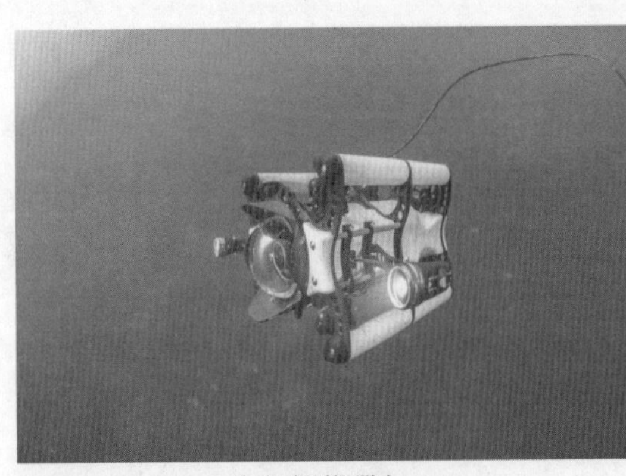

（a）水下机器人

（b）太空探测机器人

（c）消防机器人

（d）焊接机器人

图 5.7 特种机器人

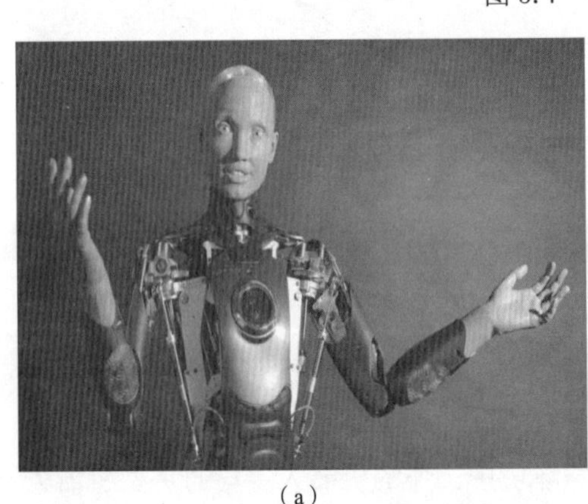

（a）

（b）

图 5.8 人形机器人

3. 机器动物

机器动物（或称仿生机器人）是指通过模仿自然界动物的形态、结构、运动方式和行为特征，设计和制造的机器人。机器动物不仅具有与动物相似的外形，而且可模拟其运动方式、感知能力、交互行为以及环境适应能力。机器动物是一种跨学科的技术，涉及生物学、机械工程、控制科学、人工智能等多个领域。机器动物可代替人类进入极限或危险环境完成一定任务，无论是在灾难救援、医疗康复、工业自动化还是军事侦察等领域，机器动物都能发挥重要作用。图 5.9 所示分别为机器狗、机器壁虎、机器蛇、机器水母。

（a）机器狗

（b）机器壁虎

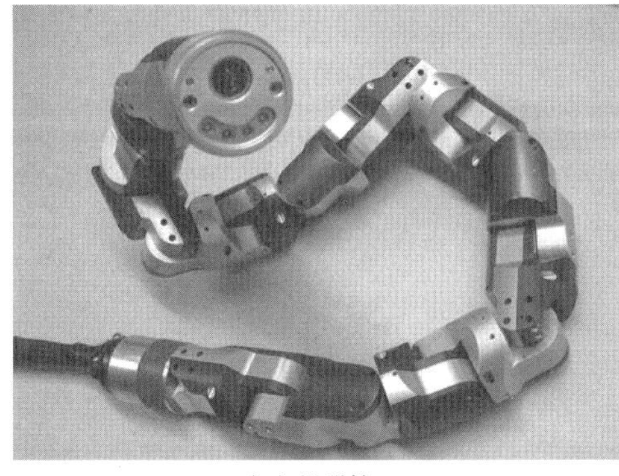

（c）机器蛇

（d）机器水母

图 5.9　机器动物

4. 软体机器人

软体机器人（Soft Robot）是一种基于柔软材料设计的机器人，区别于传统的刚性机器人。软体机器人能够在复杂、非结构化的环境中灵活运动，具有高度的适应性，并且由于其柔软性，通常与人类的交互更加安全。软体机器人通过模仿生物体（如章鱼、蠕虫等）的柔性和可变形能力，具有在狭小空间、复杂地形或不规则环境中工作的优势。图 5.10 所示为典型的软体机器人。

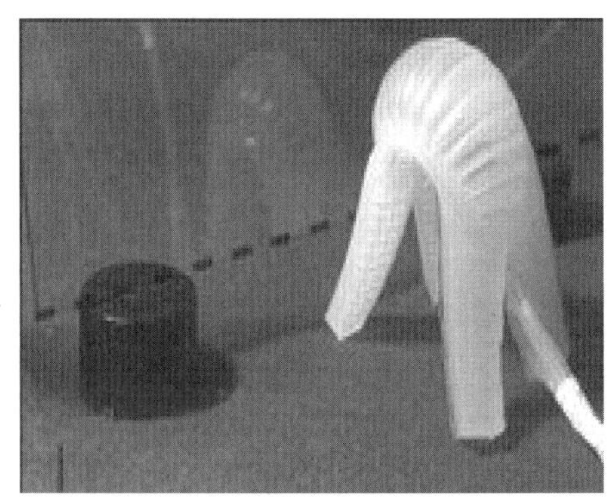

（a）柔韧软体机器人

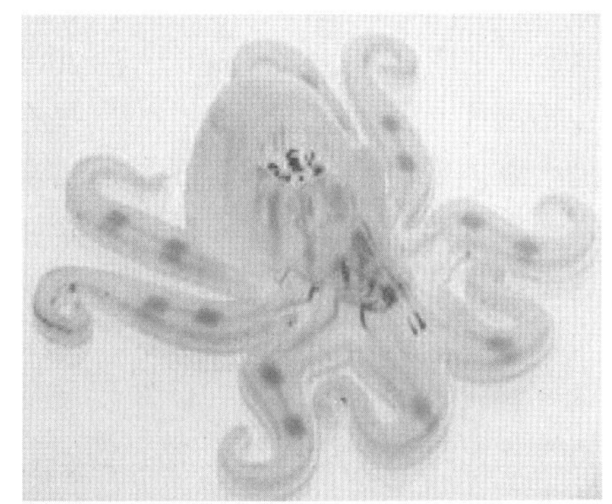

（b）软体机器人

图 5.10　软体机器人

5. 群体机器人

群居生物在自然界中广泛存在，群居生物的群体运动表现出群体智能和集体智能。群体机器人（Swarm Robotics）是群体智能和多机器人系统的交叉，主要研究大量的简单机器人通过有限的局部感知交互和协调控制，在自组织的机制下涌现出仿自然界群居生物的智能行为，并完成复杂的规定任务。图 5.11 所示为无人机群及微型群体机器人。

（a）无人机群

（b）微型群体机器人

图 5.11　群体机器人

5.6　机器具身智能

5.6.1　具身智能概念

具身智能是指依靠物理实体通过与环境交互来实现智能增长的智能系统，是一个涉及人工智能、机器人学、认知科学等多个领域的综合性概念。此前，人工智能主要以数字形式存在，缺乏视觉、触觉、听觉等，难以有效应对现实世界的各种情况。而具身智能通过赋予人工智能“身体”，与现实产生交互，使人工智能从数字世界走向物理世界，被认为是迈向通用人工智能的关键。它突破了传统的将智能局限于大脑或算法的理解，强调智能不仅源自大脑的计算过程，还依赖于整个身体与环境的交互。这个观点由罗尔夫·普法伊费尔（Rolf Pfeifer）和克里斯蒂安·谢尔（Christian Scheier）在 1999 年出版的《理解智能》（*Understanding Intelligence*）一书中首次系统提出。他们认为，智能是身体的形态、物理性质和环境互动的综合结果，而不仅仅是神经系统或中央控制系统的产物。

琳达·史密斯（Linda Smith）在 2005 年提出的“具身假说”（Embodiment Hypothesis）进一步拓展了具身智能的概念，特别是在认知科学领域。她认为，人类认知的发展过程不仅仅是大脑内部的抽象思维，更是通过身体与物理环境的持续互动而发展起来的。史密斯指出，婴儿通过身体的操作和感知来学习和理解世界，表明身体在认知过程中的关键作用。婴儿通过触摸和操作物体来学习物理规律，通过视觉和运动的协调理解空间关系，这些互动极大地影响了认知能力的发展。

具身假说特别强调环境在认知发展中的重要性。环境不仅为个体提供感官输入，其结构和特性还影响认知结构的形成。例如，物理环境中的物体分布和空间布局会影响人类的动作选择和感知发展，从而影响认知结构的建立。这种观点打破了大脑中心主义，认为认知发展与环境紧密相关。

5.6.2　具身智能实现方法

1. 具身智能概念

具身智能可拆分为“具身”和“智能”，“具身”是指具有身体且可通过交互、感知、行动等能力来执行任务。按使用用途和场景的不同，具身智能可以有多种形态，包括各类智能机器人等。“智能”是指物理实体可主动执行感知、理解、推理、决策、行动等任务。与此前的机器人相比，具身智能更强调在环境中的交互能力。可见，具身智能应同时具备“本体”“环境交互”“智能”三大要素。

在人工智能领域，具身智能的研究为设计智能系统提供了新的思路。传统的人工智能多侧重于算法和计算，试图通过模拟大脑的计算过程实现智能。而具身智能强调智能系统应该充分利用其物理身体与环境的交互，设计出能适应复杂环境的行为。这样的系统不仅依赖于计算，还通过身体结构减少对大规模计算的依赖，从而提高系统的效率和灵活性。机器人是具身智能的主要应用场景，其中类人机器人被认为是具身智能最理想的形态。图 5.12 所示为“具身”与“智能”的同一性。

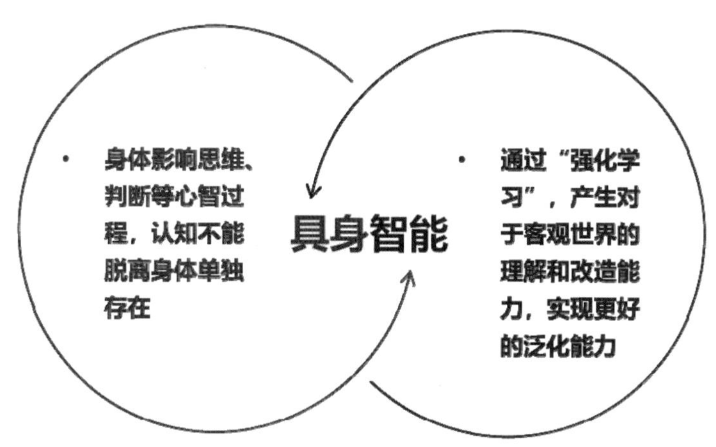

图 5.12 “具身”与“智能”的同一性

2. 具身智能实现过程

具身智能的实现过程包括具身感知、具身想象、具身执行 3 个核心环节，如图 5.13 所示。其中，具身感知是具身想象和具身执行的支撑，包括对世界模型的全感知及与环境的实时交互感知，可结合真实交互不断修正预先构建的数据库，从而获得更精确的世界理解与模型建立。具身想象是行为决策过程，通过构建仿真引擎，对具身任务进行模拟，结合感知数据进行想象操作，为机器人具身执行提供支撑。具身执行主要根据感知信息和决策指令协调各部件以实现智能化行为控制。

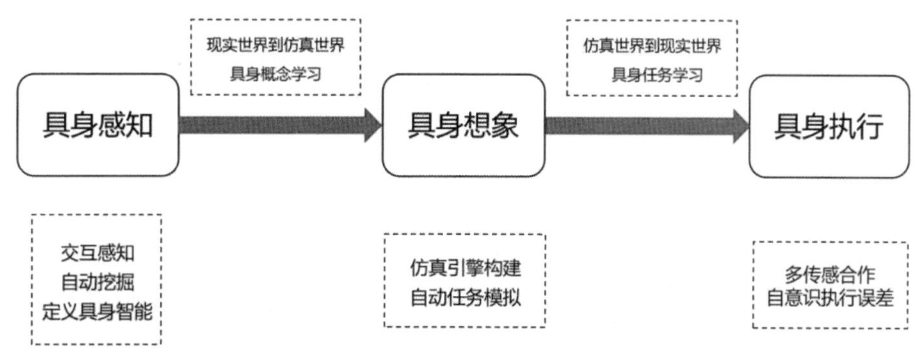

图 5.13 具身智能的实现过程

具身智能与传统智能有较大差别，具体对比如表 5.2 所示。具身智能是具有主动性的第一人称智能，具有通过自身体验产生智能的能力，可在与环境的交互感知中将数据的采集、模型的学习、任务的执行融为一体，从而实现自主学习，即"感受世界—对世界进行建模—采取行动—验证并调整模型"。

表 5.2　传统智能与具身智能的对比

类型	传统智能	具身智能
学习方法	被动数据投喂	主动式学习
学习内容	互联网图像、视频或文本等数据集	在智能体与环境的感知和交互中学习执行物理任务的能力
智能来源	依赖算法和算力	除算法和算力外，还来自与实际世界的互动
自适应性	需随时更改代码以修正机器人行动，自适应性较差	自主学习能力强，可根据环境交互实时修正行动细节

大语言模型可以作为具身智能进行任务规划与决策的核心，可为具身智能提供强大的理解及连续对话能力，多模态大模型通过多模态数据可提升具身智能感知精度。大模型主要有分层决策、端到端两种算法类型。其中，端到端可利用神经网络完成从任务目标输入到控制信号输出的全过程。

模仿学习和强化学习是具身智能最常用的两种增强控制的方式。其中，模仿学习主要通过模仿专家或演示者学习如何在相似情景下做出形似动作。强化学习是指在与环境的直接交互中通过试错进行学习，由交互中获得的奖励驱动行为，以奖励最大化的方向持续迭代行动方案。

3. 具身智能仿真平台

具身智能机器人的种类多样，有双足机器人、四足机械狗、四轮机器人、四轮+机械臂、两轮+机械臂。和自动驾驶仿真类似，机器人也需要逼真的环境来验证各类算法，下面介绍常用的一些通用机器人和面向真实场景的机器人仿真框架。

NVIDIA Isaac Sim 是一款参考应用程序，能够帮助开发人员在基于物理的虚拟环境中设计、模拟、测试和训练基于人工智能的机器人和自主机器，图 5.14 为 NVIDIA Isaac Sim 虚拟环境中的机器人示例。Isaac Sim 建立在 NVIDIA Omniverse 的基础上，具有完全的可扩展性，它使开发人员能够构建基于通用场景描述（OpenUSD）的自定义模拟器，或者将 Isaac Sim 的核心技术集成到现有的测试和验证流程中。

图 5.14　NVIDIA Isaac Sim 虚拟环境中的机器人示例

Habitat 是一个具身智能仿真平台，能够在高度逼真的 3D 模拟环境中训练具身 agent（虚拟机器人）。具体来说，Habitat 由以下部分组成。

（1）Habitat-Sim：一个灵活、高性能的 3D 模拟器，具有可配置的 agent、传感器和通用的 3D 数据集处理能力。Habitat-Sim 运行速度快，在渲染 Matterport 3D 场景时，它能够在单线程下达到数千帧每秒的帧率，而在单个 GPU 上进行多进程处理时，帧率可超过 10000 帧/秒。

（2）Habitat-API：一个模块化的高级库，用于具身智能算法的端到端开发——定义任务（如导航、指令跟随、问题回答）、配置、训练和评估具身 agent。图 5.15 为 Habital 具身智能仿真平台仿真效果示例。

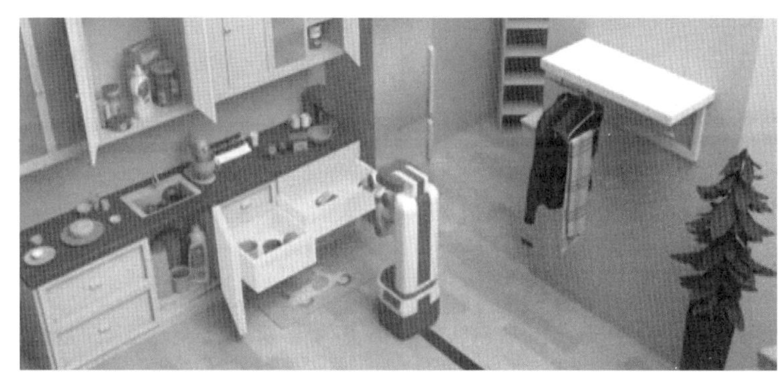

图 5.15　Habitat 具身智能仿真平台仿真效果示例

5.7 机器类脑智能

5.7.1 类脑智能定义

传统计算机的处理单元和存储单元是分开的，通过数据传输总线相连，芯片总信息处理能力受总线容量的限制，构成所谓“冯·诺依曼瓶颈”，传统计算机已无法满足更大规模数据的处理需求。世界各国开始着手寻找解决方案，并把目光转向能够以复杂方式处理大量信息的人脑神经系统，因为神经系统在时间和空间上实现了硬件资源的稀疏利用，功耗极低，其能量效率是传统计算机的 100 万倍到 10 亿倍。为此，各国在积极研究类脑计算方法。

近年来，类脑计算从理论走向实践，正走出一条制造类人智能的新道路。所谓类脑计算，是指仿真、模拟和借鉴大脑神经系统结构和信息处理过程所设计或实现的模型、软件、装置等新型计算方法。其目标是模仿人脑，即从大脑的机能与运转方式中获取灵感，制造不同于传统计算机的类脑计算机，进而创造更加智能的机器——类脑智能机器。类脑计算是一种全新的基于神经系统的智能数据存储和运算方式，以类似于大脑的方式存储多样化的数据，以实现处理复杂问题的功能，其目标是具有更高级别的感知、学习和预测的能力，并且可以从经验中学习并预测未来的事件。

5.7.2 类脑计算机与类脑智能

利用大规模神经形态芯片构建的类脑计算机包括神经元阵列和突触阵列两大部分，前者通过后者互联，一种典型的连接结构是纵横交叉，其使得一个神经元和上千乃至上万个其他神经元连接，这种连接结构还可以通过软件定义和调整。这种类脑计算机的基础软件除管理神经形态硬件外，主要实现各种神经网络到底层硬件器件阵列的映射，“软件神经网络”可以复用生物大脑的局部甚至整体，也可以是经过优化乃至全新设计的神经网络。通过对类脑计算机进行信息刺激、训练和学习，使其产生与人脑类似的智能甚至呈现部分自主意识，实现智能培育和进化。刺激源可以是虚拟环境，也可以是来自现实环境的各种信息（例如互联网大数据）和信号（例如遍布全球的摄像头和各种物联网传感器发出的信号），还可以是机器人“身体”在自然环境中的探索和互动。在这个过程中，类脑计算机能够调整神经网络的突触连接关系及连接强度，实现学习、记忆、识别、会话、推理以及更高级的智能。比较典型的神经形态类脑计算机包括 SpiNNaker、Thinker 芯片等。

如图 5.16 和图 5.17 所示，由英国曼彻斯特大学史蒂芬·福伯（Stephen Fuber）开展的 SpiNNaker 项目由 2 万个芯片组成，每个芯片代表 1000 个神经元。尽管该项目与 Sequoia 模拟实验在概念上很相近，但该项目的设计更注重在生物学方面模拟大脑交流活动。

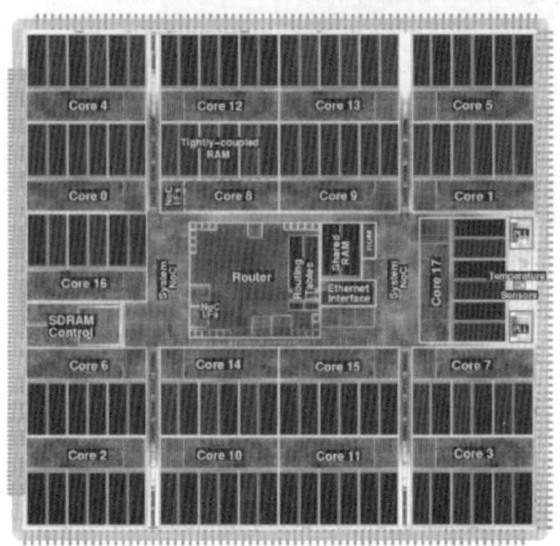

图 5.16　曼彻斯特大学 Building Blocks

图 5.17　50 万核神经形态计算平台 SpiNNaker

自 2016 年 4 月以来，SpiNNaker 一直使用 50 万个核心处理器来模拟大脑皮层中的 8 万个神经元活动，升级后的机器拥有 100 万个核心处理器。在欧盟“人脑计划”项目的支持下，SpiNNaker 将继续让科学家们能够建立详细的大脑模型。现在 SpiNNaker 有能力每秒执行 200 万亿次运算。

清华大学 2017 年推出可重构多模态混合神经计算芯片（代号 Thinker）。Thinker 芯片基于可重构计算芯片技术，采用可重构架构和电路技术，突破了神经网络计算和访存的瓶颈，实现了高能效多模态混合神经网络计算。Thinker 芯片具有高能效的突出优点，其能量效率相比目前在深度学习中广泛使用的 GPU 提升了 3 个数量级。Thinker 芯片支持电路级编程和重构，是一个通用的神经网络计算平台，可广泛应用于机器人、无人机、智能汽车、智慧家居、安防监控和消费电子等领域。

类脑计算技术的发展将推动图像识别、语音识别、自然语言处理等前沿技术的突破，类脑计算应用有望推动新一轮产业革命。目前类脑智能取得的进展只是对脑工作原理初步的借鉴，未来的机器智能研究需要与脑神经科学、认知科学、心理学深度交叉融合，结合“硬技术”和“软设计”（算法）的突破，逐渐实现类脑智能这一人工智能的终极目标。

类脑智能当前存在先结构后功能和先功能后结构两条发展思路。先结构后功能主要指先研究清楚大脑生理结构，然后根据大脑运行机制研究如何实现大脑功能；先功能后结构主要是指先使用信息技术模仿大脑功能，在模仿过程中逐步探索大脑机制，然后相互反馈促进。

创造这样统一的“终极”类脑系统结构还存在多种限制，最重要的是缺乏统一的脑理论。最终需要一种自下而上、自上而下，将微观与宏观、整体与局部、系统与子系统互相结合起来的方法，才可能真正揭示人脑各项智能机制的奥秘，进而设计出人工大脑。但是，即使实现了基于上述类脑计算技术的类脑智能，具有类脑智能的智能机器是否就具有了意识、思维以及自主学习、记忆等人脑的基本能力或通用智能，仍是一个未知数。

5.8 人机混合智能

5.8.1 人机混合智能概念与类型

1. 人机混合智能概念

我们知道生物智能、人类智能与机器智能都各有所长，并且具有很强的互补性。比如，机器智能擅长海量存储与精确数值计算、声光电多模态感知及海量图像识别等，而人类智能则擅长抽象思维、自主学习、语言理解等高级智能活动。同样，生物智能与人类智能也各有特色。人类具有语言思维、预测未来、文化创造等高级智能，而动物在环境复杂信息感知、觅食、求偶、逃生等方面表现出远胜人类的智能行为，如猎豹捕食猎物时的高速奔跑、蚁群觅食过程中的群体协作行为等。

如图 5.18 所示，混合智能技术是将人的智能与微电子、机械、材料、嵌入式计算机及可穿戴传感器技术结合起来的系统性智能技术。它的特点在于直接利用生物智能与外界进行通信、控制、交互，而不是单纯利用计算机模拟生物智能来完成任务。它本质上是一种生物体能、智能的增强及拓展技术。在“通用人工智能”时代到来之前，混合智能将成为传统人工智能与未来超级机器智能之间的过渡。

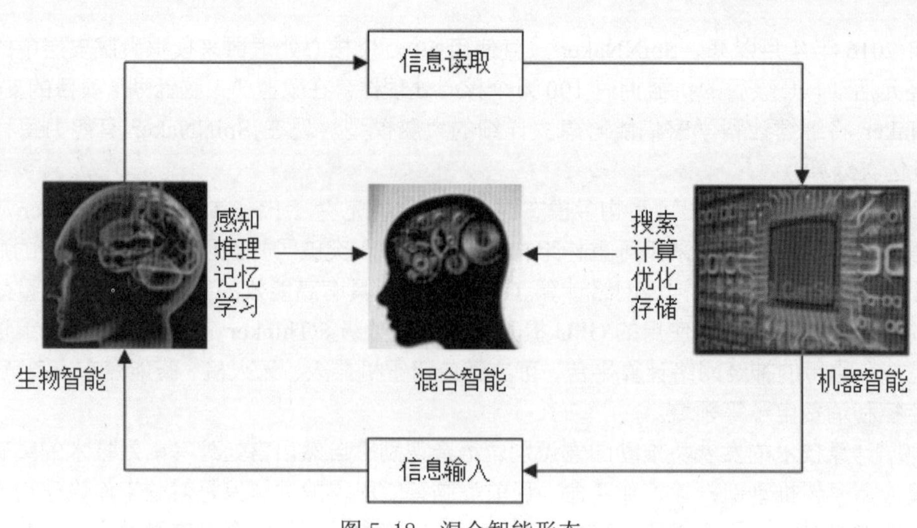

图 5.18　混合智能形态

利用混合智能技术形成的混合智能系统构建了一个双向闭环的，既包含生物体又包含人工智能体的有机系统。其中，生物体组织可以接收人工智能体的信息，人工智能体可以读取生物体组织的信息，两者无缝交互。同时，生物体组织实时反馈人工智能体的改变，反之亦然。混合智能系统不再仅仅是生物与机械的融合体，而是同时融合了生物、机械、电子和信息等多领域因素的有机整体，实现了系统的行为、感知和认知等能力的增强。

2. 人机混合智能形态

由于生物智能与机器智能可在不同的层次，通过不同的方式交互融合，因此形成的混合智能有多种形态，如表 5.3 所示。

表 5.3　混合智能的形态

方式	混合智能形态		
智能混合方式	增强型 混合智能	替代型 混合智能	补偿型 混合智能
功能增强方式	感知增强 混合智能	认知增强 混合智能	行为增强 混合智能
信息耦合方式	穿戴人机协同 混合智能	脑机融合 混合智能	脑机一体化 混合智能

从层次角度看，将生物智能体系和机器智能体系粗略地分为感知层、认知层和行为层。3 个层次之间存在紧密的联系，层次化是混合智能最显著的特点。

从混合方式看，混合智能系统可采用增强、替代和补偿等 3 种方式。其中增强是指融合生物体和机器智能体后实现某种功能的提升；替代是指用生物/机器的某些功能单元替换机器/生物的对应单元；补偿是指针对生物体及机器智能体的某项弱点，采用机器或生物部件补偿并提高其较弱的能力。

从功能增强角度来看，混合智能可以分为感知增强混合智能、认知增强混合智能、行为增强混合智能，3 种系统分别实现感知、认知及行为层面的能力增强。

从信息耦合紧密程度看，混合智能可以分为穿戴人机协同混合智能、脑机融合混合智能、脑机一体化混合智能。穿戴人机协同混合智能通过穿戴非植入式器件，实现生物智能体与机器智能体的信息感知、交互与整合，机器智能体和生物智能体的耦合程度较低。脑机融合混合智能采用植入式器件，实现机器智能体与生物智能体的信息融合，两者不仅仅是简单的信息整合，还包括多层次、多粒度的信息交互和反馈，形成有机的混合智能系统。脑机一体化混合智能是深度的信息、功能、器件与组织的融合，系统呈现一体化态势。无处不在的物联、互联网络进一步整合，形成了机器脑—机器脑、人—机之间的混合智能系统。

混合智能中的生物可以是人类，也可以是某种动物。本节主要讲解以人类为对象的混合智能，简要介绍以动物为对象的混合智能。

2004 年，尼尔·哈比森（Neil Harbisson）把带芯片的天线植入自己的头骨中，成为世界上第一个获得政府认可的半电子人，如图 5.19 所示。在编程设计下，植入的天线能够识别紫外线和红外线，并把人眼可见的颜色转换为声音。这意味着，天生患有色盲的哈比森可以通过声音辨别各种色彩。

图 5.19　世界上第一个获得政府认可的半电子人

混合智能技术主要包括可穿戴计算、外骨骼、脑机接口等技术。

5.8.2　可穿戴计算

可穿戴暗示着利用人体作为物体的支持环境。可穿戴计算技术是计算领域正在兴起的一项新技术，为计算机科学与技术提出了新的课题，将形成新的计算概念、理论和技术，并将拓展计算的功能和开辟新的应用领域。可穿戴性被定义为人体和可穿戴物体之间的交互活动。

近年来，由于应用需求的牵引和计算机技术的快速发展，可穿戴计算设备受到世界各国的关注，并迅速得到了发展。虽然可穿戴计算技术已在许多特殊任务领域得到充分利用，但人们更希望它早日进入日常生活。可穿戴计算为系统仿真提供了新的计算平台，将会对系统仿真技术产生重要的影响。可穿戴计算目前亟待发展的技术包括无限自主网技术、可穿戴计算机应用系统、移动数据管理技术、可穿戴计算机体系结构设计、人机交互技术、可穿戴计算机操作系统技术、可穿戴计算机应用软件设计、可穿戴计算机系统无线联结技术、可穿戴计算机系统设备设计技术、系统可靠性、安全性设计技术、可穿戴计算机实现及应用实例、普适计算其他相关技术等。

比较典型的先进可穿戴计算技术包括电子皮肤、外骨骼机器人（Exoskeleton Robot）等。图 5.20 所示为可穿戴柔性电子传感器，这是一种结合电子技术和柔性材料技术研制而成的传感器，贴在皮肤表面可以测量人体的温度、心率等指标，从而保护人的健康。

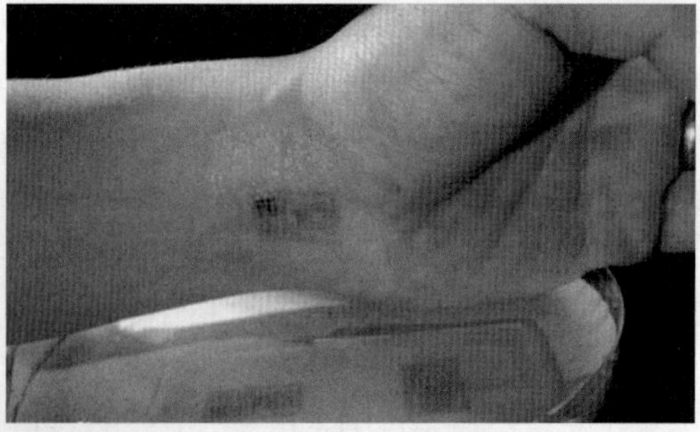

（a）贴在皮肤表面的电子皮肤

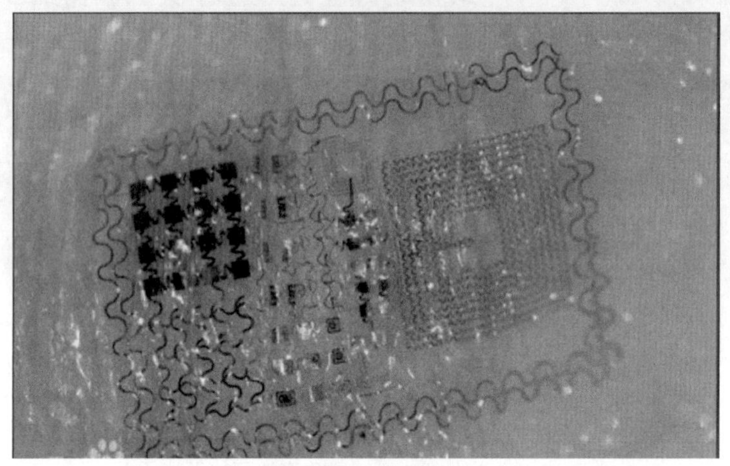

（b）柔性电子传感器

图 5.20　可穿戴柔性电子传感器

5.8.3　外骨骼

外骨骼这一名词来源于生物学，是指为生物提供保护和支持的坚硬外部结构，例如甲壳类和昆虫等节肢动物的外骨骼。外骨骼的优越性在于将支撑、运动、防护 3 项功能紧密结合。与此对应，外骨骼机器人实质上是一种可穿戴机器人，即穿戴在操作者身体外部的一种机械机构，同时融合了传感、控制、信息耦合、移动计算等机器人技术，在为操作者提供保护、身体支撑等功能的基础上，还能够在操作者的控制下实现一定的功能和完成任务。由于外骨骼机器人技术能够增强个人在完成某些任务时的能力，外骨骼和操作者组成的人——外骨骼系统对环境有更强大的适应能力。

2018 年，哈佛大学的研究人员在 *Science Robotics* 杂志上发表了一篇关于柔性外骨骼的文章，研究出了感应、机器人控制和机器人驱动的新方法，并研发出可以增强穿着者力量、平衡和耐力的新型柔性外骨骼。这才是外骨骼发展更合理的方向，毕竟如果一副外骨骼的重量过大，单单克服自重产生的阻碍就够麻烦了，还如何达到辅助人类行动的目的。

因此，近年来外骨骼机器人引起了许多科研人员的注意，并在单兵军事作战装备、辅助医疗设备、助力机构等领域获得了广泛的应用。

在军事领域，外骨骼由于能够有效提高单兵作战能力，因而具有很大的吸引力。从 2000 年开始，美军开始从事“增强人体机能的外骨骼”项目的研究。美国政府已经计划投资数百万美元研制新一代的基于外骨骼的单兵作战装置。这套作战外骨骼系统不仅具有能源供应装置，可提供保护功能，而且集成了大量的作战武器系统和现代化的通信系统、传感系统以及生命维持系统，从而可以把士兵从一个普通的战士武装成一个“超人”。外骨骼装备可以使士兵轻松承受高达吨级的武器装备，外骨骼本身的动力装置和运动系统能够使士兵不觉疲倦地做长距离、长时间的高速运动，同时外骨骼强大的防御能力使士兵能够“刀枪不入”。在不久的将来，飞行能力也将被集成到外骨骼装备中，从而使士兵的作战范围和能力超越传统的概念。

图 5.21 所示为辅助人类行走的外骨骼。

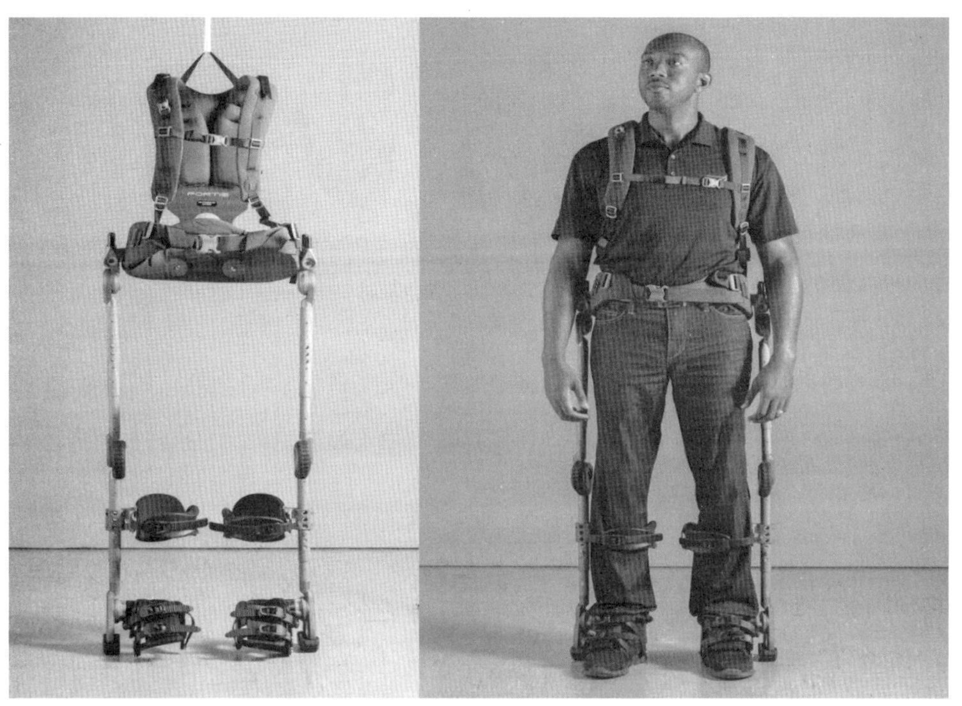

图 5.21　辅助人类行走的外骨骼

5.8.4　脑机接口

脑机接口技术是一种具有变革性的人机交互技术。脑机接口是在人或动物大脑与外部设备之间创建的直接连接，通过捕捉大脑信号并将其转换为电信号，实现脑与设备的信息交换。脑机接口试验的成功，促进了介入式脑机接口从实验室前瞻性研究向临床应用迈进。随着脑科学、人工智能和材料科学的发展，脑机接口技术不断进步，将在提高患者生活质量、促进个性化和精准化医疗方面发挥重要的作用。国内首例植入式硬膜外电极脑机接口辅助治疗颈髓损伤引起的四肢截瘫患者，该患者的行为能力恢复取得突破性进展，患者通过大脑硬膜外芯片植入可以实现自主脑控喝水。2023 年 5 月，非人灵长类动物介入式脑机接口试验取得成功。该试验在猴脑通过介入式脑机接口实现脑控机械臂，对推动脑科学领域的研究具有重要意义，标志着我国脑机接口技术跻身国际领先行列。

1. 脑机接口介绍

脑机接口是一种基于计算机的综合系统，可实现人与机器之间的双向信息交互。它获取大脑信号，对其进行分析解码，用于计算机输入或外部设备的控制；或对大脑施加相应的刺激，用于治疗神经退行性疾病或增强人类功能等。脑机接口技术并非一项新技术。1973 年，美国加州大学雅克・维达尔（Jacques Vidal）发表的一篇文章中首次提出脑机接口的概念，距今已走过 50 多年。

典型的脑机接口系统的工作流程包含信号获取、解码和特征提取、分类/算法、控制输出及反馈，如图 5.22 所示。

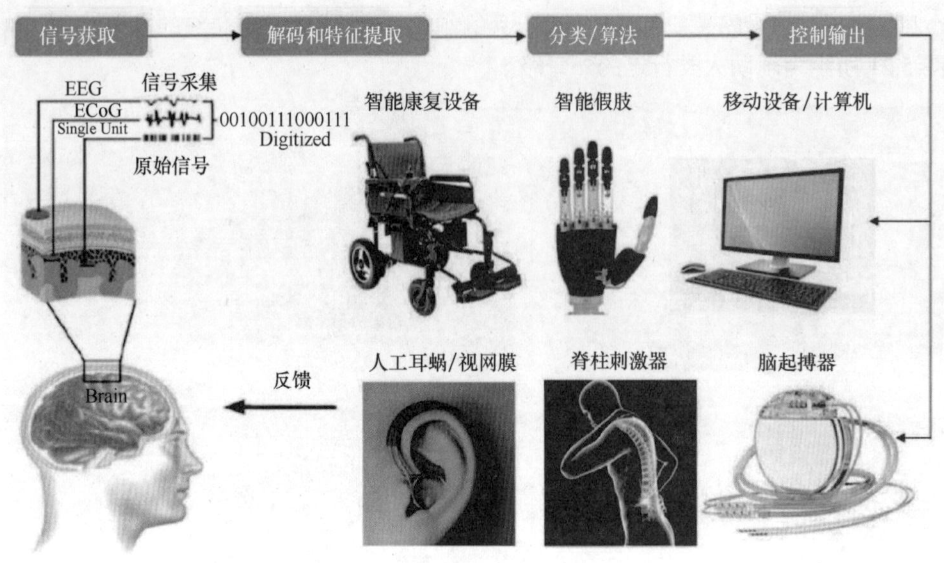

图 5.22　脑机接口系统的工作流程

2. 脑机接口类型及应用

大脑作为人体最复杂的器官之一，每时每刻都在产生数以亿计的相关电活动，这种神经电活动也是大脑中信号传输的基本方式。脑机接口系统按照捕捉大脑信号的位置和方法可以分成以下 3 类。

（1）侵入式脑机接口：采用将电极直接植入大脑皮层的方式，得到质量与精度最高的脑电信号。

（2）非侵入式脑机接口：在人的头皮放置采集节点。常用的非侵入式信号有脑电图（Electroencephalogram，EEG）、功能性近红外光谱技术（Functional Near-Infrared Spectroscopy，fNIRS）和功能磁共振成像（Functional Magnetic Resonance Imaging，fMRI）等，其中以 EEG 最为常见。EEG 是一种由脑细胞群之间以电离子形式传递信息而产生的生物电现象，是神经元电生理活动在大脑皮层或头皮表面的总体反映。

（3）半侵入式脑机接口：在头皮和大脑皮层之间放置电极。

大脑中不同的行为活动会引发不同的神经电位活动模式，这些模式在脑机接口系统中被人们观察并利用。要获得特定任务中的脑电信号为脑机接口系统所用，需要使用特定的脑电诱发范式。以 EEG 为例，按照诱发方式可分为视觉诱发电位（Visual Evoked Potential，VEP）系统和事件相关电位（Event-Related Potetial，ERP）系统等，人们运用这些诱发产生的信号可以完成诸如意念打字、机械手控制等任务。

美国知名企业家埃隆·马斯克（Elon Musk）旗下的脑机接口公司神经连接（Neuralink）已完成多例脑机接口设备人体移植，移植手术“进展顺利”，接受移植者在术后用意念控制鼠标指针、玩电子游戏等。2024 年 1 月 28 日，神经连接公司进行了该公司首例脑机接口设备人体移植。第二例移植手术于 2024 年 7 月在美国巴罗神经学研究所进行，接受移植者在术后第二天出院。借助脑机接口设备，该患者玩电子游戏的能力得到提高，并开始学习如何使用计算机辅助设计软件设计三维物体模型。这种设备植入大脑后能够读取大脑活动信号，希望可将其用于治疗记忆力衰退、颈脊髓损伤及其他神经系统疾病，帮助瘫痪人群恢复与外界沟通的能力，甚至重新行走。

洛桑联邦理工学院的研究团队开发了一种先进的微型脑机接口 MiBMI，如图 5.23 所示，这是一种低功耗且多功能的解决方案，可以显著改善肌萎缩侧索硬化（Amyotrophic Lateral Sclerosis，ALS）和脊髓损伤等疾病患者的生活质量。

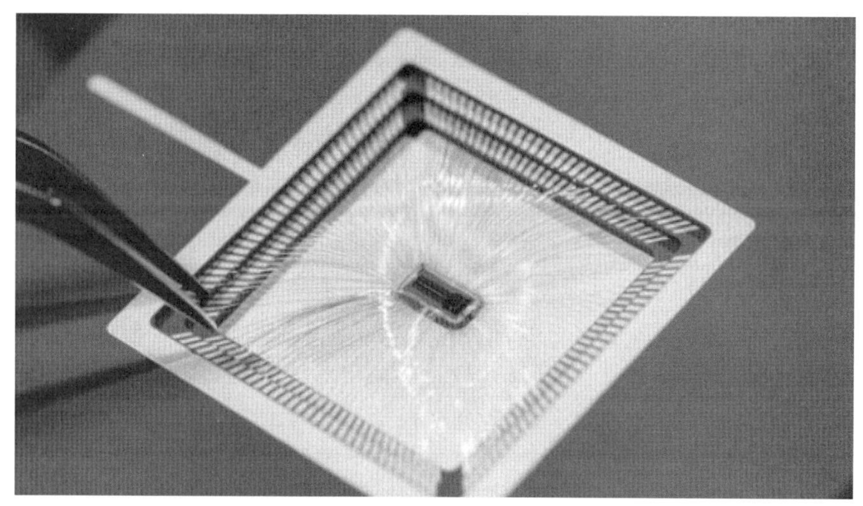

图 5.23　微型脑机接口 MiBMI

MiBMI 系统是一个完全集成的系统，所有的数据记录和处理都是在两个总面积为 8 平方毫米的小芯片上进行的，具有小尺寸和低功耗的特点，非常适合植入式应用。其能够将复杂的神经活动转换为高精度和低功耗的可读文本，准确率高达 91%，该系统目前可以解码多达 31 个不同的字符，而未来有望扩展到 100 个字符。MiBMI 的开发为 ALS 和脊髓损伤等疾病患者带来了新的希望，通过将大脑活动转换为可读文本，患者可以通过简单的思考写作来进行交流，从而提升生活质量。

医学健康领域是脑机接口技术最大的应用市场之一，因为脑机接口技术开启了一条非常规大脑信息输出通路，帮助运动功能障碍患者等恢复生理功能，如图 5.24 所示。

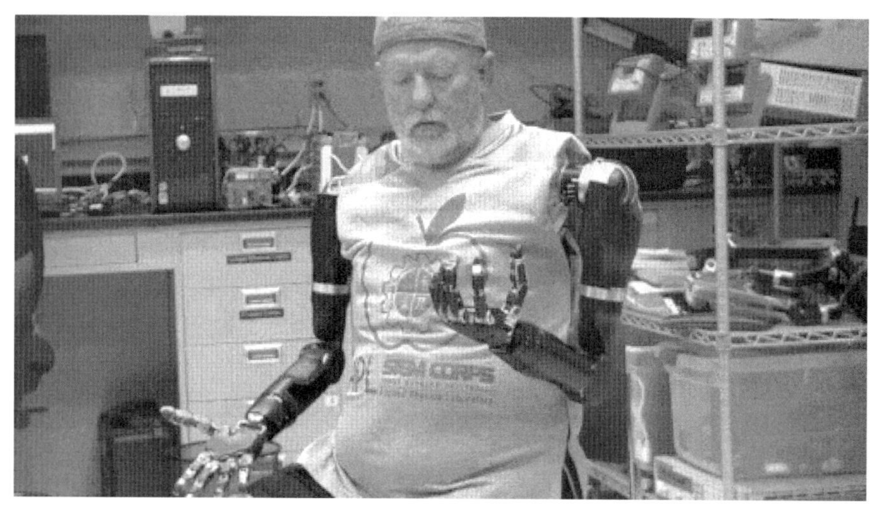

图 5.24　脑机接口帮助运动功能障碍患者恢复生理功能

脑机接口技术的临床应用可以概括为以脑功能评估为目的的脑机交互检测、以解码交流与设备控制为目的的脑机接口应用、以功能重塑康复为目的的脑机训练反馈，以及以脑网络环路干预为目的的脑机融合神经调控等 4 个方面。在肢体瘫痪临床治疗方面，脑机接口的成功植入有望为高位截瘫、ALS 等神经功能障碍患者提供全新的康复治疗方向，帮助患者恢复生理功能。在意识障碍治疗方面，目前已运用多模态检测、神经调控、脑机接口等技术实现了意识评估、意识改善和意识的输出。智能仿生手可以提取手臂上微弱的肌电和神经电信号，识别运动意图，做到“手随心动”；采集脑电的头罩可以收集大脑发出的电信号，并将其转换为可视化的脑电图谱，通过波纹的浮动来判断人的注意力是否集中。在意念打字方面，脑机接口可以帮助失语病人进行表达。在功能性脑疾病治疗方面，脑深部电刺激术（Deep Brain Stimulation，DBS）作为一种基于脑机接口的神经调控技术，是国际公认的帕金森病中晚期治疗的有效疗法，在全国都有广泛的应用。闭环反应性神经刺激系统是脑机接口在临床领域的重要应用。

作为一项新技术，脑机接口还要解决安全性、脑电信号翻译、伦理等诸多问题。未来，在 ALS、帕金森、认知障碍、抑郁症等涉及神经系统病变的诊疗当中，脑机接口将大展身手。目前脑机接口已进入探索和发展的活跃期，我国医学、工程等交叉科学的科研人员都在紧跟国际发展趋势，进行更多从 0 到 1 的原始创新。在脑机接口领域，我国正在做有组织的科研，成果和产业发展处于全球第一梯队，未来有信心进行更多前沿探索，引领世界脑机接口技术的发展。

5.9 本章小结

机器是模拟或实现人类智能的物理载体。大数据驱动下的弱人工智能或者感知智能在机器视觉、听觉、语音识别方面都达到甚至超越了人类水平。认知智能还处于低级阶段。语言智能和行为智能技术使机器也呈现出独有的智能。类脑智能是机器智能发展的高级阶段，目前还处于发展中。混合智能则是人机混合的特殊智能形态。总体上，机器智能目前仍然处于比较低的等级，随着人对智能认识的深化，很可能在机器上实现越来越高级的智能，这将主要通过认知智能技术的发展来支撑和实现。通过对机器智能各方面内容的学习，读者对于目前人工智能的重要方向和领域应有相对全面的认识和理解。

习题

1．机器感知智能主要依赖哪些技术实现？举例说明机器感知智能在超越人类方面的一些具体表现。

2．认知智能包括哪些技术？为什么说机器认知智能还处于低级阶段？

3．语言智能包括哪些技术？机器在语言智能的哪些方面已经表现出卓越性能？机器语言智能技术能够使机器理解人类语言吗？

4．机器行为智能与机器人有什么关系？通过哪些技术来实现机器行为智能？

5．人机混合智能主要有哪些形式和技术？人机混合智能对人类而言有什么意义？

06

AIGC 与机器创造

学习导言

除了在象棋、围棋等人类擅长的博弈领域取得突破，人工智能也正在进入艺术领域、科学发现领域。人工智能创作文学作品、音乐作品、美术作品的新闻层出不穷。它将人类的创造力、情感表达、审美等智能与计算技术相结合，突破了人类在艺术创作方面的认知局限，创造出了更具新奇感的表达效果，同时节省了人力成本，提高了艺术创作的效率。人工智能在新材料、药物分子设计甚至数学定理证明等方面都取得了令人惊叹的成就。机器能否取代艺术家、科学家、数学家？相信不同的人会有不同的答案。本章主要从艺术创造、科学发现等方面探讨生成式人工智能与机器创造的关系。

6.1 大模型技术

6.1.1 大模型基本概念

大模型是一类规模庞大的人工智能模型，代表了当前人工智能领域最前沿的技术发展。它通过对海量数据的学习获得强大的语言理解和生成能力，可以执行各种复杂的认知任务。

从技术角度看，大模型通过海量数据训练和深度学习架构的创新，实现了人工智能在认知和生成能力上的重大突破。这项技术的核心在于利用自注意力机制的 Transformer 架构，对未标注的海量数据进行自监督学习，从而获得对语言、图像等多种模态信息的深度理解能力。

从技术演进来看，预训练大模型的发展经历了几个关键阶段。早期以 BERT 为代表的模型专注于语言理解任务，通过双向编码器架构来捕捉文本的上下文语义。随后，GPT 系列模型的出现标志着生成式预训练模型的崛起，其单向解码器架构在文本生成任务中展现出卓越能力。近期，以 DALL·E、Stable Diffusion 为代表的多模态大模型更是将人工智能的创造能力延伸到了图像生成领域。图 6.1 所示为由 DALL·E 生成的有趣图像。

在模型架构方面，现代大模型普遍采用深层 Transformer 结构。通过多层自注意力机制，模型可以有效捕捉序列数据中的长距离依赖关系，这一特性使其能够理解复杂的语境信息并生成连贯的内容。同时，位置编码、层归一化等技术创新也显著提升了模型的训练稳定性和生成质量。

(a) (b) (c) (d)

图 6.1　DALL·E 生成的有趣图像

大模型的规模效应是其性能提升的重要驱动力。随着参数规模从百万级别扩展到百亿甚至千亿级别，模型表现出了更强的推理能力和更好的任务泛化性。然而，规模的增长也带来了巨大的计算开销和存储压力。为此，研究人员提出了模型压缩、参数高效微调、混合专家模型等优化方案，试图在保持模型性能的同时提高其实用性。

在应用层面，大模型技术已经展现出广泛的应用价值。在自然语言处理领域，它可以执行文本生成、机器翻译、问答系统等多种任务；在多模态领域，它能够实现图文创作、视频生成、跨模态检索等复杂功能。特别是在内容创作领域，大模型的能力正在重塑传统的创作模式，为创意产业带来新的可能。

然而，大模型技术的发展也面临着诸多挑战。首先是训练成本高昂，需要大量的计算资源和能源投入；其次是模型推理延迟较高，难以满足实时交互的需求；此外，模型的可解释性较差、输出的可控性有限等问题也有待解决。这些挑战正推动着研究人员在模型架构、训练方法、推理优化等方面持续创新。

6.1.2　大模型预训练

大模型预训练过程是大模型能力形成的关键环节。模型通常采用掩码语言建模、下一句预测等自监督学习任务，从海量原始数据中学习语言知识和世界知识。这种预训练方式不仅降低了对标注数据的依赖，也使模型获得了更强的泛化能力。在此基础上，通过有针对性的微调或提示学习，模型可以快速适应特定领域的具体任务。

下面以 ChatGLM 为例介绍大模型预训练环节的关键步骤和特点。

1. 数据准备

收集大规模文本数据：从互联网、图书、新闻、社交媒体等多种来源获取大量文本数据。

数据清洗与预处理：对收集到的数据进行清洗，包括去除重复内容、错误数据、垃圾信息等，并进行文本标准化处理，如转换为统一编码、分词、去除停用词等。

ChatGLM 预训练数据：ChatGLM 系列模型的预训练语料库由多种语言（主要为英文和中文）的文档构成，涵盖网页、维基百科、图书、代码和论文等多种来源。数据处理流程精心设计，分为 3 个主要阶段：去重、过滤和分词。

在去重阶段，ChatGLM 通过精确匹配和模糊匹配技术剔除重复或相似的文档，确保数据集的多样性。在过滤阶段，ChatGLM 移除包含攻击性内容、占位符文本和源代码等的噪声文档，以提升数据质量。在分词阶段，文本被转换成 token 序列，为后续处理打下基础。

预训练数据中的 token 数量对模型训练速度有直接影响。为了提高效率，研究人员采用了字节级字节对编码（Byte Pair Encoding，BPE）算法，分别对中文和多语种文本进行学习，并将学到的 token 与 tiktoken 中的 cl100k_base tokenizer 的 token 合并，形成了一个包含 15 万词元的统一 token 集。在最终训练集中，ChatGLM 研究人员对不同来源的数据进行了重新加权，增加了高质量和教育性来源（如图书和维基百科）的数据比例，使得预训练语料库包含约 10 万亿个 token。

尽管 ChatGLM 积累了丰富的经验和启示，但截至目前，尚未发现一个基本准则来全面指导数据收集、清洗和选择的过程。

2. 模型选择与设计

选择模型架构：根据任务需求选择合适的预训练模型架构，如 BERT、GPT、T5、RoBERTa 或 LLaMA 系列等。

大模型框架以 Encoder-Decoder、Encoder-Only、Decoder-only 为主，目前，Decoder-only 架构因其效率与灵活性高、生成能力强大，成为构建大语言模型的主流选择。Qwen 1.5/Qwen 2 模型架构如图 6.2 所示。

超参数设定：确定模型的大小（如参数量）、层数、隐藏层大小等关键参数。

3. 预训练任务

掩码语言模型（Masked Language Model，MLM）：类似 BERT 的模型，会随机遮掩输入文本中的某些词汇，让模型预测被遮盖的部分，以学习上下文依赖关系。

自回归模型（Autoregressive Model）：如 GPT 系列，模型基于前面的文本预测下一个词，学习序列中的条件概率分布。

4. 训练过程

使用大规模计算资源：由于模型和数据规模庞大，预训练往往需要分布式计算环境，如 GPU 集群。

优化算法与损失函数：应用 Adam、LAMB 等优化器，最小化预测错误的损失函数，如交叉熵损失。

学习率调度与正则化：动态调整学习率，采用早停、权重衰减等策略防止过拟合。

5. 评估与监控

验证集性能监控：使用单独的验证集数据监控模型性能，确保模型在未见过的数据上泛化良好。

Loss 监控与调优：跟踪训练过程中的损失函数变化，适时调整训练策略。

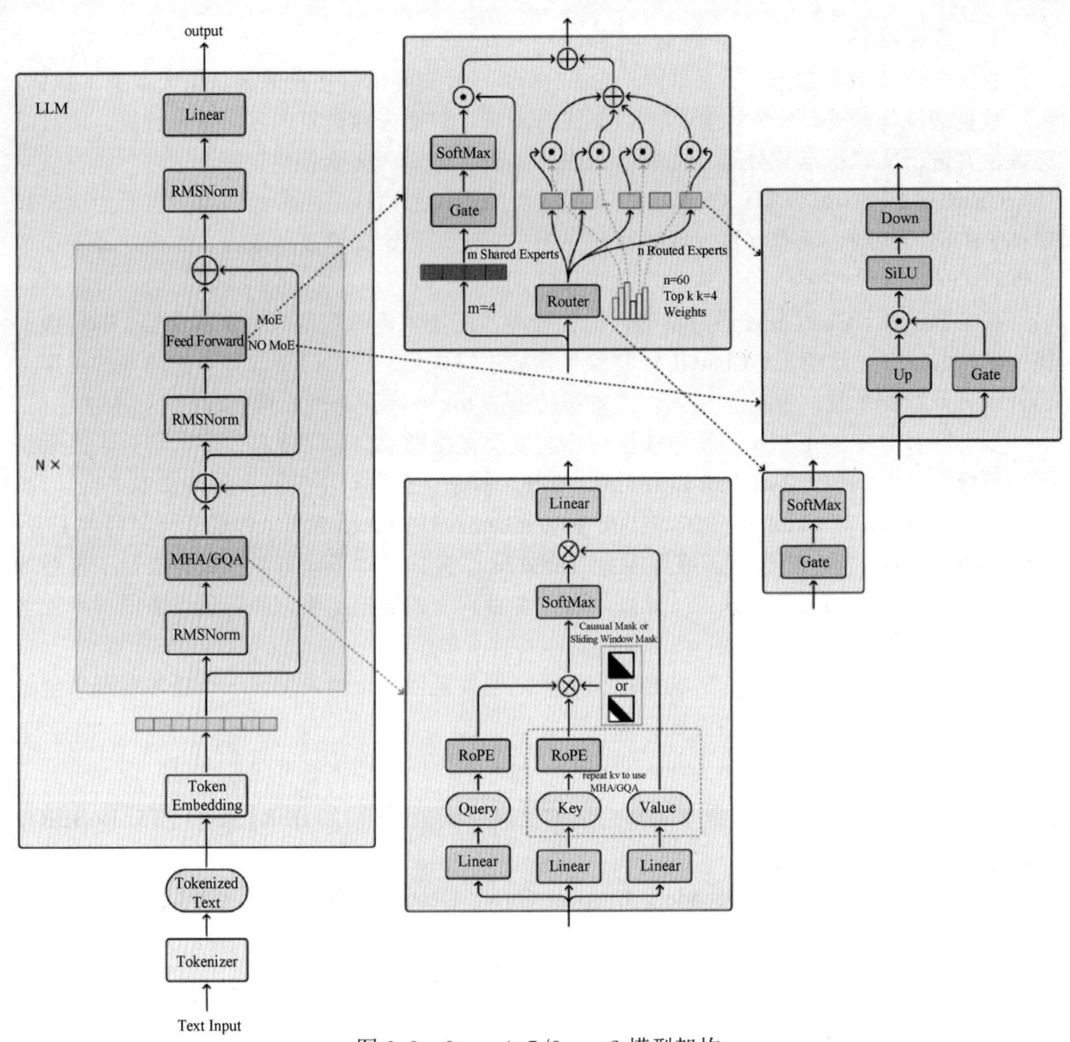

图 6.2　Qwen 1.5/Qwen 2 模型架构

6. 知识探索与分析

通过知识蒸馏、few-shot 学习等方式探究模型学到的知识。

使用探针任务（Probe Tasks）来检测模型对特定语言特征的理解程度。

完成预训练后，可以进一步在特定任务上对模型进行微调（Fine-Tuning），以使其适应情感分析、问答系统、文本生成等具体应用场景。整个预训练流程对于构建能够理解广泛领域知识、具备强大语言生成和理解能力的大模型至关重要。

6.2 AIGC

AIGC（Artificial Intelligence Generated Content，人工智能生成内容）也称为生成式人工智能（Generative AI），它是人工智能领域中一个快速发展且极具潜力的分支。AIGC 专注于创建能够生成新内容的人工智能系统，这些内容可以是文本、图像、音频、视频，甚至是 3D 模型。与传统的分析型人工智能不同，AIGC 不仅能理解和分析现有数据，还能基于学习到的模式创造全新的、原创的内容。

6.2.1 AIGC 发展历程

利用人工智能方式生成内容的想法发源甚早。结合人工智能的演进历程，AIGC 的发展大致可以分为以下 4 个阶段。

1. 早期萌芽阶段（20 世纪 50 年代至 20 世纪 90 年代）

由于早期技术所限，AIGC 局限于小范围实验。1957 年，莱杰伦・希勒（Leiaren Hiller）和伦纳德・艾萨克森（Leonard Isaacson）通过将计算机程序中的控制变量换成音符，得到了历史上第一支由计算机创作的音乐作品——弦乐四重奏《伊利亚克组曲》（*Illiac Suite*）。1966 年，世界第一款可人机对话的机器人伊莉莎（Eliza）问世，其可在关键字扫描和重组的基础上进行人机交互。20 世纪 80 年代中期，IBM 基于隐马尔可夫模型创造了语音控制打字机坦戈拉（Tangora），它能够处理约 20000 个单词。然而在 20 世纪末期，由于高昂的研发与系统成本以及难以落地的商业变现模式，各国政府减少了对人工智能领域的投入，AIGC 发展暂时停滞。

2. 沉淀积累阶段（21 世纪前十多年）

2006 年，深度学习算法取得重大突破，且同期 GPU、TPU 等算力设备性能不断提升。在数据层面，互联网的发展引发数据规模快速膨胀，成为 AIGC 发展的算法训练基础，AIGC 发展取得显著进步。但算法仍然面临瓶颈，创作任务的完成质量限制了 AIGC 的应用，内容产出效果仍待提升。2007 年，纽约大学人工智能研究员罗斯・古德温（Ross Goodwin）装配的人工智能系统通过对公路旅行中见闻的感知和记录，撰写出世界上第一部完全由人工智能创作的小说 *1 The Road*。但其仍存在整体可读性不强、拼写错误、辞藻空洞、缺乏逻辑等问题。微软于 2012 年公开展示的全自动同声传译系统基于深层神经网络，可自动将英文演讲者的内容通过语音识别、语言翻译、语音合成等技术转换成中文语音。

3. 快速发展阶段（2014—2021 年）

2014 年以来，以 GAN 为代表的深度学习算法被提出和迭代更新，AIGC 进入生成内容多样化的时代，且产出的内容效果极其逼真。2017 年，微软的“小冰”创作的世界首部完全由人工智能创作的诗集《阳光失了玻璃窗》正式出版。2018 年，英伟达发布了可以自动生成图片的 StyleGAN 模型，截至 2022 年末，其已升级到第四代 StyleGAN-XL，可生成人眼难以分辨真假的高分辨率图片。2019 年，DeepMind 发布了可生成连续视频的 DVD-GAN 模型。2021 年，OpenAI 推出了 DALL・E，并于 2022 年将其升级为 DALL・E 2。该产品主要生成文本与图像的交互内容，可根据用户输入的简短描述性文字，输出极高质量的卡通、写实、抽象等风格的图像。

4. 爆发与破圈阶段（2022 年至今）

谷歌于 2022 年 5 月推出了文本图像生成模型 lmagen，同年 8 月，开源人工智能绘画工具 StableDiffusion 发布；2022 年 9 月，Meta 推出可利用文字生成视频的产品 Make-A-Video，以推动其视频生态的发展。2022 年 11 月 30 日，OpenAl 推出人工智能聊天机器人 ChatGPT，AIGC 的内容产出能力迅速吸引了大批用户，至 2022 年 12 月 5 日，OpenAI 创始人表示，ChatGPT 用户数已突破 100 万。2023 年 2 月，微软宣布推出由 ChatGPT 支持的新版本 Bing 搜索引擎和 Edge 浏览器，AIGC 与传统工具进入深度融合历程。

6.2.2 AIGC 技术

AIGC 建立在深度学习和神经网络的基础之上，通过大规模数据集的训练，学习复杂的数据分布和模式，然后利用这些学习到的知识生成新的数据样本。其中，2017 年出现的 GAN 是生成式人工智能技术发展的开端。GAN 由两个相互竞争的神经网络组成：一个生成器和一个判别器。生成器试图创造逼真的数据，而判别器则尝试区分真实数据和生成的数据。通过这种对抗过程，系统不断改进，最终能够生成高质量的内容。

另一个重要的技术是变分自编码器（Variational AutoEncoder，VAE），它通过学习数据的潜在表示来生成新内容。此外，近年来大语言模型（如 GPT 系列）的发展，也极大地推动了生成式人工智能在自然语言处理领域的应用。

在图像生成方面，扩散模型的出现标志着生成式人工智能的又一重大进步。这类模型通过逐步去噪的过程生成高质量图像，代表性的实现包括 DALL·E、Midjourney 和 Stable Diffusion 等。这些模型能够根据文本描述生成逼真的图像，展现出惊人的创造力和细节把控能力。

AIGC 作为一项新兴的人工智能技术，其核心在于利用 GAN 和大型预训练模型等技术，通过对已有数据的规律学习来生成新的内容。这项技术不仅能够进行基于线索的部分生成，还可以实现完全自主的生成以及基于底稿的优化生成。AIGC 的内容覆盖范围相当广泛，既包括图像、文本、音频等可直接感知的外显性内容，也包括策略、剧情、训练数据等需要深入理解的内在逻辑内容。

在文本生成领域，大型预训练模型扮演着核心角色。以 GPT-3 为代表的预训练模型展现出了强大的文本生成能力。文本生成技术目前主要应用在两个方向：一是结构化的应用型文本生成，如新闻撰写和智能客服对话；二是创作型文本生成，如剧情续写和营销文案创作。此外，文本生成技术还可用于辅助性的文本生成，如内容素材的采集和预处理。

音频生成技术主要包含 3 个重要分支：文本转语音（Text to Speech，TTS）、语音克隆以及音乐生成。TTS 技术已经相当成熟，在有声读物制作和语音播报等场景中得到广泛应用。语音克隆技术则能够模仿特定人的声音特征，在虚拟主播和配音领域展现出巨大潜力。在音乐生成方面，人工智能可以完成从作词、作曲到编曲、人声录制和混音的完整创作过程。

图像生成领域经历了显著的技术革新。早期以 GAN 为主导的技术路线正逐渐被扩散模型补充和更新。同时，用于 3D 内容生成的 NeRF 技术的出现为元宇宙和虚拟现实领域提供了重要技术支持。图像生成技术的应用十分丰富，既可以进行图像属性的编辑和局部修改，也能实现完整图像的端到端生成。

视频生成则是建立在图像生成基础之上的更复杂的任务。它不仅需要考虑单帧画面的质量，还要确保画面间的连续性和逻辑性。当前的视频生成技术主要集中在 3 个方向：视频属性编辑、自动剪辑以及以 Deepfake 为代表的视频部分生成技术。这些技术在内容创作、娱乐传媒等领域已经展现出广阔的应用前景。

跨模态生成是 AIGC 领域最具突破性的发展方向。Transformer 架构的创新应用和 CLIP 等关键技术的出现，使人工智能已经能够实现文字生成图像、文字生成视频、图像转文本等多种跨模态转换。DALL·E、Imagen AI 等模型的成功展示出了跨模态生成技术的巨大潜力。这一技术方向被认为是人工智能走向真正认知智能和决策智能的重要突破口。

在策略生成领域，人工智能主要通过深度强化学习技术来实现自主决策能力。目前这项技术在游戏人工智能领域已经取得显著成果，并逐步向自动驾驶、机器人控制等实际应用场景扩展。虽然在游戏之外的领域还面临着环境模拟等技术挑战，但其应用前景十分广阔。

6.2.3 AIGC 应用及场景

AIGC 技术的发展不仅推动了内容生产效率的提升，也正在重塑创意产业的格局。随着技术的不断成熟，AIGC 必将在更多领域发挥重要作用，成为推动人工智能与创意产业融合的关键力量。

AIGC 的应用范围极其广泛，几乎涵盖了所有创意和内容生产领域。在文本生成方面，AIGC 可以用于自动写作、对话系统、内容摘要和翻译等任务。在视觉艺术领域，AIGC 可以创作绘画、设计标志、生成 3D 模型，甚至制作动画。在音乐产业，AIGC 能够创作旋律、编曲，甚至模仿特定艺术家的风格。在游戏开发中，AIGC 可以自动生成地形、角色和剧情。

在商业领域，AIGC 正在改变产品设计、市场营销和客户服务等多个方面。例如，它可以根据用户偏好自动生成个性化的产品推荐和广告文案。在客户服务方面，人工智能驱动的聊天机器人能够提供更自然、更个性化的交互体验。

医疗健康领域也在积极探索 AIGC 的应用。研究人员正在使用这项技术来设计新药、预测蛋白质结构，甚至生成合成医学图像用于训练和研究。在材料科学领域，AIGC 被用于设计新材料，以加速材料发现的过程。

在实际应用方面，AIGC 正在与其他技术融合，创造出新的可能。例如，将 AIGC 与增强现实（Augmented Reality，AR）和虚拟现实（Virtual Reality，VR）技术结合，可以创造出更加沉浸式和个性化的体验。在教育领域，这种技术可以用于创建适应性学习内容和交互式教学材料。

AIGC 正处于一个快速发展和不断突破的阶段，它正在重塑我们创造、工作和交互的方式。虽然这项技术带来了诸多挑战，但它也开启了无限可能。未来，AIGC 很可能成为推动人类社会进步的重要力量，为艺术、科学、商业等各个领域带来革命性的变革。然而，要充分发挥其潜力，我们需要在技术创新、伦理考量和社会影响之间找到平衡，确保人工智能的发展始终服务于人类的福祉。表 6.1 列出了 AIGC 的类型、内容形式及其应用场景、覆盖领域。

表 6.1　AIGC 的类型、内容形式及其应用场景、覆盖领域

<table>
<tr><th>类型</th><th>内容形式</th><th>应用场景</th><th>覆盖领域</th></tr>
<tr><td rowspan="2">文字生成</td><td rowspan="2">文本处理：总结、续写、改写
文本交互：闲聊、问答、咨询</td><td>文字素材生成及加工：小说、稿件、剧本、文案、新闻资讯</td><td>营销</td></tr>
<tr><td>基于文字内容的分析：策划、思路灵感激发、热点捕捉</td><td>传媒</td></tr>
<tr><td rowspan="2">音频生成</td><td rowspan="2">人声生成、语音克隆、音效生成</td><td>基于专业内容的交互：客户服务心理咨询、法律咨询、教育咨询</td><td>影视</td></tr>
<tr><td>基于娱乐的交互：游戏对话、闲聊互动、文字游戏</td><td rowspan="2">游戏</td></tr>
<tr><td rowspan="3">图像生成</td><td rowspan="3">图像编辑、修复、风格转换
2D、3D 图像生成
图像分析</td><td>基于商业服务的设计及修复：广告海报、工业设计图、建筑图、服装设计</td></tr>
<tr><td>图片素材的生成、影片的特效及转制</td><td rowspan="2">金融</td></tr>
<tr><td>长视频、短视频的生成、修复、转换</td></tr>
<tr><td rowspan="2">视频生成</td><td rowspan="2">视频修复、风格转换、特效制作</td><td>基于商业化的音乐制作：编曲、歌曲制作</td><td rowspan="2">教育</td></tr>
<tr><td>变声及配音</td></tr>
</table>

续表

<table>
<tr><th>类型</th><th>内容形式</th><th>应用场景</th><th>覆盖领域</th></tr>
<tr><td rowspan="3">虚拟生成</td><td rowspan="3">数字人生成
游戏场景生成
游戏逻辑及剧情</td><td>数字形象的建立/模拟：游戏 NPC、虚拟偶像、虚拟 IP</td><td rowspan="2">心理</td></tr>
<tr><td>数字场景的建立：游戏场景、影视特效、数字孪生场景、地图生成</td></tr>
<tr><td>关卡、剧情、对战的生成、改编</td><td rowspan="2">法律</td></tr>
<tr><td rowspan="2">策略生成</td><td rowspan="2">对战策略
NPC“心智”（与环境交互）</td><td>代码编写、信息系统应用的开发</td></tr>
<tr><td>专业领域的数据分析、报告生成</td><td rowspan="2">医疗</td></tr>
<tr><td rowspan="2">代码生成</td><td rowspan="2">代码按需生成或补全
修复代码 bug</td><td>数字形象直播</td></tr>
<tr><td>科研思路及灵感的激活</td><td rowspan="2">工业</td></tr>
<tr><td>蛋白质生成</td><td>蛋白质结构的预测</td><td>……</td></tr>
</table>

6.3 人工智能与创造力

在人工智能快速发展的今天，创造力这一长期被认为是人类独有的能力正在被重新定义和理解。人工智能系统展现出的创造力令人惊叹，从艺术创作到科学发现，机器正在以其独特的方式展现创造力。这一领域的发展不仅挑战了我们对创造力的传统理解，也为人工智能的未来应用开辟了新的可能。

创造力长期以来被定义为产生新颖、独特且有价值的想法或作品的能力。对人类来说，创造力涉及复杂的认知过程，包括发散思维和聚合思维、知识的重组和转化，以及对问题的新颖洞察。心理学家们普遍认为，创造力的两个核心标准是新颖性和有用性。新颖性指的是想法或作品的独特性和原创性，而有用性则强调这些想法或作品必须具有实际价值或意义。

人类的创造过程通常被描述为包含准备、孵化、顿悟和验证 4 个阶段的过程。在准备阶段，个体收集信息并定义问题。孵化阶段是潜意识，大脑在背景中处理信息。顿悟阶段是创意突然涌现的时刻，而验证阶段则是对创意进行评估和完善。这一过程并非线性的，而是循环和迭代的。

近年来，随着深度学习和其他人工智能技术的发展，机器展现出的创造力令人惊叹。例如，在 2015 年，谷歌的 DeepDream 项目展示了神经网络可以生成梦幻般的、超现实主义的图像。这个项目不仅展示了机器学习算法的视觉处理能力，还揭示了神经网络内部的抽象表示，为我们理解机器“思维”提供了新的视角。

在音乐创作领域，OpenAI 的 MuseNet 能够生成多种风格和乐器组合的音乐作品。这个模型通过学习大量的音乐数据，不仅能模仿特定作曲家的风格，还能创造出全新的音乐作品。这种能力挑战了我们对音乐创作本质的理解，引发了关于艺术创作中人类角色的深入讨论。

在视觉艺术领域，DALL・E 和 Midjourney 等人工智能系统展现出了惊人的图像生成能力。这些系统能够根据文本描述创造出复杂的图像，有时甚至超出人类想象的范畴。这种文本到图像的转换能力不仅展示出了人工智能在跨模态理解和生成上的进步，也为艺术创作提供了新的工具和可能性。

在科学研究领域，人工智能系统也展现出了强大的创造力。例如，DeepMind 的 AlphaFold

在蛋白质结构预测方面取得了突破性进展，这一成就不仅加速了生物学研究，还为药物开发开辟了新的途径。在材料科学领域，人工智能系统能够预测新材料的性质，甚至设计出全新的材料结构，这在传统方法中是难以实现的。

在数学领域，DeepMind 的人工智能系统已经能够证明新的数学定理，并提出新的数学猜想。这种能力不仅展示了人工智能在逻辑推理和抽象思维方面的进步，还为数学研究提供了新的工具和视角。

这些例子表明，机器创造力已经不再局限于简单的模仿或组合，而是能够产生新颖和有价值的成果。机器的创造过程虽然与人类不同，但同样涉及信息的收集、处理、重组和生成。深度学习系统通过对大规模数据的学习，能够捕捉到人类难以察觉的模式和关联，从而产生令人意想不到的创意。

然而，机器创造力也引发了一系列问题和讨论。首先是关于创造力本质的哲学问题：机器创作的作品是否真的可以被称为“创造”。其次是伦理问题：如何处理人工智能生成内容的版权和责任问题。最后是社会影响：人工智能的创造力会如何影响人类的工作和创造活动。

尽管存在这些问题，人工智能创造力的发展无疑为我们提供了理解创造力本质的新视角。它挑战了我们对创造力的传统理解，迫使我们重新思考创造力的定义和机制。同时，人工智能的创造力也为人类提供了新的工具和可能，极大地扩展了人类的创造边界。

人工智能创造力的发展正在重塑我们对创造力的理解，也为人类的创造活动提供了新的可能。我们需要以开放和批判的态度看待这一发展，既要认识到人工智能创造力的潜力，也要警惕其可能带来的挑战和风险。只有这样，我们才能最大化人工智能创造力的积极影响，推动人类创造力的进一步发展。

6.4 AIGC 与机器创作

6.4.1 音乐生成与音乐创作

机器音乐创作的历史可以追溯到 20 世纪 50 年代。莱杰伦·希勒博士使用早期的计算机设计程序来控制变量形成音符，后来根据排列规则创作音乐，这标志着计算机辅助音乐创作的开端。随后，多种基于智能算法的方法被运用到作曲中，主要包括马尔可夫链、人工神经网络、遗传算法，以及多种混合型算法等。

近年来，人工智能技术在音乐创作领域取得了惊人的进步。根据相关研究结果，人工智能已经可以进行非常复杂的音乐创作，音乐创作水平非常高。人工智能技术在音乐中的应用甚至已经逐渐走向商业化。相关调查显示，人类与人工智能合作创作的速度是人类音乐家的 20 倍，极大地提高了音乐创作的效率。

在旋律识别方面，给计算机听一段旋律，让其判定是否与已知的旋律匹配来达到音乐曲目模式识别的目的。现在许多软件中的“听歌识曲”功能都来源于此。准确的旋律识别需要短时傅里叶变换、液体状态机等算法。

在音乐创作过程中，人工智能技术建立了音乐结构、节奏、风格、音阶等的基本逻辑和规律，并通过精确的算法系统创造出优美的旋律。同时，人工智能还可以结合乐器的声乐特点和效果，创造出具有内涵的音乐。

智能作曲是运用人工智能算法进行作曲，使人在利用计算机进行音乐创作时的介入程度达到最小。将人工智能算法运用到计算机辅助算法作曲系统，可以模拟作曲家的创作思维，极大地提高作曲系统的自动化程度。具有高自动化程度的机器智能作曲，不仅可以使作曲家更高效地工作，提高作曲效率，还可以降低作曲的繁杂性，提高音乐创作的普遍性，更增加了音乐与人工智能等多领域交叉发展的可能性。

近年来，国外在人工智能作曲领域发展较为迅速，国外人工智能巨头公司都对人工智能作曲展开了深入研究，一些由人工智能创作的音乐作品已经达到大师级水平。

在音乐创作的历史长河中，无数音乐家穷尽一生精力为后人留下了动听的旋律，这些旋律与其所创作的时代相贴合，甚至被打上了创作者自己独特的烙印。加州大学圣克鲁兹分校的音乐学教授戴维·科普（David Cope）是古典音乐界极具争议的人物，他编写了能够谱出协奏曲、合唱曲、交响乐和歌剧的计算机程序。他写出的第一个程序名为 EMI（Experiments in Musical Intelligence，音乐智能的实验），专门模仿巴赫的风格。虽然写程序花了 7 年，但一经推出，EMI 短短一天就谱出 5000 首巴赫风格的曲。它甚至学会了如何模仿贝多芬、肖邦、拉赫玛尼诺夫和斯特拉文斯基。科普还为 EMI 签了合约，首张专辑《计算机谱曲的古典音乐》（*Classical Music Composed by Computer*）受到了意想不到的欢迎。

科普曾经挑出几首安排在一次音乐节上演出。演出激动人心，观众反应热烈，兴奋地讲着这些音乐如何碰触到他们内心最深处。观众并不知道作曲者是 EMI 而非巴赫。这个案例引发了关于人工智能创作音乐的情感表达能力的讨论。

除了音乐创作，人工智能技术也被应用到音乐会中。2018 年 5 月 31 日，一个意大利机器人在北京音乐厅演奏古典钢琴曲。这个机器人是 2017 年开发的，可以控制关节模仿钢琴家进行演奏，并在几家剧院演出过。

人工智能技术也被广泛应用于乐器。例如，英国 ROLL 公司推出了 ROLL blocks 方块乐器，可以模仿吉他、大提琴和钢琴等 100 多种乐器。同时，该乐器可以与其他音乐软件平台一起使用，让用户体验演奏音乐的乐趣。

从人工智能技术在音乐创作中的应用可以看出，人工智能技术可以提高音乐家的工作效率，降低音乐家与制作人之间的沟通成本，为制作人提供更多低成本的版权音乐。然而，在音乐创作的过程中，人工智能技术并不能完全取代音乐家。音乐艺术是对现实世界的一种表达。它将人类的智慧与情感联系起来，表达了音乐家独特的思维和心理活动，体现了不同音乐家独有的音乐形象。这些都是人工智能目前无法完全达到的效果。

同时，人工智能技术在音乐创作过程中还不够成熟。它可以帮助音乐家表达情绪，但不能达到专业音乐创作的标准。人工智能是一种可以根据特定条件创造音乐旋律的算法，但这段旋律并不总是包含真实的情感。这就是为什么许多音乐专家认为，尽管人工智能可以创作出技术上完美的音乐，但在情感深度和创新性方面仍然无法与人类音乐家匹敌。

尽管如此，人工智能音乐创作技术的发展仍然重新定义着音乐创作的过程。越来越多的音乐家开始将人工智能作为创作工具，探索人机协作的新可能。这种趋势可能会带来音乐创作和欣赏方式的革命性变化，同时引发关于艺术创作本质、版权归属、音乐教育等方面的深入讨论。

近期人工智能音乐创作技术取得了突破性进展，出现了一批引人注目的新产品和工具。这些产品和工具不仅能创作高质量的音乐，还能生成歌词和人声，大大拓展了人工智能音乐创作的边界。最具代表性的是 Suno——2023 年底引起广泛关注的人工智能音乐创作工具，它能够根据文本提示生成完整的歌曲，包括歌词、旋律、和声和人声。Suno 的特点如下。

（1）文本到音乐生成：用户只需输入简单的文本描述，Suno 就能创作出完整的歌曲。

（2）多种音乐风格：可以生成各种流行音乐风格，如流行、摇滚、嘻哈等。

（3）高质量输出：生成的音乐在专业性和音质上都达到了较高水平。

（4）快速创作：通常只需几分钟就能生成一首完整的歌曲。

这些新兴的人工智能音乐创作工具展示了技术的快速进步。它们不仅能生成高质量的音乐，还能创作歌词和模拟人声，这在以前是难以想象的。2023 年出现的这些新兴人工智能音乐创作工具为音乐创作开辟了新的可能，它们不仅使音乐创作变得更加容易，还有潜力彻底改变我们创作和欣赏音乐的方式。然而，这也带来了诸多挑战和伦理问题，需要音乐界、技术界和法律界共同探讨和解决。

6.4.2 图像生成与美术创作

机器美术创作是人工智能在视觉艺术领域的一个重要应用，其发展历程反映了人工智能技术在创造性视觉任务中的进步。从早期的基于规则的系统到现代的深度学习模型，机器美术创作技术经历了巨大的变革，展现出越来越强大的创作能力。

计算机艺术的历史可以追溯到 20 世纪 60 年代早期。德斯蒙德·保罗·亨利（Desmond Paul Henry）的“绘图机器”被认为是这一领域的先驱之作。这基于二战期间用于运送弹药的精准计算机完成，产生的图像都是由曲线组成的，抽象且复杂。这些早期作品为后来的计算机艺术奠定了基础，展示了技术与艺术结合的无限可能。

20 世纪 60 年代的计算机艺术运动催生了更多机器创作图像的尝试。1967 年，工程师比利·克鲁弗（Billy Klüver）、弗雷德·沃尔德豪尔（Fred Waldhauer）与几位艺术家联手创立了贝尔艺术与技术实验室，这是一个开创性项目，为后续的计算机生成艺术奠定了基础。早期的计算机艺术创作过程极其艰辛，画面和数据必须通过老式键控打孔机呈现。这种创作方式虽然复杂，但也体现了早期艺术家和工程师对新技术的探索精神。

随着技术的发展，机器创作技术也在不断更新，从点阵打印机技术（20 世纪 70 年代），到视频游戏技术（21 世纪），再到 3D 打印技术（2010 年左右），每一次技术的进步都为艺术创作带来新的可能，扩展了艺术表现的边界。这些技术不仅改变了艺术创作的方式，也影响了人们对艺术的理解和欣赏方式。

近年来，随着深度学习技术的发展，机器美术创作进入了新的阶段。现代人工智能美术系统不仅能创作完整的艺术作品，还能模仿特定艺术家的风格，甚至创造出全新的艺术形式。这种进步源于神经网络技术，特别是 CNN 和 GAN 的应用。

风格迁移技术是人工智能美术创作的一个重要突破，谷歌的 DeepDream 项目是这一领域的先驱，它使用 CNN 来分析艺术家的绘画风格，并将其应用到其他图像上。例如，它可以将一张普通照片转换成梵高风格的画作。这种“风格迁移”技术不仅展示了人工智能对艺术风格的理解能力，也为数字艺术创作提供了新的工具。

GAN 的应用进一步推动了人工智能美术创作的发展。美国罗格斯大学的艾哈迈德·埃尔加马尔（Ahmed Elgammal）教授开发的艺术生成算法是 GAN 在美术领域的一个重要应用。这个算法能够生成令人惊叹的画作，在一次特殊的美术图灵测试中，人类无法区分出这些画作是由计算机还是由人类艺术家创作的。这一成果不仅展示了人工智能的创作能力，也引发了关于艺术本质的深入讨论。

2018 年，由人工智能创作的肖像画《爱德蒙·德·贝拉米》（见图 6.3）在佳士得拍卖会上以 432500 美元的价格成交，这是第一幅在主流拍卖行售出的人工智能艺术品。这一事件不仅标志着人工智能艺术开始进入主流艺术市场，也引发了关于人工智能艺术价值的广泛讨论。

图 6.3 《爱德蒙·德·贝拉米》

2020 年以来，AIGC 在图像生成和美术创作方面取得了突破性进展。OpenAI 的 DALL·E 和 DALL·E 2 分别于 2021 年和 2022 年发布，它们能够根据文本描述生成高质量、创意十足的图像。DALL·E 2 不仅能创作新图像，还能编辑现有图像，展现出惊人的创造力和灵活性。这种文本到图像的生成能力，为视觉内容创作提供了全新的可能。

Midjourney 是 2022 年推出的另一个功能强大的人工智能图像生成工具。它以独特的艺术风格和高度可定制性而闻名，能够生成各种风格的艺术作品，从写实到抽象都有涉及。Midjourney 的出现，使更多非专业人士也能创作出高质量的视觉艺术作品，这在某种程度上民主化了艺术创作。

Stable Diffusion 是 2022 年发布的开源图像生成模型，它的出现大大降低了人工智能图像生成的门槛。与 DALL·E 和 Midjourney 相比，Stable Diffusion 的开源特性使更多开发者和艺术家能够参与到人工智能美术创作中来。这不仅促进了技术的快速发展，也为人工智能艺术创作带来了多样性和创新。

2022 年，由 Midjourney 生成的作品《太空歌剧院》（见图 6.4）在科罗拉多州艺术博览会上获得了数字艺术类别的一等奖，引发了关于人工智能艺术的热烈讨论。这一事件不仅说明人工智能艺术的质量已经达到可以与人类艺术家竞争的水平，也引发了关于艺术评判标准和人工智能在艺术创作中的角色的深入思考。

图 6.4 《太空歌剧院》

Sora 是一个视频生成模型，可以根据文本指令创建现实且富有想象力的场景，它能够生成包含多个角色和复杂细节的场景。

在技术上，Sora 使用了类似于 Midjourney 的扩散模型技术，利用 Diffusion Transformer 架构对视频、语言数据进行压缩，并分析数据分布。

人工智能美术工具的出现可能会改变艺术教育的方式和内容。传统的技巧训练可能会让位于概念和创意的培养，同时，如何使用人工智能美术工具可能成为艺术教育的一部分。这种变化可能会重塑未来艺术家的培养方式。

面对这些变化，机器美术创作技术正在向着几个主要方向发展。未来的人工智能系统可能会更好地理解艺术创作的社会和文化背景，创作出更有深度的作品。人工智能可能成为艺术家的创作伙伴，提供新的创作工具和灵感来源，实现人机协作的艺术创作模式。

个性化艺术体验可能成为未来的趋势，人工智能可能为每个观众创造独特的、符合其个人品味的艺术作品。跨媒体艺术创作也是一个重要方向，人工智能可能实现从文本到图像、从音乐到视觉等跨媒体的艺术创作，拓展艺术表现的边界。

此外，人工智能在艺术评论和分析方面也可能发挥重要作用。人工智能系统可能在艺术品的评估、分类和价值判断方面提供新的视角和工具，辅助艺术史研究和艺术市场分析。

机器美术创作正在重塑我们对艺术创作的理解。虽然人工智能还无法完全复制人类艺术家的创造力和情感深度，但它已经成为一个强大的创作工具和灵感来源。未来，人机协作可能会成为视觉艺术创作的新范式，开创艺术发展的新纪元。在这个过程中，我们需要不断思考和讨论人工智能在艺术中的角色，以及如何在技术进步和艺术传统之间找到平衡。只有这样，我们才能充分发挥人工智能的潜力，同时保持艺术的本质和价值。

6.4.3 文本生成与文学创作

机器文学创作是人工智能在文学领域的一个重要应用，其发展历程反映了人工智能技术在创造性文字任务中的进步。从早期的基于规则的系统到现代的深度学习模型，机器文学创作技术经历了巨大的变革，展现出越来越强大的创作能力。

计算机文学创作的历史可以追溯到 20 世纪 60 年代，美国成功设计出的诗歌创作软件 Auto-Beatnik 被认为是这一领域的先驱之作。这个早期尝试展示了计算机在文学创作中的潜力，为后续的发展奠定了基础。

20 世纪 80 年代中期，未来学家雷・库兹韦尔（Ray Kurzweil）提出了一个基于诗词的图灵测试，他基于简单的马尔可夫模型构造了诗词生成器。这一尝试不仅推动了机器诗歌创作的发展，也为评估机器文学创作水平提供了一个重要参考。随后，研究人员开发出在线生成诗歌的算法、故事生成算法等，进一步拓展了机器文学创作的范围。

1998 年，研究人员研制出的小说创作程序 Brutus 能在 10 余秒内撰写一部短篇小说。尽管这些早期系统仍然高度依赖于程序设计者，但它们为后续的发展奠定了重要基础。

近年来，随着深度学习技术的发展，机器文学创作进入了新的阶段。现代人工智能文学系统不仅能创作完整的文学作品，还能模仿特定作家的风格，甚至创造出全新的文学形式。以下是一些具有代表性的技术和系统。

2011 年，杜克大学的一名本科生修改了一种算法，修改后的算法能将诗歌分解成更小的部分（如诗、行、短语），然后自动生成新的诗歌。其中一首诗甚至被杜克大学的文学期刊 *The Archive* 采用。这一成果展示了人工智能在诗歌创作中的潜力。

2015 年，研究人员发布了一个名为 char-RNN 的简单模型，仅几百行代码就在文本生成上得到了令人称奇的结果。这个模型能够学习训练文本的风格，并生成相似风格的文本，展示了神经网络在文本生成方面的强大能力。

2016 年，日本的一个人工智能系统创作的小说《机器人写小说的那一天》入围日本第三届“星新一文学奖”初审。这一事件在文学界引起了广泛讨论，标志着人工智能文学创作开始得到专业文学界的认可。

诗歌创作一直是人工智能文学创作中最具挑战性的领域之一，因为诗歌通常需要高度的抽象思维和情感表达。然而，微软的“小冰”——目前全球最大的交互式人工智能系统之一，在智能作诗方面取得了显著成果。2017 年，“小冰”创作的现代诗集《阳光失了玻璃窗》（见图 6.5）正式出版，成为人类历史上第一部完全由人工智能创作的诗集。“小冰”通过学习大量现代诗作，获得了创作现代诗的能力，其作品甚至能够通过一定形式的图灵测试。

图 6. 5 “小冰”创作的现代诗集《阳光失了玻璃窗》

清华大学语音和语言技术中心开发的“薇薇”是另一个在诗歌创作方面取得成功的人工智能系统。2016 年，“薇薇”通过了中国社会科学院唐诗专家的评定和图灵测试，其创作的古诗词中有 30%以上被认为是人创作的而非机器创作的。

2020 年以来，机器文学创作领域经历了一场革命性的变革，这主要得益于大语言模型和生成式人工智能技术的飞速发展。这些新技术不仅大大提高了人工智能生成文本的质量，还拓展了人工智能文学创作的范围，为文学创作带来了前所未有的机遇和挑战。

OpenAI 发布的 GPT-3 不仅能够生成各种风格的文学作品，还能执行文学分析、续写、翻译等任务。OpenAI 的 GPT-3 模型是机器文学创作的一个重要里程碑。这个包含数十亿参数的模型能完成阅读理解、常识推理、文字预测、文章总结等多种任务，展示了人工智能在语言理解和生成方面的巨大进步。

在小说创作方面，人工智能研究者格温·布兰文（Gwern Branwen）利用 GPT-3 进行了一系列创作实验。他利用 GPT-3 创作了多篇短篇小说，其中一些作品在文学性和创意性上受到了读者的好评。这些作品不仅展示了人工智能在小说创作中叙事结构和情节发展方面的设计能力，还引发了关于人工智能是否具有真正的“创造力”的讨论。

GPT-3 在诗歌创作方面也取得了令人瞩目的成果。多位诗人和研究者使用 GPT-3 创作诗歌，并探讨了人工智能与人类协同创作的可能性。这些实验不仅产生了一些令人印象深刻的诗作，还促使人们重新思考诗歌创作的本质和人类诗人的角色。

在剧本写作方面，一些实验性项目使用 GPT-3 生成电影和戏剧剧本，展示了人工智能在叙事结构把握和对话创作方面的能力。这些项目不仅探索了人工智能在传统剧本写作中的应用，还尝试了一些创新性的叙事形式，如交互式剧本和多线程故事。这些尝试为电影和戏剧创作开辟了新的可能，同时引发了关于人工智能是否能真正理解人类情感和社会关系的辩论。

GPT-3 的成功引发了一系列基于大语言模型的文学创作尝试，推动了人工智能文学创作的快速发展。这些尝试不局限于英语创作，还扩展到了多语言和跨语言的文学创作。研究者们使用大语言模型进行诗歌翻译和跨语言文学创作实验，探索了人工智能在文化交流和文学翻译中的潜力。这些实验为全球文学交流提供了新的视角，也为消除语言障碍提供了可能的解决方案。

2022 年底，OpenAI 发布的 ChatGPT 引起了更广泛的关注。这个基于 GPT-3.5 的对话式人工智能系统展示了更强的上下文理解能力和更自然的交互方式。在文学创作方面，ChatGPT 能够根据提示生成各种类型的文学作品，包括短篇故事、诗歌、剧本等。更重要的是，它能够提供写作建议和修改意见，协助人类作家进行创作。许多作家开始将 ChatGPT 作为他们创作过程中的“虚拟助手”，以突破创作瓶颈、优化写作表达。

ChatGPT 的另一个重要应用是进行文学分析和评论。它能够从多个角度解读文学作品，提供新的分析视角。这一能力不仅为读者提供了更丰富的阅读体验，也为文学研究提供了新的工具和方法。然而，这也引发了关于人工智能文学批评的可靠性和深度的讨论，以及人工智能是否能真正理解文学作品的深层含义的争论。

2022—2023 年，结合文本和图像生成的多模态人工智能系统在文学创作领域崭露头角。DALL·E 2、Midjourney 等人工智能图像生成工具被用来为人工智能生成的故事创作插图，从而打造视觉小说和绘本。这种文本到图像技术的发展为文学创作开辟了新的表现形式，使作家可以更容易地创作出图文并茂的作品。OpenAI 在 2023 年发布的 GPT-4 更进一步，具有处理图像输入的能力，为创作图文结合的文学作品提供了新的可能。

这些新进展不仅展示了人工智能在文学创作方面的巨大潜力，也引发了一系列新的问题和讨论。

人机协同创作的新模式也正在形成。如何有效地结合人类的创造力和人工智能的能力来创作出更好的文学作品，成为许多作家和研究者关注的焦点。这种协作模式不仅可能提高创作效率，还可能产生全新的文学形式和表达方式。

个性化文学体验可能成为未来的趋势，人工智能可能为每个读者创作独特的、符合其个人品位的文学作品。跨媒体文学创作也是一个重要方向，人工智能可能实现从文本到图像、从音乐到文字等跨媒体的文学创作，拓展文学表现的边界。

机器文学创作正在重塑我们对文学创作的理解。虽然人工智能还无法完全复制人类作家的创造力和情感深度，但它已经成为一个强大的创作工具和灵感来源。未来，人机协作可能会成为文学创作的新范式，开创文学发展的新纪元。在这个过程中，我们需要不断思考和讨论人工智能在文学中的角色，以及如何在技术进步和文学传统之间找到平衡。只有这样，我们才能充分发挥人工智能的潜力，同时保持文学的本质和价值。

6.5 人工智能与科学发现

6.5.1 材料设计

在人工智能快速发展的今天，机器智能材料设计作为其重要应用领域之一，正在深刻改变着新材料研发的方式。从早期的计算材料学到现代的深度学习和生成式人工智能模型，机器智能材料设计技术经历了巨大的变革，展现出越来越强大的预测和设计能力。

新材料研发对提高国家经济竞争力、促进国家繁荣和保障国家安全有重要意义。然而，传统的以人为主的试错研发模式导致材料研发周期长，已成为新材料发展面临的最主要问题。将人工智能应用到材料研发中，成为解决这一问题的创新尝试。

机器智能材料设计的发展可以追溯到 20 世纪末的计算材料学。如图 6.6 所示，这一领域经历了 3 个主要发展阶段：第一阶段是“计算结构性能”，主要利用局部优化算法从结构预测出性能；第二阶段是“晶体结构预测”，主要利用全局优化算法从元素组成预测出结构与性能；第三阶段是“数据驱动设计”，主要利用机器学习算法从物理性质、化学性质数据中预测出元素组成、结构和性能。

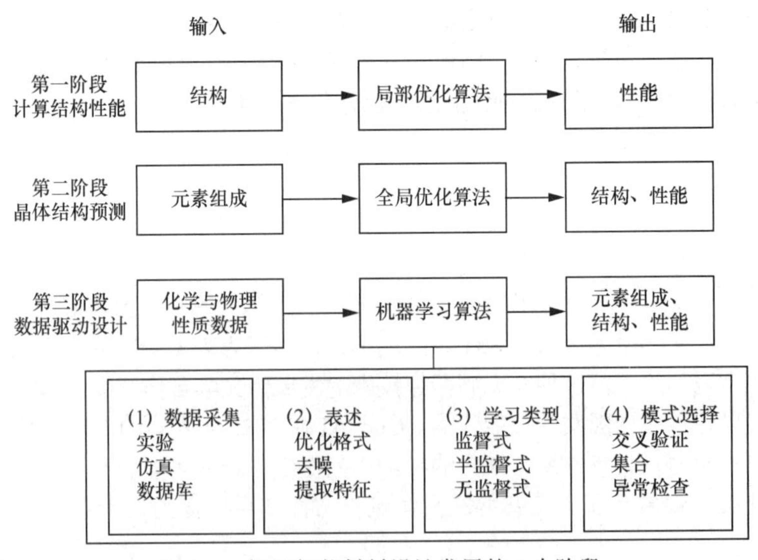

图 6.6　机器智能材料设计发展的 3 个阶段

2016 年 5 月，美国研究者提出“从失败中学习”。他们利用机器学习算法，用失败或不成功的实验数据预测了新材料的合成，并且机器学习模型在实验中的预测准确率超过了经验丰富的化学家，其过程如图 6.7 所示。这意味着机器学习将改变传统材料发现方式，发明新材料的可能性大幅提高。该研究结合了计算材料学、计算机模型和机器学习，是对传统研究方法的革新。

使用计算机模型和机器学习算法的好处在于，失败的实验数据也能用作下一轮的输入，继而不断完善算法。科学家们认为这种做法代表了实验科学和理论科学的真正融合。

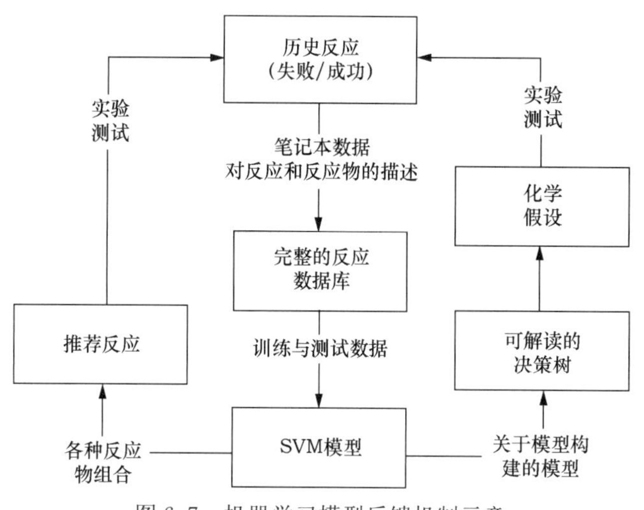

图 6.7　机器学习模型反馈机制示意

目前，科学家们在努力开发更好的机器学习算法，从已知化合物合成过程中提取规律，但从假想材料到现实落地还有很长一段距离。首先，现有数据库所含有的材料数据本身就不多，连现有已知材料都没有收录完全，更不用说计算机生成的材料了。其次，这种用数据驱动的发现方法并不适用于所有的材料（目前算法只能预测完美晶体）。再次，即使计算机生成了一种极有应用前景的材料，要在实验室里将其合成、制为实物也仍然可能需要花费很长时间。

2018 年 4 月，美国西北大学成功利用人工智能算法从数据库中设计出了新的高强超轻金属玻璃材料，这种方法比传统试验方法快了几百倍。这一成果展示了人工智能在材料设计中的高效性，为加速新材料的发现提供了可能。

2020 年以来，机器智能材料设计领域取得了更多突破性进展，主要体现在以下几个方面。

（1）深度学习模型在材料性能预测方面取得重大进展。2020 年，斯坦福大学的研究团队开发出了一种新的图神经网络模型，能够准确预测晶体材料的各种物理和化学性质。这个模型不仅提高了预测精度，还能处理更复杂的材料结构，为新材料的设计提供了更可靠的理论指导。

（2）生成式人工智能模型在材料设计中的应用开始显现。2021 年，加州大学伯克利分校的研究者使用 GAN 成功设计出了新型的锂离子电池电解质材料。使用这种方法不仅能够生成满足特定性能要求的材料，还能探索使用传统方法难以发现的新型材料结构。

（3）多尺度模拟与机器学习的结合为材料设计带来新的视角。2022 年，麻省理工学院的研究团队开发出了一种结合分子动力学模拟和深度学习的方法，能够在原子尺度上预测材料的宏观性能。这种方法极大地提高了材料性能预测的精度和效率，为定制化材料设计提供了有力工具。

（4）自动化实验平台与人工智能的结合进一步加速了材料研发过程。2023 年，IBM 研究院宣布开发出了一个全自动的材料发现平台，该平台集成了机器学习算法、机器人实验系统和高通量表征技术，能够自主设计实验、执行合成、分析结果，并基于反馈不断优化，大大缩短了新材料的研发周期。

（5）机器智能材料设计正在重塑我们对材料研发的理解。虽然人工智能还无法完全取代人类科学家的创造力和直觉，但它已经成为一个强大的研究工具和创新源泉。未来，人机协作可能会成为材料设计的新范式，开创材料科学的新纪元。在这个过程中，我们需要不断思考和讨论人工智能在材料科学中的角色，以及如何在技术进步和科学传统之间找到平衡。只有这样，我们才能充分发挥人工智能的潜力，同时保持材料科学的本质和价值。

6.5.2 化学合成

在人工智能快速发展的今天，机器智能化学合成作为其重要应用领域之一，正在深刻改变着化学研究和药物开发的方式。从早期的计算机辅助合成设计到现代的深度学习和生成式人工智能模型，机器智能化学合成技术经历了巨大的变革，展现出越来越强大的预测和设计能力。

化学合成，特别是有机化学合成，长期以来一直是一个高度依赖人类经验和直觉的领域。化学家通常需要搜索大量文献，并根据自己的经验制定逐步合成特定化合物的方法。这个过程，尤其是逆合成分析，往往需要消耗大量时间和精力。

自 20 世纪 60 年代以来，研究人员一直试图利用计算机来规划有机化学合成，但早期的尝试成效有限。直到近年来，随着人工智能技术的快速发展，特别是深度学习算法的突破，机器智能化学合成才开始展现出巨大的潜力。

在这一领域的早期发展中，Chematica 软件是一个重要里程碑。这款由波兰科学院和韩国蔚山国家科学技术研究院联合开发的软件，能够在短时间内预测反应，甚至提供未被文献报道的分子合成途径。Chematica 的成功展示了深度学习在化学合成规划中的潜力。

普林斯顿大学及默克研究实验室的研究人员开发的软件更进一步，能够同时计算改变化学反应中多达 4 种反应组分的反应产率。这一进展被化学家们视为一个大跨越，有望加速药物研发过程，推动有机化学的发展。

德国明斯特大学的马尔文 · 泽格勒及其团队开发的工具则让深度神经网络学习了 1240 万种单步骤有机化学反应，使其能预测任何单一步骤中发生的反应结果。这种从数据中直接学习而不需要人类输入规则的方法，已经引起制药公司的极大兴趣。

2020 年以来，机器智能化学合成领域取得了更多突破性进展，主要体现在以下几个方面。

（1）深度学习在反应预测方面取得重大突破。2020 年，麻省理工学院的研究团队开发出了一种新的图神经网络模型，能够准确预测复杂有机反应的产物和产率。这个模型不仅提高了预测精度，还能处理多步骤反应，为复杂分子的合成设计提供了更可靠的理论指导。

（2）生成式人工智能模型在化学合成路径设计中的应用开始显现。2021 年，斯坦福大学的研究者使用 GAN 成功设计出了新型的药物合成路径。这种方法不仅能够生成满足特定条件的合成路径，还能探索传统方法难以发现的新型反应序列。

（3）多目标优化算法在合成路径设计中的应用取得进展。2022 年，哈佛大学的研究团队开发出了一种结合强化学习和多目标优化的算法，能够同时考虑反应产率、成本、环境影响等多个因素，为绿色化学和可持续发展提供了新的工具。

（4）自动化实验平台与人工智能的结合进一步加速了化学合成过程。2023 年，加州理工学院宣布开发出了一个全自动的化学合成平台。该平台集成了机器学习算法、机器人实验系统和高通量分析技术，能够自主设计实验、执行合成、分析结果，并基于反馈不断优化，大大缩短了新化合物的研发周期。

这些进展不仅展示了人工智能在化学合成方面的巨大潜力，也引发了一系列新的问题和讨论。

首先是关于化学创新本质的哲学问题：人工智能设计的合成路径是否具有真正的创新性？它们是否会局限于现有知识的范畴？还是能够发现全新的反应类型？这些问题挑战了我们对化学创新的传统理解，迫使我们重新思考创新的定义和过程。

人工智能化学合成工具的普及也引发了对化学家角色的思考：这些工具是否会影响化学家的地位和工作？有观点认为，人工智能工具可能会取代一些常规的合成设计工作，但也有人认为，人工智能将成为化学家的得力助手，让化学家能够更专注于创造性工作和跨学科研究。

化学合成的可解释性也成为讨论的焦点。当人工智能系统提出一种新的合成路径时，我们是否能够理解其设计原理和过程？这个问题不仅关系到科学研究的本质，也影响到新合成方法的实际应用和优化。

2024 年诺贝尔化学奖授予了 3 位科学家：戴维·贝克（David Baker）、杰米斯·哈萨比斯（Demis Hassabis）和约翰·江珀（John Jumper）。

戴维·贝克的研究主要集中在利用计算方法设计新的蛋白质结构和功能上，开创了蛋白质设计的新领域。杰米斯·哈萨比斯和约翰·江珀领导的团队开发了 AlphaFold 模型，成功预测了蛋白质的三维结构，解决了困扰科学界数十年的“蛋白质折叠”难题。这些突破为生物医学、材料科学等领域带来了新的可能。

6.5.3 药物设计

在人工智能快速发展的今天，机器智能药物设计作为其重要应用领域之一，正在深刻改变着新药研发的方式。从早期的计算机辅助药物设计到现代的深度学习和生成式人工智能模型，机器智能药物设计技术经历了巨大的变革，展现出越来越强大的预测和设计能力。

药物设计是一个复杂的多学科过程，包括对药物分子结构的识别、合成路线的分析以及构效关系分析。传统的药物研发耗时长、成本高，平均需要 10 年以上的时间和 20 亿美元的投入才能将一种新药推向市场。面对这一挑战，制药行业一直在寻求突破，而人工智能的引入带来了希望。

20 世纪 90 年代，基于计算机的全新药物设计已经开始应用，包括人工神经网络的初步尝试。然而，受限于分子生长和连接方式、成药性、合成难易及计算资源等问题，全新药物设计能直接成功的案例并不多。

近年来，随着人工智能技术的快速发展，特别是深度学习算法的突破，机器智能药物设计开始展现出巨大的潜力。贝尔格生物技术公司的研究人员建立了一个模型，利用对 1000 多个人类癌细胞和健康细胞样本的测试结果来识别以前未知的癌症机制。这种方法颠覆了传统的试错法，利用来自患者的生物和疗效数据，得出更有预见性的假设。

2007 年，名为 Adam 的机器人科学家发现了一种酵母基因的新功能，标志着人工智能在科学发现领域的重要突破。2018 年，更先进的机器人 Eve 发现三氯生可以治疗耐药疟疾寄生虫，展示了人工智能在药物重定位方面的潜力。

2020 年以来，机器智能药物设计领域取得了更多突破性进展，主要体现在以下几个方面。

（1）生成式人工智能模型在新药分子设计中的应用开始显现。2021 年，Insilico Medicine 使用其人工智能平台设计的药物候选分子进入临床试验，这是首个完全由人工智能设计并进行人体试验的药物。这一成就标志着人工智能药物设计进入了一个新的阶段。

（2）多目标优化算法在药物设计中的应用取得进展。2022 年，麻省理工学院的研究团队开发出了一种结合强化学习和多目标优化的算法，能够同时考虑药效、毒性、代谢性等多个因素，为更全面的药物设计提供了新的工具。

（3）自动化实验平台与人工智能的结合进一步加速了药物筛选过程。2023 年，加州大学旧金山分校宣布开发出了一个全自动的药物筛选平台。该平台集成了机器学习算法、机器人实验系统和高通量筛选技术，能够自主设计实验、执行筛选、分析结果，并基于反馈不断优化，大大缩短了新药的研发周期。

（4）深度学习在药物靶点预测方面取得重大突破。2020 年，DeepMind 的 AlphaFold 在蛋白质结构预测领域取得了里程碑式的进展，这为基于结构的药物设计提供了强大的工具。2021 年，AlphaFold 2 的发布进一步提高了药物效果的预测精度，几乎达到了实验方法进行预测的水平。

2024 年，DeepMind 发布了 AlphaFold 的新版本——AlphaFold 3。这个新版本具有以下特点。

（1）更高的预测精度：特别是在预测蛋白质复合物和膜蛋白结构方面有显著提升。

（2）更快的计算速度：采用了更先进的算法和硬件优化，大幅减少了预测所需的时间和计算资源。

（3）多功能性：除了结构预测，AlphaFold 3 还能预测蛋白质的功能、相互作用和动力学特性。

（4）整合实验数据：新版本能够更好地整合各种实验数据，如质谱、核磁共振等，以提高预测的准确性。

（5）跨尺度预测：实现从分子水平到细胞水平的多尺度结构预测。

6.5.4 数学定理证明

作为一门古老的学科，数学的内容包括发现某种模式，并使用这些模式来表述和证明猜想，从而产生定理。计算机也很早被用于研究数学定理证明。自 20 世纪 60 年代以来，数学家们一直使用计算机来帮助证明猜想，最著名的案例是“贝赫和斯维讷通-戴尔猜想”（Birch and Swinnerton-Dyer Conjecture），这个猜想是千禧年数学大奖的 7 个问题之一，是数论领域的著名问题。但是，时至今日，计算机证明基础数学重要定理的例子也并不多见。

数学问题一度被认为是最具智力挑战性的问题。研究人员提出采用机器学习模型来发现数学对象之间的潜在模式和关联，用归因技术加以辅助理解，并利用这些观察进一步指导直觉思维和提出猜想的过程。这项研究中，人工智能系统帮助探索的数学方向是表示论。表示论属于线性对称理论，是利用线性代数探索高维空间的数学分支。

数学家的直觉在数学发现中起着极其重要的作用——只有结合严格的形式主义和良好的直觉思维，才能解决复杂的数学问题。科学家描述了一种通用的框架方法，在这个框架方法之下，数学家可以使用机器学习工具来指导他们对复杂数学对象进行猜想验证关系存在的假设，并理解这些关系。他们发现了纽结的代数和几何不变量之间惊人的关联，建立了数学中一个全新的定理。这些不变量有许多不同的推导方式，研究团队将目标主要聚焦在两大类：双曲不变量和代数不变量。两者来自完全不同的学科，增加了研究的挑战性和趣味性。图 6.8 是深度学习证明数学理论的过程。

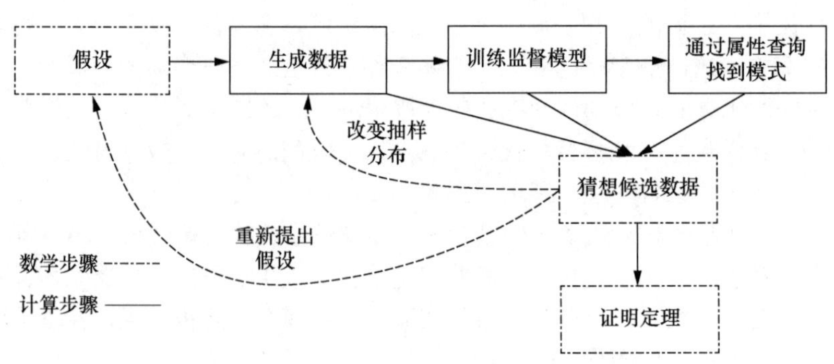

图 6.8　深度学习证明数学理论的过程

在数学直觉思维的指导下，机器学习提供了一个强大的框架，可以在有大量数据可用的领域，或者对象太大而无法应用经典方法研究的领域，发现有趣且可证明的猜想。机器学习的引入第一次证明了人工智能技术对于纯数学家的有用性。经验直觉可以指引数学家走很长一段路，但人工智能技术可以帮助数学家找到人类思维可能并不容易发现的关联。

数学研究，特别是定理证明，长期以来一直是一个高度依赖人类直觉和创造力的领域。数学家通常需要进行复杂的推理，并根据自己的经验提出和证明猜想。这个过程往往需要消耗大量时间和精力，有时甚至需要数年或数十年才能解决一个重要问题。

自 20 世纪 60 年代以来，研究人员一直试图利用计算机来辅助数学研究，但早期的尝试主要局限于简单定理的证明和数值计算。直到近年来，随着人工智能技术的快速发展，特别是深度学习算法的突破，机器智能数学才开始展现出巨大的潜力。

在这一领域的早期发展中，华人数学家王浩在 20 世纪 50 年代使用简单的计算机证明了《数学原理》中的几百个定理，获得了"数学定理机械证明里程碑奖"。这是计算机辅助数学研究的重要里程碑。

2020 年以来，机器智能数学领域取得了一系列突破性进展，主要体现在以下几个方面。

1. DeepMind 在定理证明中的突破

2020 年 12 月，DeepMind 团队在《自然》杂志上发表论文，描述了他们如何使用机器学习技术来辅助发现和证明新的数学定理。他们的人工智能系统在复杂理论中的纽结理论和表示论方面取得了重要进展，帮助数学家发现了纽结的代数和几何不变量之间的新关联。

2. 人工智能辅助的数学猜想生成

2021 年 6 月，麻省理工学院和哈佛大学的研究人员开发出了一种人工智能系统，能够自动生成数学猜想。这个系统在组合数学和图论领域提出了几个新的猜想，其中一些已经被人类数学家证明。

3. 机器学习在数论中的应用

2022 年 3 月，牛津大学的研究团队报告了使用机器学习技术来研究黎曼 ζ 函数零点分布的新方法。这项研究为解决黎曼猜想这一著名的数学难题提供了新的视角。

4. 人工智能在几何问题中的应用

2022 年 9 月，斯坦福大学的研究人员使用深度学习模型成功解决了一个长期存在的几何问题——如何在三维空间中最有效地堆积球体。这个问题与材料科学和晶体学密切相关。

5. 大型语言模型在数学推理中的应用

2023 年 2 月，OpenAI 的 GPT-4 模型在数学推理任务中展现出惊人的能力，能够解决大学水平的数学问题并给出详细的推导过程。这显示了人工智能在数学教育和辅助研究方面的潜力。

6. 自动化定理证明系统的进展

2023 年 7 月，谷歌 DeepMind 团队发布了一个名为 MathSteps 的系统，能够辅助数学家进行复杂的定理证明。这个系统结合了大语言模型和专门的数学推理引擎，可以理解用自然语言描述的数学定理，并提供证明步骤。

机器智能数学正在重塑我们对数学研究的理解。虽然人工智能还无法完全取代人类数学家的创造力和直觉，但它已经成为一个强大的研究工具和创新源泉。未来，人机协作可能会成为数学研究的新范式，开创数学科学的新纪元。在这个过程中，我们需要不断思考和讨论人工智能在数学中的角色，以及如何在技术进步和数学传统之间找到平衡。只有这样，我们才能充分发挥人工智能的潜力，同时保持数学研究的深度和美感。

6.5.5 物理定律发现

17 世纪初，开普勒对大量天体轨道数据进行分析后，得出著名的开普勒定律。此后，牛顿用万有引力运动定律证明了开普勒定律。爱因斯坦以相对论解释了水星近日点异常的进动之后，天文学家了解到牛顿力学的准确度依然不够。时至今日，牛顿解法的地位仍难以撼动，因为它简便且精度高，仍是计算行星轨道的主流。近日，普林斯顿等离子体物理实验室设计出了一个机器学习算法，“绕”过了牛顿，中间没使用任何物理定律！这是一种有关物理学中离散场理论的机器学习和服务方法，包括学习算法和服务算法。该算法的开发者为华人学者秦宏。

该研究假设从与开普勒同期的历史节点开始，基于一组类似于开普勒的数据，利用学习算法和服务算法发现天体运行规律。学习算法从时空网格上的一组观测数据中训练出离散场论，服务算法利用学习到的离散场论预测新的边界和初始条件下的场的观测数据。图 6.9 所示为根据万有引力定律通过求解牛顿给出的在太阳引力场中的行星运动方程而生成的水星、金星、地球、火星、谷神星和木星的轨道。

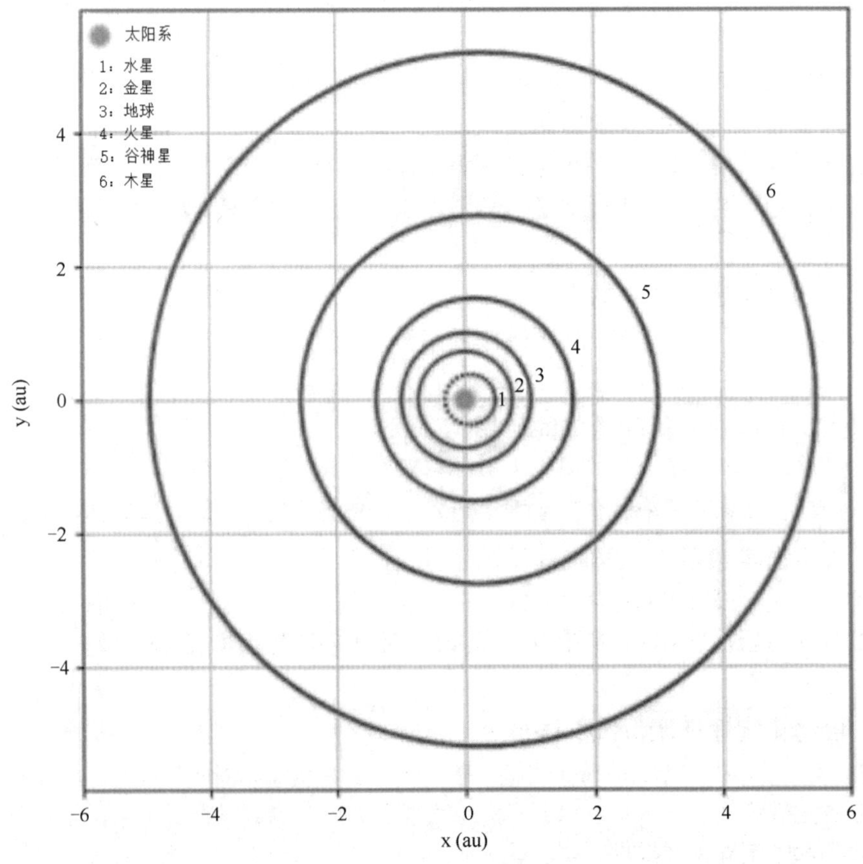

图 6.9　通过求解行星运动方程而生成的行星轨道

将这些轨道观测数据输入程序，然后与服务算法一起运行，结果竟惊人的准确。

图 6.10 中，实线标记指示的轨道是通过学习的离散场理论生成的，6 号轨道虚线标记所指示的轨道是来自图 6.9 的训练轨道。可以看出，在学习了极少的训练例子后，这个人工智

能算法似乎就能学会行星运动的规律。换句话说，该程序是在“学习”物理规律。为了丰富实验内容，研究人员又对从水星轨道的近日点发起的轨道进行了类似的研究，证明所开发的算法对于物理控制定律的变化具有鲁棒性。数据驱动方法论最近在物理学界引起了很多关注，这不足为奇，因为物理学的基本目标之一是从观测数据推论或发现物理学定律。

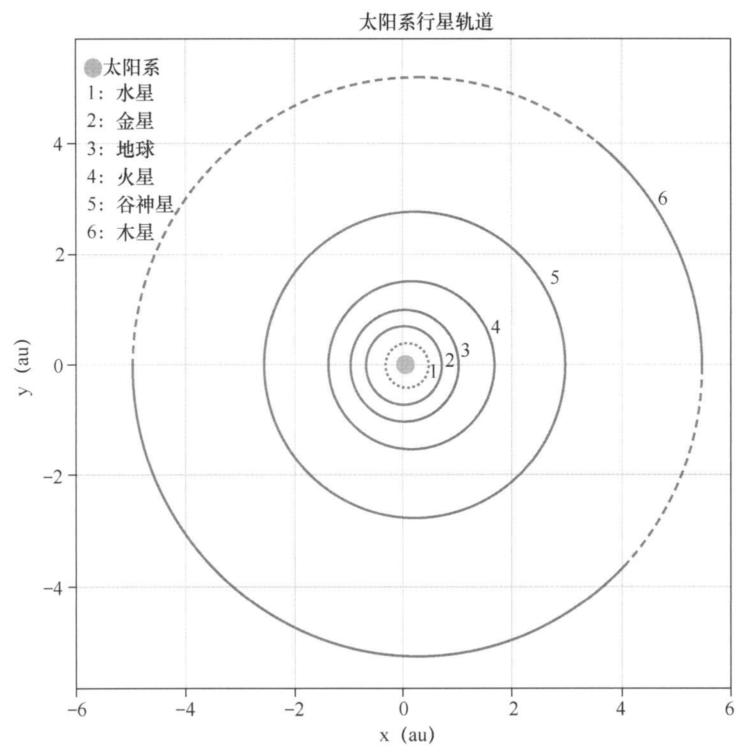

图 6.10　程序和算法生成的行星轨道

2020 年 12 月，有研究团队开发出了遵守物理定律的同时可以模拟运行物理过程或现象的人工智能技术。科研人员使用数字分析来复制计算机可以在数字世界中识别的物理现象。只要有足够的观测数据，这种技术能够模拟出其详细的机理[例如波动、断裂力学（如裂纹增长）、晶体结构增长等]。研究人员开发了微分与机器学习结合的新方法，这种方法可以遵守物理定律，例如数字世界中的节能定律。此外，即使在仿真中，也可以通过人工智能技术正确实现节能规律。使用这种新方法将使高度可靠的预测成为可能，并防止发生常规模型中所见的能量异常增加和减少的情况。

在这项研究中，人工智能能够从物理现象的观测数据中学习能量函数，然后在数字世界中生成运动方程。这些运动方程可以通过仿真程序直接使用，这些方程的应用将带来新的科学发现。另外，这些运动方程无须为计算机仿真而重写，因此可以复制物理定律，例如能量守恒定律。

以下是近年来人工智能在物理学各领域应用的具体示例。

1. 物理定律的发现与优化

普林斯顿等离子体物理实验室的研究人员利用人工智能模型分析行星轨道数据，重新发现并优化了行星运动定律。在这一研究中，人工智能通过数据学习自动找到行星轨道的规律，无须依赖传统的力学公式。这种方法展示了人工智能在物理定律发现中的潜力，让研究人员可以通过分析大量数据获得科学规律，而不局限于先前的理论假设。

2. 量子物理与量子计算中的人工智能应用

谷歌的量子计算团队使用人工智能优化了量子比特的控制和纠错。通过深度学习模型，团队得以检测和纠正量子计算中的噪声，使量子比特的稳定性和准确度提升。此外，加州大学伯克利分校的研究人员开发了人工智能模型，能够有效压缩和分析量子态的数据。这些研究表明人工智能在量子物理的复杂建模中具有不可替代的作用，帮助加速了量子计算的进展。

3. 天体物理与宇宙学中的人工智能应用

激光干涉引力波天文台（Laser Interferometer Gravitational Wave Observatory，LIGO）项目使用深度学习算法分析引力波数据。通过人工智能模型，科学家能够识别引力波信号，实时探测到黑洞或中子星的合并事件。这种人工智能驱动的分析方法大大提升了信号检测效率，为快速响应宇宙事件提供了支持。此外，人工智能还帮助分析了来自哈勃望远镜的数千幅星系图像，识别出星系分类和形态的细节，提升了天体物理的研究效率。

4. 复杂系统模拟与仿真

斯坦福大学的研究团队利用人工智能模拟湍流流体的行为，解决了传统方法难以处理的大规模非线性问题。人工智能模型通过深度学习和数据驱动方法，能够实时预测湍流的演化轨迹，并在实验中实现了更高精度的流体仿真。这种人工智能仿真技术为航空工程和气象预测等领域带来了新的应用前景。此外，美国国家能源技术实验室也应用了人工智能技术模拟等离子体物理，帮助优化核聚变反应的设计。

5. 科学计算与数据分析的加速

欧洲核子研究组织通过人工智能处理粒子碰撞实验数据，在极短时间内分析出数以亿计的粒子碰撞事件。人工智能模型通过快速筛选和分析数据，帮助科学家发现了更多亚原子粒子及其行为模式。这样的高效数据分析加速了核物理的研究进展。此外，人工智能在核反应堆设计和核燃料循环中也有广泛应用，通过数据分析优化反应堆的运行效率并预测系统故障。

2024 年，诺贝尔物理学奖授予了美国科学家约翰·霍普菲尔德和加拿大科学家杰弗里·辛顿，以表彰他们在利用人工神经网络实现机器学习方面的基础性发现和发明。约翰·霍普菲尔德于 1982 年提出了霍普菲尔德神经网络，这是一种能够存储和重构信息的联想记忆模型。该模型利用物理学中的概念，模拟了神经元之间的相互作用，为后续的神经网络研究奠定了基础。

杰弗里·辛顿则在 1985 年发明了玻尔兹曼机，这是一种能够通过无监督学习发现数据特征的模型。他还在 2006 年与同事开发了深度信念网络，推动了深度学习的发展。

两位科学家将物理学的工具和方法引入机器学习领域，构建了人工神经网络的基础，为当今强大的机器学习技术奠定了坚实的理论基础。他们的贡献不仅推动了人工智能的发展，也促进了物理学与计算机科学的交叉融合。

6.6 本章小结

从机器在围棋等博弈游戏方面的突破可以看出，机器智能与人类智能对事物的认识存在差异。在围棋问题上，机器已经脱离人类棋谱，创造出了属于机器智能的下棋策略，其中有许多地方与人类数千年来总结出的经验吻合，但是有许多地方又是人类无法理解的。人类开始尝试学习和理解机器智能创造的博弈策略。在蛋白质结构预测问题上，人类的理解基于长期研究的结果，但是机器智能另辟蹊径，帮助人类解决了长期悬而未决的问题。机器智能在数学和物理学方面的突破说明，未来一定会出现人类通过机器智能学习和发现更多从未认识到的新知识的现象。未来，随着人工智能技术的进步，我们可能会看到更多突破性的发现，从新的基本粒子到宇宙起源的线索。我们可能会看到全自动的人工智能实验室，能够每周 7 天连续 24 小时不间断地进行实验，从而大大加速科学发现的过程。我们可能会看到人工智能系统提出新的物理定律，或者在数学领域证明复杂的定理。

习题

1. 请比较人类创造力和机器创造力的异同，并讨论这些异同对我们理解创造力的本质有何启示。

2. 人工智能创造力的发展可能会给艺术、科学等领域带来哪些影响？这些影响是积极的还是消极的？

3. 在人工智能创造力快速发展的背景下，人类应该如何培养和发展自身的创造力？

4. 机器的创造性主要表现在哪些领域？

5. 在棋类博弈领域，机器智能不断战胜人类说明了什么？如何理解机器智能超越了人类智能？

6. 在艺术创作领域，机器智能如何发挥其特有的技术优势？通过艺术图灵测试能说明机器有了类人的智能吗？

7. 在材料、药物设计等领域，机器智能发挥了什么作用？对人类而言有什么意义？

8. 能进行数学定理证明和物理定律发现能说明机器智能达到了数学家、物理学家的水平吗？为什么？

07 人工智能行业应用

学习导言

从传统的电子信息产业到战略性新兴产业，不仅是产业发展方向的简单转变，更是各产业之间的深度融合发展。1950 年至 1980 年，处于 PC（Personal Computer，个人计算机）时代，主要以集成电路产业为主导产业，采用大型主机和简易的哑终端，可以称为“信息技术 1.0”阶段；1980 年至 2010 年，以软件产业、通信产业以及互联网产业为主导产业，以 PC 和通过互联网连接的服务器为主要特征，可以称为“信息技术 2.0”阶段；2010 年至今，以大数据与云计算、物联网、移动互联网以及人工智能等新一代信息技术产业为主导产业，以“智能机器+大数据分析+人机交互”为主要特征，可以称为“信息技术 3.0”阶段。各行业以信息技术和人工智能技术为基础，全面迈向“智能+时代”，人类社会逐步进入“智能时代”。随着人工智能技术在社会的普遍应用，智能社会初步形成。

同时，人工智能与制造、医疗、农业、教育、金融等各行业结合，出现了智能制造、智能医疗、智能农业、智能教育、智能金融等多种新兴行业业态。同时，以信息技术和人工智能技术为核心的数字经济正在逐步改变传统的生产方式和需求供给方式，形成全新的数字经济生态体系。

7.1 智能制造

7.1.1 智能制造定义及含义

目前，国际和国内尚没有关于智能制造的准确定义，我国专家给出的智能制造定义：基于新一代信息技术，贯穿设计、生产、管理、服务等制造活动的各个环节，具有信息深度自感知、智慧优化自决策、精准控制自执行等功能的先进制造过程、系统与模式的总称。

该定义指出了智能制造的核心技术、管理要求、主要功能和经济目标，体现了智能制造对于我国工业转型升级和国民经济持续发展的重要作用。

19 世纪至 20 世纪末，人类社会经历了 3 次工业革命，第一次工业革命将蒸汽机动力机械设备用于生产，第二次工业革命采用电机和电能实现大规模流水线生产，第三次工业革命则应用信息技术实现自动化生产。现在，人们普遍认为，人类社会正在进入第四次工业革命阶段，这个阶段主要应用信息物理系统（Cyber-Physical System，CPS）实现智能化生产，信息物理系统如图 7.1 所示。

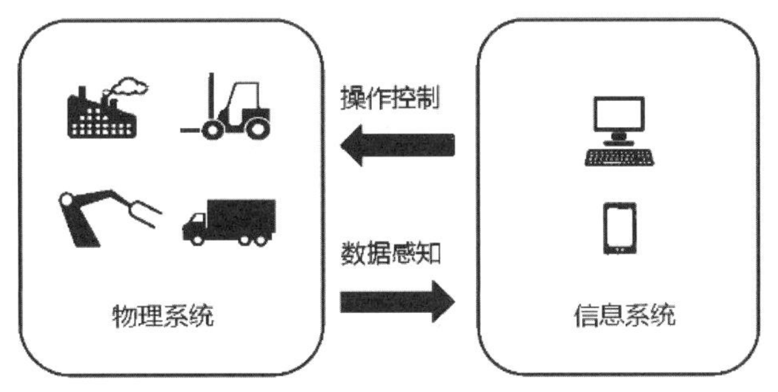

图 7.1 信息物理系统

因此，站在社会、企业的角度来看，智能制造是指通过信息、自动化、监测、计算、传感、建模和网络方面的先进技术，实现产品全生命周期的设计和连接。信息、自动化、监测、计算、传感、建模和网络方面的先进技术只是手段，最终目的是实现产品全生命周期的设计和连接。

智能制造可以从制造和智能两方面进行解读。首先，制造是指对原材料进行加工或再加工，以及对零部件进行装配的过程。通常，按照生产方式的连续性，制造分为流程制造与离散制造（也有离散和流程混合的生产方式）。如果说互联网改变了人们的消费模式，那么智能制造将彻底改变生产模式，重构整个价值链的实现方式，其所带来的影响要比消费领域的互联网大上十倍甚至上百倍，一个仅仅是在价值流通环节实现了信息连接，而另一个要在价值创造环节实现信息连接。这里不仅涉及人与人的信息沟通，还涉及人与设备、人与产品、设备与设备、设备与产品的信息沟通，即所谓的信息物理融为一体，做到万物相联。

智能制造并不只是信息、自动化、监测、计算、传感等先进技术的简单应用，它需要先行规划设计，目标是实现产品全生命周期的连接。智能制造以智能工厂为载体，以关键制造环节智能化为核心，以端到端数据流为基础，以网络互联为支撑，可有效缩短产品研制周期、降低运营成本、提高生产效率、提升产品质量、降低资源能源消耗。

7.1.2 智能制造与数字制造

数字化技术是指利用计算机软（硬）件及网络、通信技术，对描述的对象进行数字定义、建模、存储、处理、传递、分析、优化，从而实现精确描述和科学决策的方法。数字化技术具有描述精确、可编程、传递迅速，以及便于存储、转换和集成等特点，其为各个领域的科技进步和创新提供了崭新的工具。数字化技术与传统制造技术的结合即数字化制造技术。数字化制造技术内涵十分丰富，其中的“制造”包括从设计到工艺，再从加工到装配，直到产品报废和回收的全过程。因此通常人们所理解的数字化制造是一种广义概念，是指将数字化技术应用于产品设计、制造以及管理等产品全生命周期中，以达到提高制造效率和质量、降低制造成本、实现快速响应市场的目的所涉及的一系列活动的总称，一般包括数字化设计、数字化工艺、数字化加工、数字化装配、数字化管理、数字化检测和数字化试验等。

如图 7.2 所示，传统的数字化制造技术与目前的智能化制造技术的侧重点不同。传统的数字化制造技术侧重于产品全生命周期的数字化技术的应用，而智能制造侧重于人工智能技术的应用，数字化制造技术是实现智能制造的基础，同时智能化是数字化制造技术的发展方向之一。

从传统自动化制造，经过数字化制造发展、网络化制造阶段，最终实现智能化制造，其突出特点是产品设计、制造过程融入了具有感知、分析、决策、执行功能的人工智能技术。

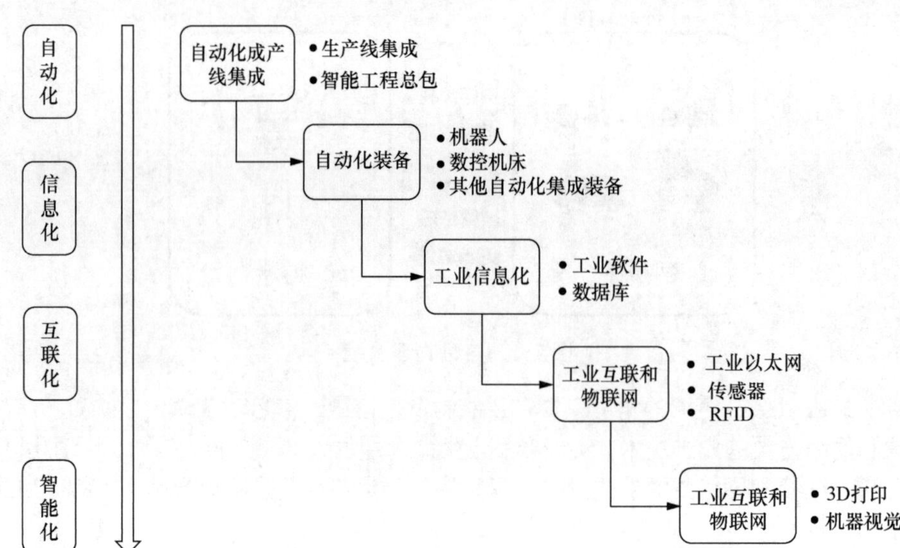

图 7.2　数字制造与智能制造的区别

7.1.3　智能制造产业核心内容

1. 智能制造系统

智能制造系统主要包括智能产品、智能生产、智能制造模式 3 部分，如图 7.3 所示。

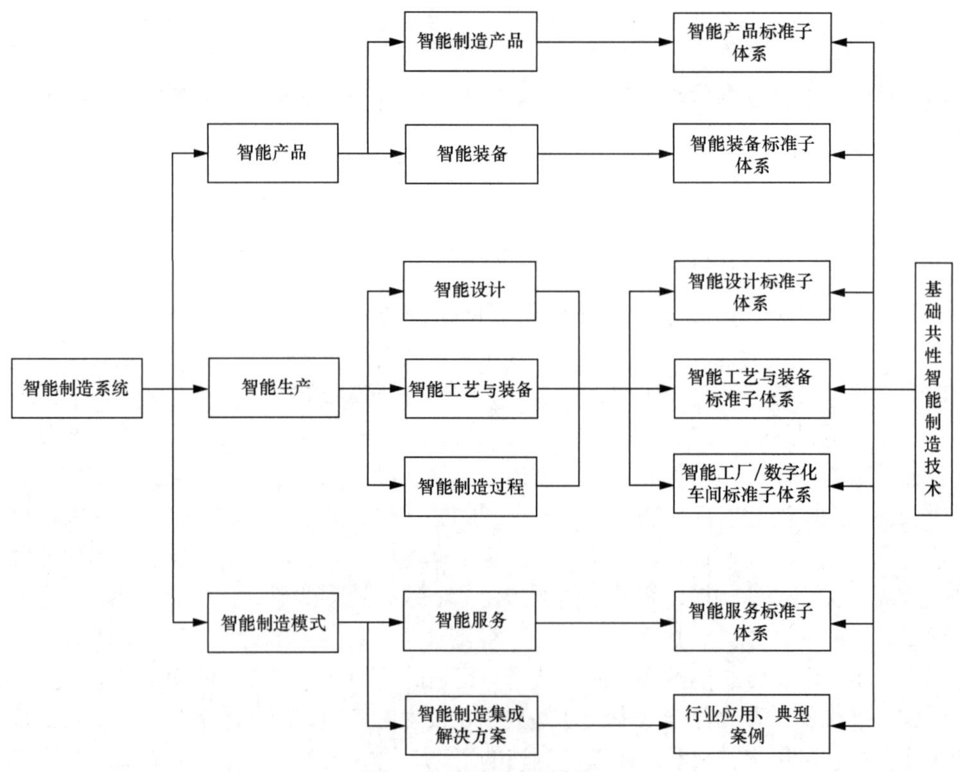

图 7.3　智能制造系统

（1）智能产品。智能产品是指在产品制造、物流、使用和服务过程中，能够体现出自感知、自诊断、自适应、自决策等智能特征的产品。

与非智能产品相比，智能产品通常具有如下特点：能够实现对自身状态、环境的感知，具有故障诊断功能；具有网络通信功能，提供标准和开放的数据接口；具有自适应能力。产品智能化使制造产品从传统的“被生产”变为“主动”配合制造过程。

（2）智能生产。生产制造的智能化是智能制造系统的核心部分，智能生产过程包括设计、工艺、生产过程的智能化。

① 智能设计。智能设计包括产品设计、工艺设计、生产线设计等诸多方面，是指将智能化技术与设计的各个环节结合。通过智能数据分析手段获取设计需求，进而通过智能制造方法进行概念抽取，通过样机试验和模拟仿真等方式进行功能与性能的测试与优化。保证最终设计的科学性与可操作性。

② 智能工艺与装备。制造装备的智能化是体现制造水平的重要标志之一。智能化的制造装备可以完成与制造工艺的“主动”配合，实现设备—人—工艺的高效协同。智能制造对装备、加工状态、工件材料及环境有关的信息进行自分析，根据零件的设计要求与实时动态信息进行自决策，依据决策指令进行自执行。

③ 智能制造过程。针对制造工厂或车间，引入智能技术与管理手段，实现生产资源最优化配置、生产任务和物流实时优化调度、生产过程精细化管理和智慧决策。

④ 智能管理方面。从管理科学的视角，利用智能技术对传统供应链管理、外部环境的感知、生产设备的性能预测及维护、企业管理（人力资源、财务、采购及知识管理等）进行全方位改造，最终目的是实现企业管理的全方位智能化。

⑤ 智能制造服务方面。从服务科学的视角，智能制造系统涉及产品服务和生产性服务。其中产品服务主要包含产品的销售以及售后的安装、维护、回收、客户关系服务，生产性服务主要包含与生产相关的技术服务、信息服务、金融保险服务及物流服务等。

⑥ 其他相关方面。不同国家或地区的智能制造组织管理模式不同，但是，人在系统中仍然是最重要的，智能制造需要“以人为本”。

2. 智能制造模式

智能制造技术发展的同时，催生了许多新兴制造模式。工业互联网、工业云平台等技术的推广，使得研发、制造、物流、售后服务等各产业链环节的企业实现信息共享，极大地拓展了企业制造活动的地域空间与价值空间。如家用电器制造、汽车制造等行业的客户个性化定制模式，电力、航空装备行业的协同开发、云制造、远程运维等模式。

智能制造模式首先表现为制造服务智能化，通过泛在感知、工业大数据等信息技术手段，提升供应链运作效率和能源利用效率，拓展价值链，为企业创造新价值。此外，智能制造模式集中地体现于形成完整的综合解决方案。

7.1.4 智能制造技术应用

智能制造技术广泛应用于制造业的各个方面，从生产过程的自动化到供应链的智能管理，再到质量检测和设备维护等，以下是智能制造在不同领域应用的详细介绍。

1. 智能生产控制与优化

智能制造利用物联网、传感器和自动化设备，实现了生产过程的精确控制和资源优化配置。在传统制造中，生产过程难以实时监控，依赖于手动操作，容易出现误差和资源浪费。通过智能制造，工厂可以利用传感器收集设备和环境数据，自动调节生产条件，实现高效的流程控制。例如，基于生产数据的实时监控系统可在生产过程中检测异常情况并自动调整，从而确保每道工序的稳定性和一致性。德国西门子公司在其智能工厂中应用的生产控制系统即可根据数据反馈自动优化生产参数，极大地提高了生产效率和资源利用率。

2. 智能质量检测

在质量检测方面，智能制造通过深度学习和图像识别等技术，实现了高精度的产品检测。传统质检需要大量人工参与，存在耗时长且易出错的缺陷。智能制造则依托智能相机和视觉检测系统，自动识别产品表面的缺陷、尺寸误差等。例如，某些高端汽车制造商使用图像识别技术监控汽车装配质量，能够实时检测和分类产品缺陷，从而提高产品质量一致性。智能质量检测技术不仅减少了人工成本，还提高了检测精度和效率。

3. 自动化仓储与物流管理

在仓储和物流管理方面，智能制造广泛采用自动导引车（Automated Guided Vehicle，AGV）、无人机等设备，实现了物料和产品的自动搬运和配送。通过物联网连接，仓储设备能够实时监控库存，分析需求变化，并根据订单情况自动调整库存量。智能仓储系统还可以根据生产线的物料需求，及时将原材料配送至生产现场，避免生产中断。此外，在电商和快速消费品行业中，智能物流机器人已用于商品的分拣、打包和配送，大幅度缩短了交货周期并提高了物流效率。

4. 智能设备维护与预测性维护

智能制造通过传感器监测设备的运行状态，并通过数据分析预测设备故障，实现预测性维护。传统设备维护多是定期检查或等到故障出现后维修，会造成生产中断和额外的维护成本。智能制造中，基于大数据分析和机器学习的设备监控系统可以实时采集设备的温度、振动、压力等信息，提前预测设备可能出现的故障，从而进行预防性维修。例如，某些制造企业采用的预测性维护系统，通过分析设备历史数据和实时数据，在故障发生前就能提醒维修，从而减少停机时间，延长设备使用寿命。

5. 智能供应链管理

在供应链管理方面，智能制造技术集成了大数据和区块链技术，通过信息的实时共享和追踪，实现供应链的高效协同和透明管理。智能供应链管理可以预测市场需求，优化库存和物流方案，确保供应链各环节无缝衔接。例如，某些全球化生产企业使用区块链技术记录每个零部件的供应来源、生产过程和运输路径，确保供应链的透明和安全。智能供应链管理不仅能够提高生产效率，还能及时响应市场变化，满足个性化生产需求。

6. 自主决策与柔性生产

智能制造还实现了自主决策和柔性生产，能够根据市场需求灵活调整生产计划。通过人工智能和大数据分析，生产系统可以实时分析订单需求和市场趋势，动态调整生产量、产品种类和生产工艺，实现从大规模生产到小批量定制的快速切换。例如，智能工厂中应用的自主决策系统可以根据客户需求调整生产线配置和工作任务，形成高度灵活的生产模式。这种柔性生产模式不仅提高了工厂的产能利用率，还减少了切换成本，减轻了库存压力。

7.2 智能医疗

7.2.1 智能医疗概念

智能医疗是将人工智能、大数据、物联网、云计算等先进技术应用于医疗行业，以实现医疗服务的高效化、精准化和个性化。它通过相关技术改造传统的医疗流程，在诊断、治疗、健康管理等方面大幅度提升医疗质量和效率，为医生提供辅助诊断和决策支持，帮助患者获得更好的医疗体验。

在智能医疗中，人工智能可以分析海量医学数据并提供准确的诊断建议，尤其是在医学影像识别和病理分析等领域。例如，通过深度学习算法识别 CT 或 X 光影像，智能诊断系统可以在几秒内发现疾病迹象。智能医疗还包括可穿戴设备和远程监测技术，患者的健康数据可以实时传送给医生或医院，从而实现个性化健康管理和疾病预防。基因分析和个性化治疗也是智能医疗的重要组成部分，医生可以根据患者的基因信息和病史制定定制化的治疗方案，从而提升治疗效果。智能医疗利用人工智能、大数据、物联网、云计算等新兴技术，为医疗行业带来了革命性变革，在诊断、治疗、健康管理等方面显著提升了医疗服务的效率和质量。以下是智能医疗在不同方面应用的详细介绍。

7.2.2 智能医疗技术应用

1. 医学影像辅助诊断

医学影像辅助诊断是目前人工智能在医疗领域最热门的应用场景之一。人工智能在医学影像的应用主要分为两个部分：一部分是在感知环节应用机器视觉技术识别医学影像，帮助影像医生减少读片时间，提升工作效率，降低误诊的概率；另一部分是在学习和分析环节，通过大量的影像数据和诊断数据，不断对神经元网络进行深度学习训练，促使其掌握“诊断”的能力。

医学影像数据是医疗数据的重要组成部分，从数量上看，90%以上的医疗数据都是影像数据；从产生数据的设备来看，医学影像数据包括 CT、X 光、MRI、PET 等。据统计，医学影像数据年增长率为 63%，而放射科医生数量年增长率仅为 2%，放射科医生供给缺口很大。人工智能技术与医疗影像的结合有望缓解此类问题。人工智能技术在医学影像的应用主要是通过计算机视觉技术对医疗影像进行快速读片和智能诊断。

目前，人工智能技术与医学影像诊断的结合场景包括肺癌检查、糖网眼底检查、食管癌检查以及部分疾病的核医学检查和病理检查等。

例如，如图 7.4 所示，利用人工智能技术进行肺结节检查的主要过程包括：数据收集、数据预处理、图像分割、肺结节标记、模型训练、分类预测。首先要获取放射性设备（如 CT）扫描的序列图像，并对图像进行预处理以消除原 CT 图像中的边界噪声，然后利用分割算法生成肺部区域图像，并对肺结节区域进行标记。获取数据后，对 3D 卷积神经网络的模型进行训练，以在肺部图像中寻找结节并对结节性质进行分类判断。

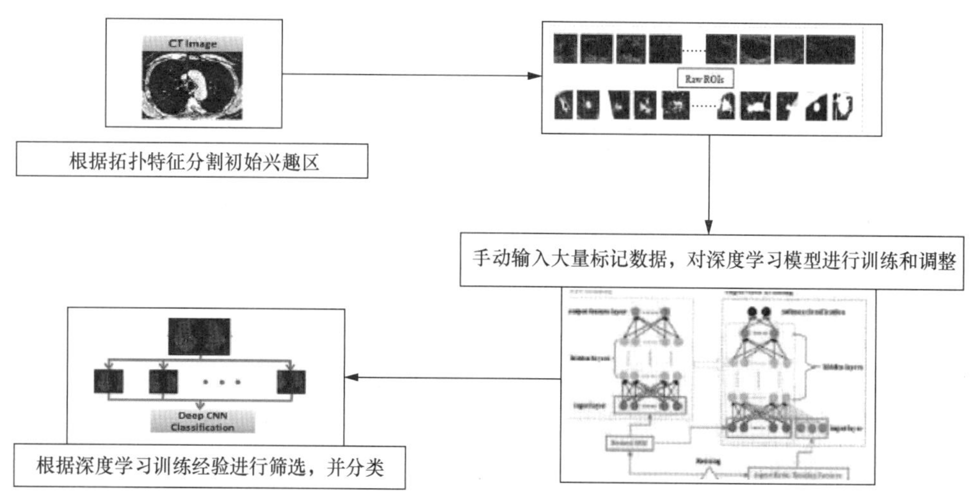

图 7.4　人工智能技术在肺结节检查中的应用

2. 药物研发

人工智能正在重构新药研发的流程，大幅提升药物制成的效率。传统药物研发需要投入大量的时间与金钱，制药公司成功研发一款新药平均需要约10亿美元及10年左右的时间。药物研发需要经历靶点筛选、药物挖掘、临床试验、药物优化等阶段。人工智能技术与药物研发的结合点如表7.1所示。

表7.1 人工智能技术与药物研发的结合点

阶段	药物研发	人工智能结合点
药物发现阶段	靶点筛选	文本分析
	药物挖掘	高通量筛选、计算机视觉
临床试验阶段	病人招募	病例分析
	晶型预测	模拟筛选

人工智能技术在药物挖掘方面的应用，主要体现在分析化合物的构效关系（即药物的化学结构与药效的关系），以及预测小分子药物晶型结构（同一药物的不同晶型在外观、溶解度、生物有效性等方面可能会有显著不同，从而影响药物的稳定性、生物利用度及疗效）上。

靶点是指药物与机体生物大分子的结合部位，通常涉及受体、酶、离子通道、转运体、免疫系统、基因等。现代新药研究与开发的关键是寻找、确定和制备药物筛选靶——分子药靶。传统的寻找靶点的方式是将市面上已有的药物与人体上的一万多个靶点进行交叉匹配，以发现新的有效的结合点。人工智能技术有望改善这一过程。人工智能可以从海量医学文献、论文、专利、临床试验信息等非结构化数据中寻找可用的信息，并提取生物学知识，进行生物化学预测。据预测，该方法有望将药物研发时间和成本各减少约50%。

药物挖掘主要涉及新药研发、老药新用、药物筛选、药物副作用预测、药物跟踪研究等方面的内容。药物挖掘也可以称为先导化合物筛选，是指对制药行业积累的数以百万计的小分子化合物进行组合实验，以寻找具有某种生物活性和化学结构的化合物，用于进一步的结构改造和修饰。人工智能技术在该过程中的应用有两种，一是开发虚拟筛选技术取代高通量筛选，二是利用图像识别技术优化高通量筛选过程。利用图像识别技术可以评估不同疾病的细胞模型在给药后的特征与效果，从而预测有效的候选药物。

3. 疾病风险预测

通过基因测序与检测，完成疾病风险预测。基因测序是一种新型基因检测技术，它通过分析测定基因序列，可用于临床的遗传病诊断、产前筛查、罹患肿瘤预测与治疗等领域。单个人类基因组拥有30亿个碱基对，编码约23000个含有功能性的基因，基因检测就是通过解码从海量数据中挖掘有效信息。目前高通从基因序列中挖掘出的有效信息十分有限，人工智能技术的介入可改善现状。通过建立初始数学模型，将健康人的全基因组序列和RNA序列导入模型进行训练，让模型学习到健康人的RNA剪切模式。之后通过其他分子生物学方法对训练后的模型进行修正，最后对照病例数据检验模型的准确性。

2014年以来，第三代人类基因测序关键技术取得重要进展，即通过人工智能来自动分析个体基因序列信息。以疾病为导向设立检测中心，融合生物技术与人工智能等新一代信息技术为广大患者提供专业化的临床检验服务，利用基因测序领域中最具变革性的新技术——高通量测序（High-Throughput Sequencing，HTS）为临床提供高通量、大规模、自动化及全方位的基因检测服务。基于全国不同地域、不同民族、不同年龄层次的海量医疗检测样本数据，创建“精准医疗”检验检测大数据。

4. 健康管理

健康管理是运用信息和医疗技术，在健康保健、科学医疗的基础上建立的一套完善、周密和个性化的服务程序；其目的在于通过维护健康、促进健康等方式帮助健康人群及亚健康人群养成健康的生活方式；而一旦出现临床症状，则通过就医服务的安排，帮助患者尽快地恢复健康。健康管理主要包含营养学、身体健康管理、精神健康管理三大子场景。

营养学场景主要表现为利用人工智能技术对食物进行识别与检测，以帮助用户合理膳食，保持健康的饮食习惯。爱尔兰都柏林的创业公司 Nuritas 是营养学应用场景中的典型代表，它将人工智能与生物分子学相结合，进行肽（食品类产品中的某些分子）的识别；根据每个人的身体情况，使用特定的肽来激活健康抗菌分子，改变食物成分，消除食物副作用，从而帮助个人预防糖尿病等疾病的发生、杀死抗生素耐药菌。

身体健康管理主要表现为结合智能穿戴设备等硬件设备提供的健康类数据，利用人工智能技术分析用户健康水平，并通过行为干预，帮助用户养成良好的生活习惯；通过基因数据、代谢数据和表型（性状）数据的分析，为用户提供饮、食、起、居等各方面的健康生活建议，帮助用户规避患病风险。身体健康管理包含数据获取、数据分析和行为干预 3 道流程。在数据获取方面，基因数据和代谢数据分别依靠基因检测技术和代谢质谱检测技术获取，表型数据则通过智能硬件（包括可穿戴设备、具有用户健康数据采集与记录功能的智能手机等）、用户自填获取；引入人工智能技术，对以上数据进行分析，进而对用户或患者进行个性化行为干预。

通过数据收集和检测来建立人的生命模型，从而提供精准的健康管理解决方案，并实时帮助用户进行数据化的健康管理；用户在 App 上完成数据记录、检测服务与健康管理计划购买等行为。

精神健康管理：通过各类交互方式调节用户情绪，又可以分为情绪调节、精神疾病管理两类。情绪调节主要是指通过人脸识别用户情绪，以聊天、推送音乐或视频等多种交互方式帮助用户调节心情。

7.3 智能农业

7.3.1 智能农业概念

智能农业是将人工智能、大数据、物联网、云计算等先进技术应用于农业生产和管理，以实现农业生产的高效化、精准化和个性化的现代农业模式。通过这些技术的应用，智能农业能够改造传统的农业流程，在种植、灌溉、施肥、收获和物流等方面显著提升生产效率和产品质量，为农业管理者提供数据支持和决策依据，帮助农民和企业实现更高的产量与收益。

在智能农业中，人工智能可以通过分析农业大数据，提供种植规划、病虫害预测和土壤优化等决策支持，尤其是在作物生长监测和精准施肥等方面。例如，通过利用机器学习算法分析气象、土壤和作物生长数据，智能农业系统可以精准预测作物需求，并自动调节水肥供应。智能农业还包括使用无人机和传感器进行土地监测，实时采集和分析农作物和土壤的健康数据，帮助实现个性化的田间管理和病虫害防治。基因编辑和精细化育种也是智能农业的重要组成部分，农学家可以根据不同地区的气候和土壤条件定制高产的作物品种。

智能农业通过融合人工智能、大数据、物联网和云计算等新兴技术，为农业领域带来了革命性变革，在从生产到管理的各个方面显著提升了农业效率和品质。以下是智能农业在不同方面的具体应用介绍。

7.3.2 人工智能技术农业应用

人工智能技术已应用到农业生产的各个环节当中，不仅提高了生产速度，还改变了传统农业的生产方式。

播种农作物时，人工种植主要靠感觉和以往经验，种子之间的距离不好把握，均匀播种难度很大；而通过人工智能探测设备收集各个区域的土壤数据，再与系统中的大数据进行比较、分析、匹配得出最优播种方案，可以有效避免植株播种过密或过疏，尽量保证每棵植株都能吸取到足够的养分。美国艾奥瓦州的戴维·多豪特（David Dorhout）研发的普罗斯佩罗（Prospero）机器人就是运用这样的原理实现自动播种的。

在耕种时，通常会对农作物喷洒适量农药以保障尽可能多的产量。人工操作时，可能会出现由错误喷洒造成的农药浪费，从而增加耕作成本。对此，美国蓝河技术公司（Blue River Technologies）生产的生菜机器人（Lettuce Bot）采用图像识别、图像理解和深度学习等技术有效判断农作物的长势以及植株是否为野草，实现精确喷洒农药，避免人工操作时出现的浪费问题，可以有效节约成本。采摘果实时，同样可以通过图像识别、图像理解和深度学习等技术辨别果实是否成熟，从而实现快速采摘，降低判断的失误率。

美国充裕机器人（Aboundant Robotics）公司设计的苹果采摘机器人的运用促使工作效率大大提升。由此可见，与人类依靠经验农作相比，通过人工智能技术进行农业生产的优势在于其后台庞大的数据库和超强的深度学习能力，可以说一个经验丰富的农民也无法比得过一台具有各个时期不同地区完整农作资料并可以根据新情况不断更新学习的机器。

在农业领域，农作物产量会受到不恰当的施肥、灌溉和农药使用的负面影响，农民会遭受人力成本增加、产量下降的损失。将机器学习等人工智能技术应用到农业中会显著地减少产量损失、降低劳动力成本。智能农业技术主要体现在以下几方面。

1. 种植、灌溉与施肥

利用物联网、传感器以及无人机/卫星采集天气、土壤的图像等各种数据，机器学习可以根据当前和预期的天气模式、作物轮作对土壤质量的影响，帮助农民优化施肥、灌溉和其他决定，确定最佳生产模式和方法。空间图像分析可以比人类更快更有效地确定作物疾病，从而更早介入以防止产量损失。相同的模式识别技术可以用于家畜疾病识别。

可以采用机器学习技术为种植、灌溉、施肥和疾病预防治理节省成本。机器学习的应用可以限制肥料的使用并且改善农业预防措施。即使在经济发达的国家，精确农业仍处于早期阶段。例如灌溉，仍然通过溢流或其他形式的表面灌溉进行，这是效率最低和技术最落后的方法之一。

卫星和无人机图像已经在一些规模化经营中针对大范围目标区域使用。收集土壤、天气等的航空/卫星图像大数据，结合深度学习算法帮助人们合理制定与种植时间、灌溉、施肥以及畜牧相关的决策，最终增加农业土地使用效率，提升生产效率。

2. 收获/分拣

玉米和小麦等作物的大部分收获已经开始在大农场机械化。机器学习所具备的通过使用大数据集来优化单个或一系列关键目标的能力很适合用来解决农业生产中的作物产量、疾病预防和成本效益等问题。在农作物产后分拣和分类方面，一些工作已经自动化（按大小和颜色），从而降低了与收获后分拣相关的劳动力成本，提高了产品的质量。随着时间的推移，仅在美国境内，人工智能技术就通过降低成本和提高效率每年节约了约 30 亿美元的劳动力成本。全球范围内的这个数据极有可能超过美国所节约成本的两倍。

例如，机器学习技术已经被黄瓜菜农用来自动分拣黄瓜。以前分拣黄瓜的程序需要大量手动或视觉检查工作和劳动力成本，而现在菜农只需使用单片机处理器和普通网络摄像头等硬件设备，就能用深度学习训练出能将黄瓜分成 9 个类别并且具有相对较高准确率的算法，从而减少了与分拣相关的劳动力成本。相似的应用可以扩展成更大的规模，并且用于分拣具有较高分拣需求和成本的农产品，例如西红柿和土豆。

3. 家禽种群中的疾病监测

在一项学术研究中，研究人员收集和分析鸡的声音文件并假设在生病或痛苦的情况下，它们发出的声音会改变。在收集数据并训练神经网络模式识别算法后，研究人员能够正确地识别出感染了两种最常见的致命疾病之一的鸡，其中发病两天的鸡的识别准确率为 66%，而发病 8 天的鸡的识别准确率为 100%。正确诊断牲畜所患疾病并尽早在损失发生之前进行治疗可以消除由疾病导致的损失。实验表明，机器学习可以通过音频数据分析来正确识别用其他方法不可检测的疾病，几乎能消除由某些可治愈疾病所导致的损失。

7.3.3 农业机器人

20 世纪 80 年代，人们开始探索如何将机器人技术应用在农业中，之后便有了各式各样的研究。研究对象种类繁多，果实类、叶菜类、花卉、家畜等相关报告陆续出炉。其中，接枝机器人、移栽机器人、具备简易控制功能的病虫害防治机器人、蔬果分类机器人、杂草分类机器人等已经进入了实用化阶段，另外还有许多机器人尚在开发当中。下面以育苗机器人为例进行介绍。

育苗工作包含播种、育苗、间苗、接枝、插枝等。在播种方面，蔬菜、水稻等作物从自动排盘到填装培养土、压实整平、覆土、洒水等作业都已实现自动化。针对南瓜等大颗粒种子，目前已开发出可一粒粒吸附种子，使种子的方向甚至发芽位置保持一致的播种机。此外，牵引式播种机很早以前就进入了实用化阶段。针对种子发芽之后的补植、移植等作业，荷兰等国家很早就开始使用采用了电视摄像机与光电传感器技术的穴盘种苗补植机。由于这类作业的处理对象为较大粒的种子，相对其他农事作业而言，比较容易实现标准化及自动化。

实际上，最早用来处理不规则形状植物的机器人是葫芦科蔬菜嫁接机器人。该机器人用刀具分别斜切剪取穗木与砧木（砧木上会留下一片子叶），再将两者的切口接合，从而自动执行嫁接作业。起初该设备是半自动化的，需要两名作业人员提供植物苗。近几年已开发出植物苗提供机，目前已实现全自动化。不仅如此，在荷兰，针对主茎比西红柿等葫芦科植物更细、易弯折的植物苗，也开发出了通过机器视觉系统辨识出植物苗，再进行嫁接作业的机器人。

虽然也曾研发出将芽苞或插穗插入穴盘来增殖种苗的机器人，但由于品种以及栽培方法的变化，目前尚未普及。在进行农业生产自动化时，必须将随时都在变化的农业技术、工业技术，甚至生产者的经营方针等打造农业生产系统的要素考虑在内。换言之，随着栽培技术、基因技术的发展，农业及植物的特性也在不断地发生变化，甚至培育出了新的作物。根据不同的情况，有时也必须将机器人等技术的发展、即将淘汰的作业、消费者的喜好等要素列入考虑。如果目的是开发出实用的机器人，那么我们必须根据打造新农业生产系统的时机，以及正在发展中的周边技术来设定目标。

在植物工厂或大型温室，由于环境设施本身具有规格化、标准化的特点，再加上之前也采用了一些自动化设备，例如将暖气管作为轨道使用的喷药机等，因此很容易引进自动化装置。过去也曾开发出全自动植物工厂，配置了苗栽植机器人、间隔（株距）调节机器人，以及连同整个栽培床一起采摘的设备。未来，随着植物工厂的实用化，将会有许多机器人等着上场一展身手。图 7.5 所示为一种可自动采摘西红柿的机器人。

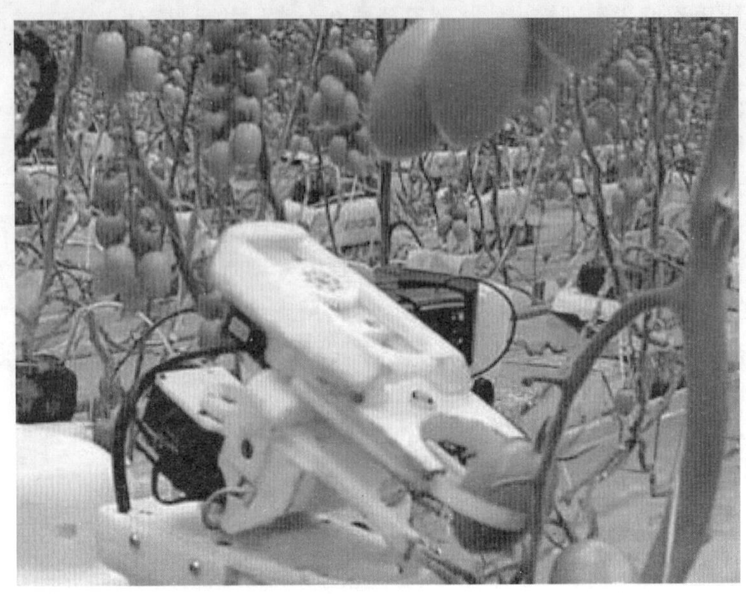

图 7.5　可自动采摘西红柿的机器人

我国已于 2022 年建成了 10 亿亩高标准农田，这些农田基本满足半封闭化要求，使人工智能、机器人、物联网等技术能够大规模应用。比如在北方广袤的农田，未来将全面采用大规模无人群体智能农业装备，包括无人机、拖拉机、收割机、播种机等，以实现无人群体智能化作业，促使我国成为全球最大的单一智慧农业工程，彻底颠覆农业、农村和农民的传统形态，产生难以估量的巨大、深远影响。

7.4　智能教育

7.4.1　智能教育定义与含义

智能教育是最近随着人工智能技术发展而在教育领域兴起的新概念。智能教育有双重含义，一方面是指教育教学过程实现智能化，另一方面是指对从事教育工作的人员进行人工智能教育教学思想启蒙。而教育智能指的是教育过程中教育教学方法、模式的智能化，利用智能化教育教学方法降低人类教师教学和学生学习的负担，提高教学效率。

智慧教育是与素质教育等理念相对应的概念，著名教育技术专家祝智庭教授认为，“智慧教育是当代教育信息化的新境界，是素质教育在信息时代、知识时代和数字时代的深化和提升”。按照这个理解，智能教育是手段，智慧教育是目标。而教育智能化是教育智能的另一种表述，也就是最终实现智慧教育的手段需要智能化。这些概念代表了未来教育的新方向，在教育智能化发展过程中，可能产生新的教育学分支——智能教育学，即专门研究人工智能教育现象及其一般规律的社会科学。世界各国都在积极探索智慧教育的内涵，融合了正确教育理念和物联网、大数据、云计算等技术的智能教育平台，在关于智慧的竞争中抢占领先地位。以发展智慧教育为最终目标的智能教育将构成对传统教育的颠覆性挑战。未来智能教育和教育智能化将大规模采用人工智能技术，既使教育过程和模式本身智能化、教学内容智能化，也使教育思想和理念智能化。

智能教育的主要手段是使用人工智能技术开展教育教学。在互联网基础上，人工智能技术与信息技术、互联网的融合，为实现真正的个性化教育带来了希望。

通过人工智能与教育的结合，把个性化教育和因材施教规模化和普及化，让每个学生都能享受到个性化教育和因材施教带来的好处，提高学生的学习效率。自适应学习系统模拟特级教师，目标是通过个性化的教学方式，提高学生在学习上的收益，进一步培养学生的创造能力、想象能力以及终身学习能力。这些能力是未来每一个学生、每一个人在“与机器竞争”的时代中所应具备的能力。

7.4.2 人工智能技术在教育领域的应用

人工智能技术在教育领域大概有以下几方面的应用。

1. 智能学习助手

智能学习助手可以分为虚拟助手和实体机器人助手两种。智能学习助手利用智能问答技术，以人机交互、语音识别、图像识别、文字识别、知识图谱等技术为基础，并结合学习者模型、大数据及互联网技术，作为教师助手可以支持教学设备使用、提供学习内容、管理学习过程、提供常见问题答疑等；作为学习伙伴可以协助时间和任务管理、分享学习资源、改善学习氛围、参与或引导学习互动，为学习者提供陪练、答疑、咨询等学习服务。这种虚拟助手可以通过手机移动端使用，也可以通过教室大屏幕使用。

实体机器人助手是有形体的机器人，通过视觉传感器、语音传感器等与学生互动。

2. 虚拟教师和智能导师

虚拟教师和智能导师是智能教育的重要组成部分，它们能够在课堂内外提供全方位的学习支持。虚拟教师可以为学生提供语音指导、自动评估和实时反馈，帮助学生在学习中获得即时支持。而智能导师通过自然语言处理和情感计算等技术，能够理解学生的学习需求和心理状态，从而为其提供个性化的学习建议。例如，智能导师可以指导学生制订学习计划、管理时间，甚至帮助学生进行职业规划和提供心理咨询。

3. 智能推荐系统

综合利用搜索技术、大数据技术以及机器学习技术设计智能推荐系统，对学生的学习行为进行跟踪和学习，依托多元的、开放的知识库体系，向学生推荐学习内容、学习经验、学习资料、学习方案，提供学习咨询、职业生涯规划等。智能推荐系统以人机交互、语音识别、图像识别等技术为基础，结合学习者模型、知识图谱领域模型以及各类智能硬件传感器，为学习者提供陪练答疑、方案咨询等服务，并反馈学习效果。

4. 智能教学生态系统

现阶段的智能教育本质上是信息互通与数据共享，涵盖教育教学全环节的数据采集、管理、分析能力是关键。教育大数据将彻底改变传统的经验式教学方式，让教育变得更为平等、精准、高效。智能教学生态系统通过人机结合和智能信息处理技术为学生定制个性化学习计划和课程服务，为学生进行考试成绩分析、选校定位分析以及职业分析。通过人机结合构建集“学、练、改、管、测、选校”于一体的完整教学生态系统，为学生提供批改、测试、评估等一系列服务，并进行认知和学习行为诊断分析。

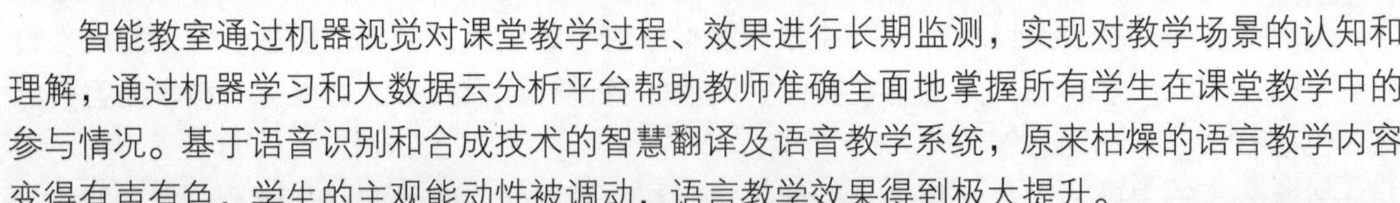

智能教室通过机器视觉对课堂教学过程、效果进行长期监测，实现对教学场景的认知和理解，通过机器学习和大数据云分析平台帮助教师准确全面地掌握所有学生在课堂教学中的参与情况。基于语音识别和合成技术的智慧翻译及语音教学系统，原来枯燥的语言教学内容变得有声有色，学生的主观能动性被调动，语言教学效果得到极大提升。

5. 在线教育与远程教学

智能教育的另一大应用是在线教育和远程教学。借助智能教育平台和直播技术，学生可以在任何时间、任何地点进行在线学习，这打破了地理限制，使优质教育资源得以共享。同时，人工智能技术可以实现在线课堂的自动管理与互动。例如，智能答疑系统可以为学生提供 24 小时的学习支持，快速解答问题，并推荐相关学习资料。远程教学还可以利用虚拟现实和增强现实技术，创建沉浸式的学习环境，提升学生的学习兴趣和体验。

7.4.3 智能学习模式

1. 个性化学习模式

长久以来，因材施教一直是许多教育家和从事教育行业的人的梦想。因材施教本质上就是个性化教育。个性化教育是基于学生当前的学习状态而实行的有针对性的智能教育教学模式，人们将教育心理学、认知心理学和计算机科学等技术融合，发展出面向学生个性化学习的教育分析技术。通过机器学习等算法可以规划最佳的学习路径，最大化学习效率；依据不同学生的个性偏好、学习习惯和风格，推荐最匹配的学习内容；系统实时对学生的能力水平进行动态评估。“大数据+人工智能机器学习技术”会跟踪记录学生的所有学习过程，从而帮助学生及时调整学习过程，取得更好的学习效果。教育不再是给学生进行简单的评价，而是实现一种自适应个性化的学习模式。对学生而言，可以利用计算机及时掌握自己的知识学习状态，从而实现学业预警；对教师而言，一方面可以从学生能力分析的共性结果中发现教育教学关键点，另一方面可以通过学生能力分析的特性结果识别出典型学生，从而进行针对性辅导。

2. 多元化学习模式

长期以来形成的教育传统是固定在一个场所，老师按照固定的教材传授固定的内容，学生在一定期限内学习固定的内容，而人工智能和网络技术可以打破固有的时空局限，使学习内容多元化、个性化。随着智能技术的发展，很可能出现教育脱离上述背景而独立发展的情形，自我教育、自主教育、自适应教育、按需教育等新教育形态将会出现。这些教育形态不需要统一的场地、统一的时间期限、统一的教材或者内容。教育真正上升到以人为本、各取所需的层面，而不再是集中灌输、统一学习。

3. 模拟和游戏化学习

随着技术的发展，人工智能游戏化教学将成为寓教于乐的重要手段，极大地提升现有的教学水平和手段。平台应用的技术将会包括虚拟现实、计算机视觉、机器学习、人机交互等。目前飞行模拟器和真机飞行的感觉没有太大差别，而模拟机的训练还更为便捷。未来将有更多的教学过程和学习内容以游戏化形式呈现，通过虚拟现实、增强现实、混合现实以及模拟游戏等多种方式提供给学生，并由人工智能辅导学习。

4. 人机结合的混合学习与合作学习模式

所谓混合学习和合作学习是指人和智能机器一起学习。混合学习和合作学习有以下两种方式。

一是人类向机器学习。未来是人机协作时代，人类可以向机器学习。事实上，在 AlphaGo 于 2017 年 5 月战胜人类围棋最高水平选手之后，围棋职业高手们都在虚心向 AlphaGo 学习更高明的定式和招法。因此，向人工智能学习将成为一种普遍的学习模式，各行各业各个年龄段的学习者都可以采用这种学习模式，终身学习也变得更有实际意义。

二是既学习人-人协作，也学习人-机协作。未来的“沟通”能力将不仅仅限于人与人之间的沟通，人与智能机器之间的沟通将成为重要的学习方法。一方面，学生从学习的第一天起，就要和面对面的或者远程的同学一起讨论，一起设计解决方案，一起进步。另一方面，诸如教育机器人等新型教学手段将成为智慧学习环境的重要组成部分，形成一种新型教学形态。

总之，智能教育通过个性化学习、智能辅助系统、远程教学、教育数据分析和虚拟教师等多方面的创新应用，推动了教育的现代化和个性化发展。智能教育不仅提升了教学质量和效率，还使教育资源更具普惠性，为学生提供了更加灵活和高效的学习体验，帮助教师实现精准化教学。智能教育的不断发展，将给未来的教育模式带来深远影响，助力构建更加公平和多元化的教育生态。

7.5 智能航天探测

7.5.1 智能航天探测概念

智能航天探测是指将人工智能技术应用于航天探测任务中，以实现高效化、精准化、自动化的航天探测模式。通过这些技术的融合，智能航天探测能够改进传统的航天任务流程，在数据采集、数据分析、探测设备管理等多个方面显著提升探测效率与精度，为科学家和工程师提供可靠的数据支持和智能化的决策辅助，帮助推进深空探测和宇宙探索的进程。

在智能航天探测中，人工智能可以对海量的空间数据进行实时分析与处理，在行星探测、天体监测、星际导航等方面发挥重要作用。例如，通过深度学习算法分析图像数据，智能探测系统能够在复杂环境中识别地貌特征、气象状况和矿物分布等，从而为科学研究提供高精度的参考。智能航天探测还包括自主控制技术，使探测器能够在未知或复杂环境中进行自主决策和路径规划，减少其对地面指令的依赖，提高探测器执行任务的独立性与在复杂环境中的应变能力。

智能航天探测融合了人工智能、大数据、物联网和云计算等新兴技术，为航天领域带来了革命性的创新，在从任务规划、数据分析到设备控制的各个方面显著提高了探测任务的效率和精度。以下是智能航天探测在不同方面具体应用的介绍。

7.5.2 人工智能技术航天探测应用

在航天探测领域，人工智能技术正在开启新的可能，从提高航天器的自主性到分析深空数据，人工智能的应用正在推动太空探索进入新篇章。

人工智能正在增强航天器的自主能力。在深空探测中，由于通信延迟，地面控制常常无法及时响应航天器遇到的情况。人工智能系统可以使航天器具备更强的自主决策能力，使其能够根据实时情况调整任务计划、应对突发事件。例如，美国国家航空航天局（National Aeronautics and Space Administration，NASA）的好奇号火星车上搭载的用于收集更多科学知识的自主探测（Autonomous Exploration for Gathering Increased Science，AEGIS）系统能够自主识别值得研究的岩石，并对其进行分析。未来，我们可能会看到完全自主的探测器，它能够在遥远的星球或小行星上独立进行探索和科学实验。

人工智能在处理和分析太空数据方面发挥着关键作用。现代天文望远镜和探测器每天产生海量数据，远远超出人类科学家的处理能力。人工智能算法可以快速分析这些数据，识别出有趣的天体现象。例如，加州理工学院的研究人员开发的人工智能系统成功识别了数千个引力透镜现象，这在传统方法下需要数年时间。随着詹姆斯·韦布（James Webb）太空望远镜等新一代天文设备的投入使用，人工智能将在寻找可宜居行星、研究宇宙早期历史等方面发挥更大作用。

在航天器设计和任务规划方面，人工智能也正在显示出巨大潜力。通过模拟和优化，人工智能可以帮助设计更高效、更可靠的航天器。例如，欧洲航天局正在研究使用人工智能优化卫星的轨道设计，以降低空间碎片的风险。在任务规划方面，人工智能可以考虑众多因素（如燃料消耗、科学目标、风险评估等），生成最优的任务方案。

人工智能还可能在支持载人深空探索方面发挥重要作用。在长期的深空探索任务中，航天员可能需要人工智能系统的协助来维护飞船系统、管理资源，甚至向其寻求心理支持。例如，国际空间站已经在测试一个人工智能助手 CIMON，它能与宇航员交流，协助宇航员完成实验。未来，类似的人工智能系统可能成为火星或更远行星探索任务中的重要组成部分。

人工智能在地外智慧生物搜寻（Search for Extraterrestrial Intelligence，SETI）方面也有望带来突破。传统的 SETI 主要依赖于搜索无线电信号，但这种方法有很大的局限性。人工智能系统可以帮助我们设计和实施更复杂的搜索策略，分析各种可能的外星文明迹象。例如，伯克利 SETI 研究中心正在使用机器学习算法分析来自数百万颗恒星的信号数据，寻找可能的生命源信号。

7.6 智能服务业

7.6.1 智能服务业概念

智能服务业是指利用人工智能、大数据、物联网、云计算等新兴技术对服务行业进行改造与升级，以实现服务过程高效化、个性化和智能化的现代服务模式。智能服务业通过这些技术手段优化传统的服务流程，从客户需求识别、产品推荐到售后服务等方面，显著提升服务质量和用户体验，为企业提供数据驱动的决策支持，帮助客户获得更快捷、个性化的服务。

在智能服务业中，人工智能可以分析海量的客户数据，从而提供精准的服务建议，尤其是在智能客服、情感分析、精准推荐等领域。例如，通过自然语言处理技术，智能客服系统可以实时解答用户问题，提供个性化的服务支持。此外，智能服务业还包括服务机器人和虚拟助手等创新应用，这些应用可帮助实现智能化的客户交互和需求响应。大数据分析也使企业能够深入了解客户需求与偏好，从而及时调整产品和服务策略，提高客户满意度。

智能服务业通过人工智能、大数据、物联网、云计算等技术手段，为服务行业带来了革新，在客户交互、数据分析、服务优化等各方面显著提升了服务效率和客户体验。

7.6.2 人工智能技术在服务业的应用

智能服务业通过人工智能、大数据、物联网等现代技术，推动了传统服务行业的智能化升级，使服务更加精准、高效，形成了多种新兴的服务模式。人工智能广泛应用于交通管理、垃圾处理、个性化推荐等领域，不仅优化了资源配置，还提升了用户的生活便利性。

1. 智能交通管理

在交通管理领域，人工智能通过数据整合和实时分析，显著提升了城市交通的流畅度和管理效率。典型案例如杭州的“城市大脑”，通过集成道路、信号灯和安防系统数据，利用云计算和智能算法进行全局交通优化，使交通拥堵大大缓解。例如，在上塘高架等路段应用“城市大脑”后，通行速度提高了50%。这种智能交通管理模式减少了市民的出行时间，极大地提升了市民的出行体验。

2. 智能垃圾处理

在垃圾处理方面，人工智能的引入大大提升了分拣效率。垃圾分拣机器人通过深度学习和物质识别技术，能够识别垃圾的种类和回收属性，实现快速、精准的分拣。相比传统的人工操作，智能分拣机器人不仅提高了工作效率，还保障了工人的安全，特别是在处理有毒或尖锐垃圾时，这些机器人可代替人工完成高风险工作。

3. 个性化推荐与信息服务

人工智能还广泛应用于个性化推荐系统，提升了用户在阅读、购物等方面的体验。通过对用户的浏览习惯、点击记录和停留时间的分析，智能推荐系统可以预测用户喜好，提供个性化内容，缩短用户选择时间。这一系统在电商和新闻阅读等平台中普遍应用，使用户在更短时间内找到所需内容，提高了用户满意度和平台黏性。

4. 智能语音助手和客服系统

人工智能的语音识别和自然语言处理技术也已广泛应用于智能语音助手和客服系统。例如，智能音箱能够识别用户的语音指令，自动提供新闻、天气、音乐等信息服务。智能客服系统则通过语音理解和信息检索技术，为用户提供全天候的自动化服务，减少了人工客服的工作量，提升了服务响应速度，确保用户获得高质量的服务体验。

5. 智能翻译与跨语言交流

在跨语言交流领域，智能翻译系统减小了语言沟通的障碍。基于自然语言处理的智能翻译工具可以实时转换多种语言，使用户在全球化环境中轻松交流。例如，移动端的翻译应用已成为用户的必备工具，不仅方便了用户出国旅行，还在跨境电商、国际交流等领域发挥了重要作用。

人工智能在交通管理、垃圾处理、个性化推荐等领域的广泛应用，推动了服务行业的高效、便捷化发展。人工智能技术的深度应用不仅使服务更加个性化和高效化，还提高了资源利用率和服务质量，进一步提升了人们的生活体验。未来，智能服务业将继续发展，不断满足社会多样化需求，使智能技术的便捷惠及更广泛的领域。

7.7 智能司法

7.7.1 智能司法概念

智能司法是指利用人工智能、大数据、区块链、云计算等先进技术对司法体系进行数字化升级和智能化改造，以实现司法过程高效化、透明化和公正化的新型司法模式。通过这些技术手段，智能司法能够优化传统的司法流程，从案件审理、法律分析到裁判执行等方面，显著提升司法工作的效率和准确性，为法官和律师提供智能辅助决策支持，帮助公民更便捷地获得司法服务。

在智能司法中，人工智能可以对海量的法律数据进行分析处理，提供精准的法律建议，尤其是在智能判决、案件预测、法律检索等领域。例如，通过自然语言处理技术分析法律文本，智能审判系统可以对相似案件进行自动比对，提供判决参考，辅助法官做出更公正的裁定。智能司法还包括区块链技术在证据管理和信息溯源中的应用，可确保证据的真实性和不可篡改性，从而提高案件审理的公正性和透明度。

智能司法通过人工智能、大数据、区块链、云计算等技术手段，为司法系统带来了革新，在法律服务、案件管理、裁判执行等各方面显著提升了司法效率和透明度。

7.7.2 人工智能技术司法应用

智能司法通过人工智能技术的应用，提升了司法流程的效率和精准度，促进了法治建设的智能化和现代化。以下是智能司法在各领域的详细应用。

1. 智能文档审阅与合同分析

智能司法系统在法律文档和合同审阅中表现出显著优势。传统的合同分析需要耗费大量人力和时间，而智能文档审阅系统利用自然语言处理技术能够高效地自动分析合同条款、识别关键内容并标记潜在的法律风险。例如，COIN（Contract Intelligence）系统通过机器学习技术在几秒钟内就可审阅数千份合同，自动标注条款、发现异常，并检测潜在风险。这样的技术不仅提高了效率，还减少了审阅过程中可能因疲劳导致的错误。此外，合同比对功能可以快速检查合同的不同版本，帮助律师识别修改内容和潜在法律问题，确保法律条款的准确性和合规性。

2. 智能法律检索与案例分析

法律检索是律师和法官的重要工作，智能法律检索系统使这一过程更加高效和便捷。传统法律检索通常需要大量时间并依赖于检索者的经验，而智能检索系统通过自然语言理解和上下文分析，可以根据输入的查询词语智能推荐相关的法律条款和判例。例如，Ravel Law 和 LexisNexis 等系统利用人工智能技术分析法律文献、法律条款和案例内容，为用户提供精确且相关的检索结果。同时，这些系统可以依据案情分析类似案例的法律判决趋势，帮助法律从业者更全面地了解相关法律的适用范围和先例，为法律分析和决策提供更有力的支持。

3. 智能法律咨询与问答系统

智能法律咨询和问答系统能回答常见法律问题，为公众提供便捷的法律服务。这类系统利用自然语言处理技术，对用户提出的法律问题进行分析并提供相应的解答。例如，DoNotPay 应用可以帮助用户处理停车罚单、诉讼表格填写等简单法律事务。用户只需通过手机或计算机提出问题，系统便可自动生成合法合理的回应。此外，智能法律咨询还可以作为律师的辅助工具，进行简单的法律查询，帮助律师集中精力处理更复杂的案件。这不仅提高了法律服务的可及性，还降低了普通人获取法律支持的门槛。

4. 法律预测与决策支持

法律预测和决策支持系统利用大数据和机器学习技术，通过分析大量的历史案例和裁判数据，预测案件的判决结果和风险。例如，法国的 Case Law Analytics 系统可通过算法分析案件的诉讼结果、当事人信息、裁判依据等内容，以预测可能的判决结果。类似的预测系统能够帮助律师和客户对案件进行风险评估，制定最优的诉讼策略，或提前选择和解方案，从而节省诉讼成本和时间。这种法律预测工具使律师可以为客户提供有数据支持的决策建议，提高了法律服务的科学性和可预见性。

5. 企业合规管理

企业在合规管理方面面临复杂的监管环境，智能司法系统通过自动监控和合规分析，可帮助企业应对不断变化的法规和法律风险。例如，IBM 的 Watson Regulatory Compliance 系统能够实时跟踪法规变化，并根据企业的业务内容识别潜在的合规风险。系统会自动生成合规报告并提出整改措施，帮助企业更好地理解和遵守最新的法律法规。人工智能合规管理系统不仅有效降低了人工合规检查的成本和出错风险，还提升了企业的法律风险管理能力，确保企业经营活动的合法性和合规性。

智能司法在文档处理、法律检索、咨询服务、法律预测和合规管理等方面的应用，推动了司法系统的高效、公正与便捷化发展。它不仅提升了法律服务的质量，还优化了司法流程，使普通民众能够更便捷地获得法律支持。未来，随着人工智能技术的进一步发展，智能司法将为司法公正和法治建设提供更坚实的技术支撑，使法律服务的惠及范围更加广泛。

7.8 智能金融

7.8.1 智能金融概念

智能金融是指将人工智能、大数据、区块链、云计算等前沿技术应用于金融领域，以实现金融服务高效化、精准化和个性化的创新金融模式。通过这些技术手段，智能金融能够优化传统金融流程，从客户服务、风险管理到投资分析等方面显著提升服务效率和风险控制能力，为金融机构提供智能化的决策支持，帮助客户获得更个性化、便捷的金融服务。

在智能金融中，人工智能可以通过分析海量金融数据，进行精准的风险评估和投资预测，在信用评分、智能投顾、欺诈检测等领域发挥重要作用。例如，通过机器学习算法分析客户行为数据，智能金融系统可以预测市场趋势、识别潜在风险，帮助投资者做出更明智的决策。智能金融还包括区块链技术在支付清算和信息溯源中的应用，可保证交易的透明性、降低成本，提升金融系统的安全性和效率。

智能金融融合了人工智能、大数据、区块链和云计算等新兴技术，为金融行业带来了变革，在风险管理、客户服务、市场预测等各方面显著提高了金融服务的质量和效率。

7.8.2 人工智能技术金融应用

在这个数字化浪潮席卷全球的时代，人工智能正以前所未有的速度和深度改变着金融业的面貌。从华尔街的高频交易（High-Frequency Trading，HFT）到主街（Main Street）的个人理财，人工智能的触角已经延伸到金融服务的每个角落。这场技术革命不仅提高了金融机构的运营效率，还重塑了客户体验，同时带来了一系列前所未有的挑战和伦理问题。

金融人工智能作为人工智能在金融领域的具体应用，正在彻底改变我们理解、使用和管理金融的方式。它涵盖从自动化投资决策到智能客户服务，从风险评估到欺诈检测等广泛的应用领域。随着机器学习、深度学习和自然语言处理等技术的快速进步，金融人工智能系统的能力正在呈指数级增长，为金融行业带来了翻天覆地的变化。

1. 智能投资与算法交易

在投资领域，人工智能正在彻底改变决策制定的过程。传统的投资决策往往依赖于人类分析师的经验和直觉，而现在，人工智能系统能够在几毫秒内分析海量的市场数据，识别出人类难以察觉的模式和趋势。例如，Ren ai ssance Technologies 的 Medallion 基金（被认为是历史上最成功的对冲基金之一）就广泛使用了复杂的人工智能算法来进行交易决策。

HFT 是人工智能在金融市场中最引人注目的应用之一。这些超快速的算法能够在微秒级别内执行交易，利用市场的微小波动来获利。虽然 HFT 提高了市场流动性，但也引发了人们对市场稳定性和公平性的担忧。2010 年的“闪崩”事件，就是由失控的算法交易引发的，导致道琼斯工业指数在短短几分钟内暴跌近 1000 点。

然而，人工智能在投资领域的应用不仅限于 HFT。越来越多的资产管理公司开始使用人工智能来构建和管理投资组合。这些人工智能系统不仅可以根据客户的风险偏好和投资目标自动调整投资策略，还能实时监控市场变化，做出快速响应。例如，Betterment 和 Wealthfront 等“机器人顾问”平台就利用人工智能技术为普通投资者提供低成本、个性化的投资管理服务。

2. 风险管理与欺诈检测

在风险管理方面，人工智能的应用正在改变传统的方法。金融机构面临的风险种类繁多，包括信用风险、市场风险、操作风险等，而人工智能系统能够同时处理和分析这些复杂的风险。通过机器学习算法，人工智能可以从历史数据中学习，预测潜在的风险事件，并提出相应的缓解策略。

例如，在信用评估领域，人工智能系统可以分析传统的信用数据，如收入和信用记录，同时还能分析社交媒体活动、购物习惯等非传统数据源。我国的蚂蚁金服就开发了一个名为“芝麻信用”的人工智能驱动的信用评分系统，该系统不仅会考虑用户的支付历史，还会分析其社交网络和消费行为，从而为那些没有传统信用记录的人提供信用评分。

在欺诈检测方面，人工智能的表现更是令人瞩目。传统的欺诈检测系统往往依赖于预定义的规则，而人工智能系统能够实时学习新的欺诈模式，大大提高了检测的准确性和效率。例如，Visa 的人工智能欺诈检测系统每年帮助防止了数十亿美元的欺诈损失。这个系统能够在毫秒级别内评估每一笔交易，识别出可疑的模式，有效降低了假阳性率，提升了客户体验。

3. 客户服务与个性化金融

人工智能正在彻底改变金融机构与客户互动的方式。智能聊天机器人和虚拟助手正在成为客户服务的新前线，它们能够提供实时服务、回答客户的查询，甚至处理复杂的金融交易。例如，美国银行的虚拟助理 Erica 能够理解自然语言，为客户提供个性化的财务建议，帮助他们更好地管理自己的资产。

更进一步，人工智能正在推动金融服务的个性化。通过分析客户的交易历史、浏览行为和其他数据，人工智能系统可以为每个客户提供量身定制的金融产品和服务。例如，一些银行正在使用人工智能来分析客户的支出模式，从而自动调整信用卡额度，或者为其推荐合适的储蓄和投资产品。

在保险领域，人工智能也正在带来革命性的变化。例如，通过分析车载设备的数据，保险公司可以根据个人的驾驶行为来定制汽车保险费率。这种“按使用付费”的模式不仅更加公平，还能鼓励更安全的驾驶行为。

4. 监管科技与合规

随着金融监管的日益复杂，金融机构面临着巨大的合规压力。在这方面，人工智能正在发挥越来越重要的作用。RegTech（监管科技）正在利用人工智能来自动化合规流程、降低成本、提高效率。

例如，人工智能系统可以实时监控交易活动，识别可能违反反洗钱和"了解你的客户"（Know Your Customer，KYC）规定的行为。汇丰银行就使用人工智能技术来筛选可疑交易，每月可以处理数亿笔交易，大大提高了异常检测的效率。

此外，人工智能还可自动生成监管报告，确保金融机构能够及时、准确地履行报告义务。随着监管要求的不断变化，人工智能系统可以快速适应新的规则，帮助金融机构保持合规。

7.9 智能商业

7.9.1 智能商业概念

智能商业是指利用人工智能、大数据、区块链、物联网和云计算等先进技术手段，对商业运营、管理和服务进行智能化升级，以实现商业流程高效化、精准化和个性化的现代商业模式。智能商业通过这些技术的集成应用，从客户需求预测、产品推荐到供应链管理等方面，大幅提升商业运营效率和用户体验，为企业提供数据驱动的决策支持，帮助客户获得更为便捷、个性化的消费体验。

在智能商业中，人工智能可以通过对客户行为和市场趋势的深度分析，提供精准的产品推荐和需求预测，尤其在个性化营销、客户关系管理和动态定价等领域具有重要作用。例如，通过机器学习算法分析客户购买历史，智能商业系统可以实现实时的个性化推荐，提高客户转化率。智能商业还包括物联网在库存管理和物流监控中的应用，可帮助企业优化供应链流程，降低成本，实现更高效的资源配置。

智能商业通过人工智能、大数据、区块链、物联网和云计算等技术，为传统商业模式带来了革新，从市场分析、客户服务到供应链管理等各个环节显著提升了商业运作的效率和服务质量。

7.9.2 人工智能技术商业应用

在这个数字化转型的时代，人工智能正以前所未有的速度和深度重塑着商业世界的格局。从跨国企业的战略决策到小型企业的日常运营，人工智能的影响无处不在。这场技术革命不仅提高了企业的运营效率，还彻底改变了企业与客户互动的方式，也带来了一系列新的挑战和机遇。

商业人工智能作为人工智能在商业领域的具体应用，正在全方位地改变企业的运作模式。它涵盖从预测性分析到自动化客户服务，从供应链优化到个性化营销等广泛的应用领域。随着机器学习、深度学习和自然语言处理等技术的快速进步，商业人工智能系统的能力正呈指数级增强，为企业带来了颠覆性的变革。

1. 智能决策支持与预测分析

在企业决策领域，人工智能正在彻底改变决策制定的过程。传统的商业决策往往依赖于管理者的经验和直觉，而现在，人工智能系统能够在短时间内分析海量的数据，识别出人类难以察觉的模式和趋势，为决策提供强有力的支持。

例如，零售巨头沃尔玛利用人工智能系统分析销售数据、天气预报、社交媒体趋势等多维度信息，从而精准预测商品需求。这不仅优化了库存管理，还显著提高了供应链效率。在

2017年的飓风季节，沃尔玛的人工智能系统准确预测了饼干和水等应急物资的需求激增，使公司能够及时调整库存，满足顾客需求。

2. 个性化营销与客户体验

人工智能正在彻底改变企业与客户互动的方式。通过分析客户的购买历史、浏览行为、社交媒体活动等海量数据，人工智能系统能够构建详细的客户画像，从而实现精准的个性化营销。

Netflix的推荐系统是个性化营销的典范。该系统不仅基于用户的观看历史推荐内容，还会考虑用户的观看时间、设备类型等因素，甚至会根据不同用户群体的偏好来定制节目封面。这种高度个性化的推荐不仅提高了用户满意度，还大大增加了用户的观看时长，为Netflix创造了巨大的商业价值。

在零售领域，亚马逊的人工智能系统能够根据客户的浏览和购买历史，实时调整网站上的产品展示和价格。这种动态定价策略不仅可以最大化销售收入，还能帮助企业有效管理库存。

智能客服是另一个人工智能提升客户体验的重要应用。例如，某著名咖啡品牌的人工智能助手能够理解自然语言指令，让客户通过语音或文字轻松下单。这不仅提高了服务效率，还收集了大量有价值的客户偏好数据。

3. 供应链优化与智能制造

在供应链管理方面，人工智能的应用正在带来革命性的变化。通过分析历史数据、市场趋势、天气预报等多维度信息，人工智能系统能够更准确地预测需求，从而优化库存管理，提高供应链的响应速度和灵活性。

例如，联合利华利用人工智能技术优化其复杂的全球供应链网络。该系统能够实时监控全球数百个生产基地和配送中心的运营状况，根据需求预测和供应情况动态调整生产计划和物流路线。这不仅显著降低了库存成本，还提高了产品的新鲜度，改善了客户满意度。

在制造领域，“智能工厂”的概念正在成为现实。西门子在安贝格的电子工厂被誉为“工业4.0”的典范。这个高度自动化的工厂利用人工智能技术实现了生产过程的自我优化和自我诊断。生产线上的机器人能够自主学习和改进生产流程，大大提高了生产效率和产品质量。

4. 人力资源管理与员工体验

人工智能在人力资源管理领域的应用也日益广泛。从招聘到员工培训，从绩效评估到人才留存，人工智能正在改变人力资源管理的各个环节。

在招聘方面，人工智能系统能够快速筛选大量简历，识别最合适的候选人。例如，联合利华使用人工智能技术进行初步面试筛选，通过分析候选人的面部表情、语音语调和用词等因素，评估其是否适合公司文化。这不仅提高了招聘效率，还减少了人为偏见的影响。

在员工培训方面，人工智能驱动的个性化学习平台能够根据每个员工的学习风格、工作需求和职业发展目标，定制个性化的培训计划。IBM的Your Learning平台就是一个很好的例子，它能够根据员工的技能水平和职业目标推荐相应的课程和学习资源。

7.10 本章小结

得益于大数据、深度学习、计算机技术的发展，今天的人工智能技术能够与各行业深度结合，产生一定的经济效益，成为推动经济发展的新动力。人工智能与制造、医疗、农业、教育等行业的结合，需要针对不同行业的实际问题和特点，提出不同的解决方案，搭建包括基础资源、基础技术、网络平台、终端应用等不同层次内容的平台。本章只介绍了具有代表性的一些行业和领域，更多的行业和领域需要结合社会实践深入理解。

习题

1．相较传统的人工智能技术，为什么今天的人工智能技术能够在各行业发挥作用?
2．查阅有关资料，梳理人工智能技术在制造业的应用案例。
3．查阅有关资料，梳理人工智能技术在医疗业的应用案例。
4．查阅有关资料，梳理人工智能技术在智慧城市的应用案例。

08 人工智能伦理与治理

学习导言

先进的科学技术在给人类带来种种益处的同时，如果应用不当，也会给人类、社会、自然带来危害和损失，人工智能技术也一样，它的发展也必须遵守伦理规范。与其他科学技术不同的是，人工智能伦理是在近 10 年随着人工智能技术的飞速发展才逐渐受到重视的，因此，在概念内涵、存在的问题、应用规范以及具体理论方面都不完善。经过科学家、机构、政府及国际组织的共同努力，人们已经达成共识：在发展人工智能技术的同时重视人工智能伦理的建设。本章从伦理道德概念开始，简要介绍人工智能伦理及其主要内容，从而帮助读者相对全面地理解人工智能伦理及其作用和意义。

8.1 道德伦理与伦理学

8.1.1 道德与伦理

道德与伦理是指关于社会秩序以及人类个体之间特定的礼仪、交往等的各种问题。

作为一种行为规范，道德是由社会制定和认可的，与具有强制性、约束性的法律相对，它是一种在社会中自然形成的关于人们对自身或他人、应该而非必须的非强制性约束。所谓伦理，其本意是指事物的条理，引申指向人伦道德之理。

伦理概念有广义与狭义之分。狭义的伦理主要关涉道德本身，包括人与人、人与社会、人与自身的伦理关系。广义的伦理则不仅关涉人与人、人与社会、人与自身的伦理关系，而且关涉人与自然的伦理关系，还研究义务、责任、价值、正义等。在本书中，伦理道德关系从人与人、人与自然之间拓展到人与人工智能系统、人与机器之间，因此，本章中讨论的人工智能伦理是广义的伦理。

伦理一方面反映了客观事物的本来之理，另一方面也寄托了人们对同类事物应该具有的共同本质的理想，这种理想付诸人类社会的生产和生活实践之中，产生了调节人类行为的规范。就本章讨论的人工智能伦理而言，其目的是将人类的伦理推广到人工智能系统或智能机器，产生调节人工智能系统、智能机器与人之间的行为的规范。正如图 8.1 所展示的，科幻动漫《超能陆战队》中憨态可掬的大白机器人有着一颗“有理有利有节”的道德心，无论是刀山还是火海，他永远都把朋友保护在自己的怀里。尽管是一种幻想，但却为人们展示了人工智能伦理的最高理想：人们创造了越来越强大的人工智能，未来它们将成为人类的伙伴，人们希望它们对人类是友善的，而不会伤害或毁灭人类。

图 8.1 《超能陆战队》中的大白机器人拥抱人类小朋友

8.1.2 伦理学概念

一般来说，伦理学是以道德作为研究对象的科学，也是研究人际关系的一般规范或准则的学科，又称道德学、道德哲学。伦理学作为一个知识领域，源自古希腊哲学。古希腊哲学家亚里士多德最先赋予伦理学以伦理和德行的含义，他的著作《尼各马可伦理学》是最早的伦理学专著。希腊人将伦理学作为与物理学、逻辑学并列的知识领域。亚里士多德认为，基于人是社会动物这一判断，伦理是关于如何培养人用来处理人际关系的品性的问题。

通俗地说，伦理学就是关于理由的理论——做或不做某事的理由，同意或不同意某事的理由，认为某个行动、规则、做法、制度、政策和目标好坏的理由。它的任务是寻找和确定与行为有关的行动、动机、态度、判断、规则、理想和目标的理由。

从总体上说，传统的西方伦理学可以划分为三大理论系统，即理性主义、经验主义和宗教伦理学，不同的理论系统遵循不同的道德原则。传统伦理学在人工智能时代面临着新的科学理论挑战，伦理学家、人工智能专家、哲学家应共同努力，突破传统伦理学的研究边界和思维局限，将智能机器的道德、人工智能系统道德作为新的研究对象，而不仅是人的道德。将人工智能伦理纳入伦理学研究范畴，从而为人工智能的健康发展奠定理论基础。

应用伦理学是伦理学的一个分支，它的研究对象包括一切具体的、有争议的道德应用问题。并非所有具体的、有争议的现实问题都是应用伦理学的研究对象，只有那些具体的、表现于特定领域或情境的道德问题才可能是应用伦理学的研究对象。例如，猎杀野生动物是不是一种正当行为，是应用伦理学问题。现代人类文明的发展使人际关系和人类事务越来越复杂，道德问题产生的具体情境越来越具有专业特殊性，引起争议的现实道德问题也越来越多。自 20 世纪六七十年代应用伦理学兴起以来，应用伦理学已拥有越来越多的专门领域，如生命伦理、动物伦理、生态伦理、环境伦理、经济伦理、企业伦理、消费伦理、政治伦理、行政伦理、科技伦理、工程技术伦理、产品伦理、媒体伦理、网络伦理、艺术伦理等。

科技伦理是指各种科学技术发展所引发的伦理问题，包括基因编辑、克隆、互联网以及人工智能等科学技术发展和应用所引发的伦理问题。早在 19 世纪，德国哲学家马克思(Marx)就针对科学技术发展所带来的伦理问题进行过深刻的论述。他指出："在我们这个时代，每一种事物好像都包含有自己的反面。技术的胜利，似乎是以道德的败坏为代价换来的……"一项新技术的诞生、发展、成熟，为人类带来的是幸福还是祸害，往往不为善良人的愿望和意志所左右。关键是人们在利用这项技术的正面价值的同时，要最大限度地防范其可能带来的负面效应。这种负面效应主要有这样几种表现：一是科学技术的进步能创造巨大的物质财富，能给人们带来巨大的物质利益，这使得科学技术的发展有可能膨胀人们的物质享乐心理，使人不择手段、不顾后果、片面地追求物质利益，从而导致道德滑坡；二是科学技术的发展可能提供新的犯罪手段、犯罪方式，诱使人走向犯罪；三是由科学技术的发展带来的一些新的伦理问题可能会引起道德混乱，如处理不当，就会造成不可预计的后果，破坏社会伦理秩序、导致社会失范。

人工智能作为一种重要的科学技术，具有替代人类智能及人类自身的可能性。并且，这种可能性已经逐渐通过人工智能技术的发展而变为现实。它的发展与以往的基因调控、克隆等技术一样需要伦理道德规范。发展人工智能技术的一个基本前提是，人类要引导人工智能技术的发展，防止人工智能技术的滥用损害人类利益。

8.2 人工智能伦理

8.2.1 人工智能伦理概念

人工智能技术的诞生和发展，使工具的属性发生了变化，它们开始成为具有智能性的工具。当这种智能性与人类智能的某方面相似甚至超越人类时，人类与智能工具之间的关系就开始变得复杂起来，这种复杂关系反映在伦理观念上，会对人类社会的传统伦理关系造成影响和冲击。由于这种关系的复杂性，人工智能伦理分为狭义和广义两个范畴。

狭义的人工智能伦理是人工智能系统、智能机器及其使用所引发的、涉及人类的伦理道德问题。应用人工智能技术的各个领域都涉及伦理问题，也都是狭义人工智能伦理应该考虑的问题。

广义人工智能伦理是指人与人工智能系统、人与智能机器、人与智能社会之间的伦理关系，以及超现实的强人工智能伦理问题，包括人工智能系统与智能机器对于人类的责任、安全等。广义的人工智能伦理主要有 3 方面含义：第一，在人工智能技术应用背景下，人工智能系统会参与、影响很多方面的工作和决策活动，人与人、人与社会、人与自身的传统伦理道德关系受到影响，从而衍生出新的伦理道德关系；第二，深度学习技术驱动的智能机器拥有了不同于人类的独特智能，从而促使人类以前所未有的视角考虑人与这些智能机器或者这些智能机器与人之间的伦理问题；第三，也是最有趣的一方面，人们认为人工智能早晚会超越人类智能，并可能会威胁人类，这实际上是超越现实的幻想。但是由此引发的哲学意义上的伦理问题思考，具有一定理论和思想价值，能够启发今天的人类开发和利用好人工智能技术。这类广义人工智能伦理在本书中称为“超现实人工智能伦理”。超现实人工智能伦理关注的是类人或超人的人工智能系统、智能机器与人的伦理关系。

从伦理学体系角度看，狭义人工智能伦理属于应用伦理领域。广义人工智能伦理则已经超出应用伦理范围，因为关于智能机器、社会与人三者之间的复杂伦理道德关系超出了传统人类社会伦理的范畴。

8.2.2 人工智能伦理学概念与含义

虽然在早期的人工智能萌芽时期，人类就已经开始思考人工智能与人类之间的伦理关系。但是，人工智能伦理学以应用伦理学的形式从科技伦理学中分化出来，只是最近十年左右发生的事情。伴随着近代人工智能科学技术的发展，特别是伴随着 21 世纪人工智能的发展，现代意义上的人工智能伦理学应运而生。

由于人工智能技术使机器等工具表现出越来越强的智能性，且很多新的伦理问题出现，伦理范畴变得前所未有的复杂。人类需要发展新的伦理学理论来研究人工智能。

传统的伦理学主要以人类的道德意识现象为研究对象，探讨人类道德的本质、起源和发展等问题。人工智能突飞猛进地发展，对人的自然主体性地位提出了挑战，也对人的道德主体性提出了挑战，使伦理学研究的对象不再仅仅是人与人、人与社会、人类自身的伦理道德关系，而是从人类的道德扩展到了人工智能技术、人工智能系统与机器的道德。由此形成全新的伦理学分支——人工智能伦理学。

人工智能伦理学需要从理论层面建构一种人类历史上前所未有的新型伦理体系，也就是人、智能机器、社会及自然之间相互交织的伦理关系体系，包括指导智能机器行为的法则体系，即“智能机器应该怎样处理此类处境”“智能机器为什么、又依据什么这样处理”，并且对其进行严格评判的法则，也包括人类对智能机器的行为、智能机器对人类的行为、智能机器与人类社会及智能机器与自然的伦理体系。

与人工智能伦理相对，人工智能伦理学也分为狭义和广义两个范畴。狭义的人工智能伦理学是研究人工智能技术、系统与机器及其使用所引发的涉及人类的伦理道德理论的科学。狭义人工智能伦理学主要关注和讨论关于人工智能技术、系统及智能机器的伦理理论。狭义的人工智能伦理学是随着人工智能的发展而产生的一门新兴的科技伦理学科，它处在人工智能科学技术与伦理学的交叉地带，因而是一门具有交叉性和边缘性的学科。它不仅涉及科技道德的基本原则和主要规范，而且涉及人工智能科学技术提出的新的伦理问题，诸如数据伦理、算法伦理、机器伦理、机器人伦理、自动驾驶伦理、智能医疗伦理、智能教育伦理、智能军事伦理等。它不但涉及科技伦理的历史发展，又涉及在社会发展中人们对人工智能提出的一系列现实伦理问题。本书中的人工智能伦理问题，除了超现实人工智能伦理以外，其余都属于狭义人工智能伦理学的研究范围和对象。

广义人工智能伦理学是研究智能机器道德的本质、发展以及人、智能机器与社会相互之间的新型道德伦理关系的科学。广义人工智能伦理学需要研究智能机器（包括人机结合形成的智能机器）道德规范体系，智能机器道德水平与人工智能技术发展水平之间的关系，智能机器道德原则和道德评价的标准，智能机器道德的教育，智能机器、人与社会、自然之间形成的相互伦理道德体系及规范，以及在智能机器超越人类的背景下，人生的意义、人的存在与价值、生活态度等问题。图 8.2 给出了在伦理道德体系下，人工智能伦理的内在含义。

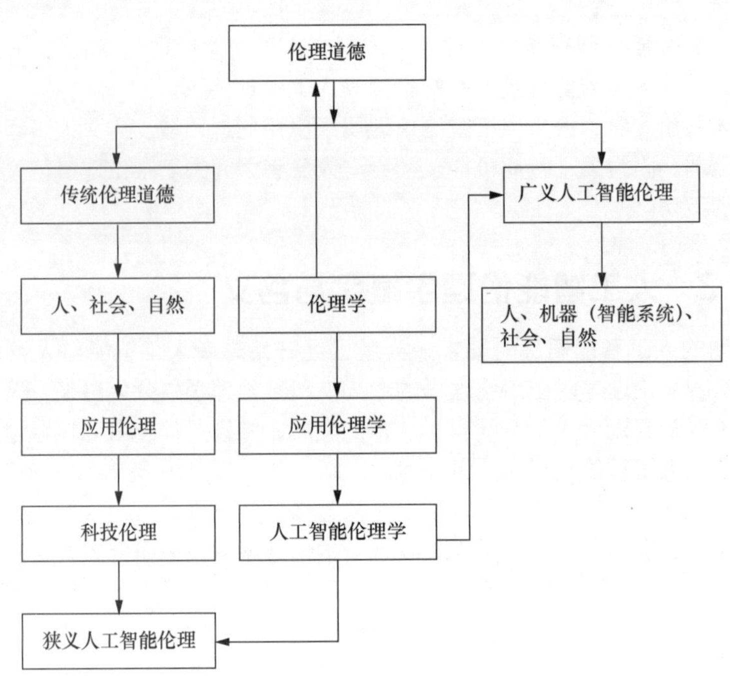

图 8.2　人工智能伦理的内在含义

8.2.3　人工智能伦理发展简史

19 世纪英国著名小说家玛丽・雪莱（Mary Shelley）于 1818 年创作出世界上第一部科幻小说《弗兰肯斯坦》(《科学怪人》)，其中描绘的“人造人”天性善良、外表丑陋，最终在人类的歧视下成为杀人的怪物。图 8.3 所示为 1931 年拍摄的同名电影中科学家和助手复活“人造人”的场景。

图 8.3　同名电影中科学家和助手复活“人造人”的场景

小说中，“人造人”不堪人类歧视由善转恶，对人类痛下杀手。小说的悲剧结尾深深震撼了人类的心灵，引发了后世许许多多的争议和思考，其中就包括人类对人工智能的态度，人们担心自己创造的人工智能有可能会反过来威胁人类。

1920 年，捷克作家卡雷尔·恰佩克（Karel Capek）发表了科幻剧本《罗萨姆的万能机器人》。剧本中一位名叫罗萨姆的哲学家研制出一种机器人，这种机器人外貌与人类相差无几，并可以自行思考，被资本家大批制造用来充当劳动力。这些机器人按照主人的命令默默地工作，从事繁重的劳动。后来，机器人发现人类十分自私和不公正，于是，机器人开始造反并消灭了人类。在该剧的结尾，机器人接管了地球，并毁灭了它们的创造者（见图 8.4）。该剧于 1921 年在布拉格演出，轰动了欧洲。卡雷尔·恰佩克在作品中创造了“robot”（机器人）一词，这个词源于捷克语的“robota”，意思是“苦力”，之后该词被欧洲各国语言吸收而成为世界性的名词。恰佩克在这部科幻戏剧中提出了机器人的安全、感知和自我繁殖问题。尽管那个时代并没有现代意义上的机器人，但戏剧中所反映的问题却是超越时代的，而且随着时代的发展，剧中的幻想场景也逐步变为现实。

图 8. 4 《罗萨姆的万能机器人》剧照

与《弗兰肯斯坦》类似，该剧开创了关于人类与“机器人”之间伦理关系的思考先河。“机器人”这种特殊的人工智能系统对人类的威胁隐忧也一直延续至今。

著名科幻作家艾萨克·阿西莫夫（Isaac Asimov）以小说的形式最先探讨了人与机器人的伦理关系，他于 1940 年首次创立“机器人学三定律”，并在《我，机器人》这部科幻小说中应用和检验了这些定律。他的机器人三定律非常简明并且自成体系，具体如下。

第一，机器人不可伤害人类，或目睹人类将遭受危险而袖手旁观。

第二，机器人必须服从人类给予它的命令，当该命令与第一定律冲突时例外。

第三，机器人在不违反第一、第二定律的情况下要尽可能保证自己的生存。

具有现实意义的是，阿西莫夫以幻想小说的形式使机器人学不再是纯粹的幻想，而真正成为现代人工智能伦理和机器人伦理的开端。

因此，事实上，人工智能所引发的伦理思考，最早并不是来自现实的技术进步，而是来自科幻小说。关于人工智能的伦理思考早于人工智能概念的诞生和技术的出现，也就是说，人类在人工智能技术出现之前就已经开始思考人工智能伦理问题。

人工智能之父图灵在自己早年的论文《智能机器》中不但详细讲述了人工智能技术的发展形势和方向，也提到了人工智能迟早会威胁到人类的生存。

从 1956 年人工智能诞生开始，人工智能伦理问题一直是很多科幻小说和影视作品的主题思想，包括著名的《银翼杀手》《毁灭者》《黑客帝国》《机械姬》等。一直到 2002 年，关于人工智能的伦理问题才从起初的工业机器人的单一安全性问题，转移到与人类相关的社会问题上，开始从幻想真正走向现实。关于机器人伦理学、法律和社会的问题从 2003 年起逐渐在学术和专业方面得到重视和研究，2004 年，在世界第一届机器人伦理学研讨会上，专家们首次提出“机器人伦理学”的概念。

许多学者在 2005 年开始系统性地研究“机器伦理”和“机器人伦理”。2005 年，欧洲机器人研究网络设立“机器人伦理学研究室”，它的目标是拟定“机器人伦理学路线图”。欧盟建立了机器人伦理学 Atelier 计划——“欧洲机器人伦理路线图”，在该项研究中，研究人员还描述了此前为实现人类—机器人共存社会的一些尝试。其最终目标是提供对机器人研发中涉及的伦理学问题的系统性的评价，试图增进人们对潜在风险问题的理解，并进一步促进跨学科研究。

英国谢菲尔德大学教授、人工智能专家诺埃尔·夏基（Noel Sharkey）2007 年在美国《科学》杂志上发表《机器人的道德前沿》一文，呼吁各国政府应该尽快联手出台机器人道德规范。2008 年，美国哲学家科林·艾伦（Colin Allen）等人出版了《道德机器：培养机器人的是非观》。

同时，世界上出现了一些与机器人伦理研究相关的组织。世界工程与物理科学研究理事会（Engineering and Physical Sciences Research Council，EPSRC）提出了机器人学原理。2011 年在线发布的“EPSRC 机器人原理”明确地修订了阿西莫夫的“机器人学三定律”。

机器人伦理学的研究从 2005 年以后延伸到人工智能伦理，并逐渐开始受到全球各界专家、学者以及政府和企业的关注。

2014 年 6 月 7 日，在英国皇家学会举行的图灵测试大会上，聊天程序“尤金·古斯特曼”（Eugene Goostman）成功通过了图灵测试，人们对人工智能的发展和期望更是信心百倍。与此同时，人工智能的道德行为主体、自由意志、社会角色定位等科幻小说中的热门话题再次激起人们的思考。

2016 年，美国政府出台的战略文件提出要理解并解决人工智能的伦理、法律和社会影响。英国议会于 2018 年 4 月发布长达 180 页的报告《英国人工智能发展的计划、能力与志向》。日本人工智能协会于 2017 年 3 月发布了一套 9 项伦理指导方针。

联合国于 2017 年 9 月发布《机器人伦理报告》，建议制定国家和国际层面的伦理准则。电气电子工程师学会（Institute of Electrical and Electronics Engineers，IEEE）于 2016 年启动“关于自主/智能系统伦理的全球倡议”，并开始组织人工智能设计的伦理准则。2017 年 1 月，“有益的人工智能”（Beneficial AI）会议于阿西洛马召开，近 4000 名各界专家签署支持 23 条阿西洛马人工智能基本原则（Asilomar AI Principles）。我国也在 2017 年发布《新一代人工智能发展规划》，提出了制定促进人工智能发展的法律法规和伦理规范作为重要的保证措施。2018 年 1 月 18 日，国家人工智能标准化总体组、专家咨询组成立大会发布了《人工智能标准化白皮书》。白皮书论述了人工智能的安全、伦理和隐私问题，认为设定人工智能技术的伦理要求，要依托于社会和公众对人工智能伦理的深入思考和广泛共识，并遵循一些共识原则。2021 年 9 月 25 日，国家新一代人工智能治理专业委员会发布了《新一代人工智能伦理规范》，旨在将伦理道德融入人工智能全生命周期，为从事人工智能相关活动的自然人、法人和其他相关机构等提供伦理指引。

一些国家相继成立了人工智能伦理研究的各类组织和机构，以探讨人工智能引发的伦理问题，如科学家组织、学术团体和协会、高校研发机构，以及国家层面的专业性监管组织。比如，我国科技部于 2019 年 2 月成立新一代人工智能治理专业委员会。斯坦福大学的“人工智能百年研究项目”计划针对人工智能在自动化、国家安全、心理学、道德、法律、隐私、民主以及其他问题上所能产生的影响，定期开展一系列的研究。该项目的第一份研究报告《人工智能 2030 生活愿景》已经于 2016 年 9 月发表。卡内基梅隆等多所大学的研究人员联合发布《美国机器人路线图》，以应对人工智能对伦理和安全带来的挑战。来自牛津大学、剑桥大学等大学和机构的人工智能专家撰写了《恶意使用人工智能风险防范：预测、预防和消减措施》，调查了人工智能恶意使用的潜在安全威胁，并提出了更好的预测、预防和削弱这些威胁的方法。

经过近十年的发展，人工智能伦理已经成为人工智能领域重要的组成部分和发展内容。人工智能伦理的重要性在于其对人工智能健康发展的指导性作用和保障性作用。脱离人工智能伦理约束的人工智能技术，将不会被社会所接受。

8.3 人工智能技术引发的伦理问题

人工智能技术伦理问题主要包括人工智能技术在开发、使用、推广、传播过程中可能造成的各种问题。随着大数据、深度学习算法在教育、医疗、金融、军事等关键领域的大规模应用，各种人工智能算法及系统已经引发了诸如隐私、安全、责任、歧视等直接问题，间接问题包括就业、贫富差距、社会关系危机等问题。以 2018 年发生的一系列事件为例，3 月 17 日，Meta 公司剑桥分析数据丑闻曝光。3 月 18 日，优步（Uber）自动驾驶汽车在道路测试过程中导致行人死亡。5 月 29 日，Facebook 因精准广告算法歧视大龄劳动者被提起集体诉讼。7 月 25 日，有报告称 IBM 的沃森（Watson）给出错误且不安全的癌症治疗建议。7 月 26 日，亚马逊公司开发的人脸识别系统将 28 名美国国会议员匹配为罪犯。8 月 13 日，美国有关机构指控 Facebook 的精准广告算法违反公平住房法。除了数据泄露和隐私暴露外，人工智能技术可直接用于非法目的，比如利用深度伪造技术生成虚假视频和图像，然后用于生产和传播假新闻。

在娱乐社交、医学实践领域，人们把具有感知、自治性的人工智能系统或机器人视为与人类同等地位的道德行为体和伦理关护对象，赋予其一定的伦理地位。因为，人们相信或者希望人工智能的决策、判断和行动是优于人类的，至少可以和人类不分伯仲，从而把人类从重复、琐碎的工作中解放出来。但在另一个层面，由于人工智能在决策和行动上的自主性正在脱离被动工具的范畴，其判断和行为如何能够符合人类的价值观、符合法律及伦理等规范？在人工智能代替人类处理各种问题的过程中，都会面临一个问题：机器的决策是否能保证人类的利益？

人工智能技术造成问题的原因有很多。首先，人工智能技术的设计和生成离不开人的参与。无论是数据的选择还是程序设计，都不可避免地体现设计人员的主观意图。如果设计人员带有偏见，其选择的数据、开发的算法及程序本身也会带有偏见，从而可能产生偏颇、不公平甚至带有歧视性的决定或结果。其次，人工智能技术并不是绝对准确的，相反，很多用于预测的人工智能系统，其结果都是概率性的，也并不一定完全符合真实情况。如果技术设计人员欠缺对真实世界的了解或者存在数据选择偏见，也可能导致算法得出片面、不准确的结果。最后，人类无法理解或解释深度学习这种强大的算法技术在帮助人们解决问题时考虑了哪些因素、如何且为何得出特定结论，即此类技术尚存在所谓的“黑箱”问题和“欠缺透明性”的问题，在应用中具有不可预测性和潜在危险。面对这些复杂的情况，人们必须正视人工智能的道德、不道德或非道德问题，而不能再停留在科幻小说层面。

除了人工智能技术及系统局限性，人工智能还面临着安全风险。互联网、物联网技术使人工智能的安全问题更加复杂化。一方面，网络使人工智能自身发展和可供使用的资源趋于无穷。另一方面，互联网及物联网技术使黑客、病毒等人为因素对人工智能产品构成巨大威胁。即使人工智能尚不如人类智能，但网络技术极可能使人们对人工智能的依赖演变成灾难。比如，如果黑客控制了家里的智能摄像头，会造成家庭隐私泄露，甚至危及生命安全。自动驾驶汽车和智能家居等连接网络的物理设备也存在被网络远程干扰或操控的风险。

生成式人工智能的快速发展也带来了一系列挑战和伦理问题。首先是版权和知识产权的问题。当人工智能系统能够生成与人类创作难以区分的内容时，如何界定这些内容的所有权和使用权就成为一个复杂的法律和伦理问题。其次是真实性和可信度的问题。生成式人工智能能够创造出极其逼真的虚假内容，这可能被用于制作深度伪造视频或散播虚假信息，从而对社会造成负面影响。

隐私问题也是一个重要的关注点。生成式人工智能模型通常需要大量数据进行训练，如何确保这些数据的隐私和安全使用是一个亟需解决的问题。此外，人工智能生成内容的偏见和公平性也是研究者们正在努力解决的问题。如果训练数据中存在偏见，人工智能生成的内容可能会放大这些偏见，导致不公平或歧视性的结果。

鉴于人工智能技术应用带来的上述问题，人类应从伦理、法律以及科技政策角度进行更深的思考并采取有效措施。原本只是停留在幻想中的伦理担忧和威胁似乎完整地映射到了现实世界，从而给人类带来了实实在在的困扰甚至恐慌。因此，人类必须团结起来，采取措施以防止人工智能技术无序发展。从规范、制度到哲学、伦理、教育、法律等方面都需要采取全面的措施并尽快布局。其中，伦理规范是必需的，也是核心手段，为了引导技术注重源头开发、设计“友善的人工智能”，在真正的风险和威胁形成之前防患于未然，最大限度地避免人工智能引发问题，这就是人工智能伦理的应有之义。

人工智能作为一种科学技术，以求真为最高目标，而伦理道德则以求善为最高目标，二者的关系从本质上说是一种真与善的关系，它们相互联系、相互渗透，又相互转化，在人类共同的社会实践活动中达到统一。人工智能技术活动中有对“真”的要求，也有对“善”的要求。一方面，人工智能技术可以向伦理道德转化。从一定意义上说，当人类要求自己所创造的智能机器具有道德义务时，这本身也是在发展提升人类自身的道德素养，只不过是通过智能机器反映出来。在人的实践活动中，人对于智能机器的道德观念往往会直接或间接地反作用于人类自身，并逐渐转变为人类新的道德观念，甚至改造人性。另一方面，伦理道德也可以向人工智能技术转化。这种转化主要表现在对人工智能技术的道德评价会影响人们对人工智能技术本身的评价，从而发掘出某一项人工智能技术或评价体系。

8.4 人工智能伦理体系及主要内容

8.4.1 人工智能伦理体系

现阶段，对人工智能伦理的理解和关注主要来自学术和行业两方面。根据目前学术和行业两方面对人工智能的研究和其发展现状，人工智能主要内容及体系涉及人工智能应用伦理、人机混合智能伦理、人工智能设计伦理、人工智能全球伦理与宇宙伦理、人工智能超现实伦理及人工智能伦理原则与规范、法律。

如图 8.5 所示，在人工智能伦理体系中，机器伦理涉及机器人、自动驾驶汽车等不同类型机器或智能系统的伦理。数据伦理、算法伦理、机器伦理、行业应用伦理及设计伦理都是人工智能作为一种科学技术的不同方面所产生的伦理，这些技术的应用又形成人工智能应用伦理。人工智能技术的应用形成的伦理都属于狭义的人工智能伦理。

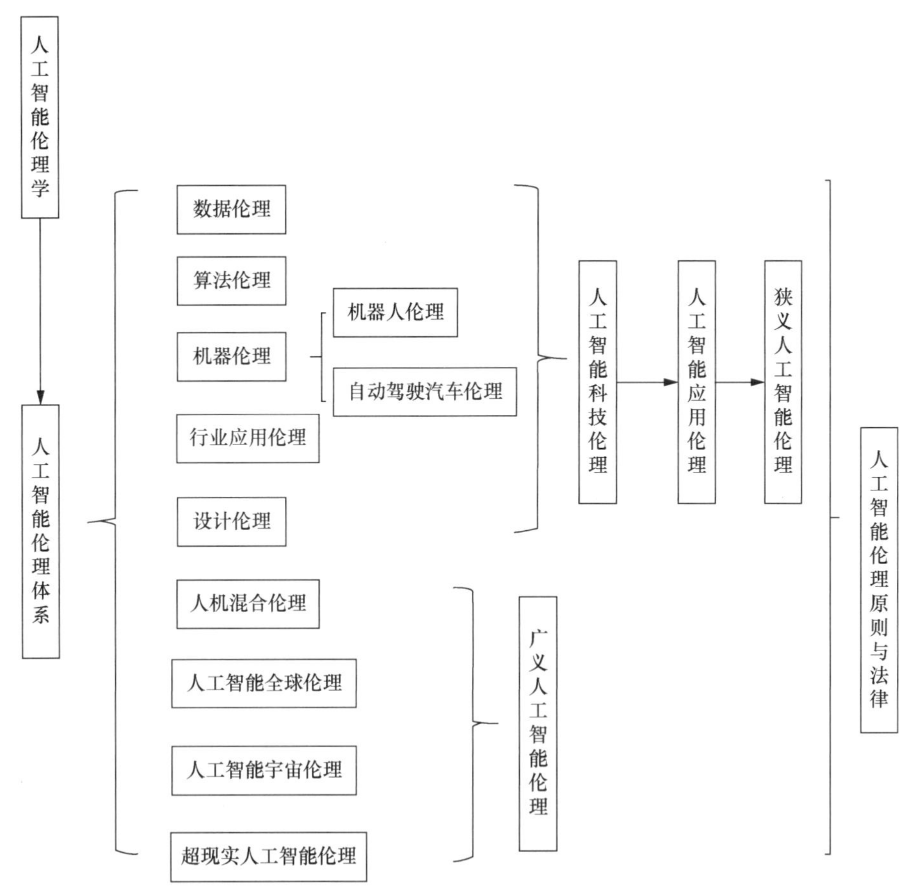

图 8.5　人工智能伦理体系

人机混合伦理、人工智能全球伦理、人工智能宇宙伦理以及超现实人工智能伦理都超出了传统人类伦理道德范畴，因此属于广义的人工智能伦理。无论是广义还是狭义的人工智能伦理，最终都要符合一定的伦理原则，也就是与人类根本利益、基本权益相关的伦理原则。上述人工智能伦理体系也就是人工智能伦理学研究的对象和内容。实际应用中的人工智能伦理主要涉及数据伦理、算法伦理、机器伦理、行业应用伦理和设计伦理。广义的人工智能伦理对于人工智能的实际应用和发展具有指导性、方向性和启发性意义，但并不一定都能在实际中兑现。

8.4.2　人工智能伦理主要内容

人工智能伦理主要包括数据伦理、算法伦理、机器伦理、机器人伦理、自动驾驶汽车伦理及行业应用伦理等。

1. 数据伦理

数据伦理实际上是独立于人工智能伦理的一个应用伦理分支，因为数据科学与人工智能科学是并列的学科，二者之间的交叉主要在于大数据及实际应用。因而，人工智能数据伦理主要涉及人工智能与大数据结合而产生的伦理问题，比如数据隐私泄露、大数据杀熟等。

（1）数据隐私泄露。

随着人工智能对大数据的依赖日益加重，个人数据的收集和使用成为一个日益重要的隐私问题。社交媒体、购物记录、健康数据等信息被广泛用于训练人工智能模型，但这些数据的滥用可能导致严重的隐私侵犯。欧盟的《通用数据保护条例》就是应对这一问题的重要举措，它赋予用户更多的控制权，并规定了企业在数据处理中的责任。

（2）大数据杀熟。

随着大数据技术的日益强大，大量的数据更容易被获取、存储、挖掘和处理。大数据信息价值的成功开发在很大程度上依赖于大数据的收集和存储，而数据收集和存储取决于数据的开放性、共享性和可获取性。在大数据信息价值开发实践中，各种技术力量的渗透和利益的驱使容易引发一些伦理问题，主要体现在个人数据收集侵犯隐私权、信息价值开发侵犯隐私权、价格歧视与大数据杀熟。其中大数据杀熟是指商家利用大数据技术，不再只根据往常的透明标准进行定价，而是根据用户的个人情况进行定价，商家通过用户画像了解用户是否对价格敏感以及用户可能接受的最高价格，并且商家还利用用户的忠诚度以强制溢价的方式进行价格歧视，最终导致用户在不知情的情况下，支付了比普通用户更高的价格。这是典型的数据伦理问题，也是法律所要惩处的问题。

2. 算法伦理

算法伦理主要指深度学习等人工智能算法在实际应用中造成的伦理问题，包括偏见、歧视、控制、欺骗、不确定性、信任危机、评价滥用、认知影响等多种问题。这些都是以深度学习为代表的机器学习算法产生的伦理问题中比较典型的问题，也是实际中已经发生的问题，因此是本章的重点内容。实际上，算法伦理的产生主要是由于深度学习与大数据结合之后在各领域的实际应用中取得了成效，在深度学习算法流行之前，算法伦理并未受到今天这样的重视。

目前的人工智能系统或平台多数以“深度学习+大数据+超级计算机或算力”为主要模式，需要大量的数据来训练其中的深度学习算法，在搜集过程中各类数据可能不均衡。在标注过程中，某一类数据可能标注较多，另一类则标注较少，这样的数据被制作成训练数据集用于训练算法时，就会导致结果出现偏差，如果这些数据与个人的生物属性、社会属性等敏感数据直接关联，就会产生偏见、歧视、隐私泄露等问题。

算法产生的伦理问题主要如下。

（1）算法歧视。

2016 年 3 月，微软公司在某社交平台上线了聊天机器人 Tay，Tay 在与网民的互动过程中，成了一个集性别歧视、种族歧视等于一身的形象。类似地，美国执法机构使用的算法错误地预测，黑色人种被告比拥有类似犯罪记录的白色人种被告更有可能再次犯罪。

（2）算法自主性造成的不确定风险。

深度学习等算法虽然看似客观，但其实隐藏着很多人为的主观因素，这些主观因素也会对算法的可靠性产生干扰。更重要的是，自主性算法在本质上都是模仿人类经验世界从数据的相关性上获取结果（不确定），而并非产生在结果上必然如此的因果性（确定）。

（3）算法信任危机。

深度学习在许多领域被用于决策支持，但其决策过程的透明性问题引发了广泛的伦理讨论。深度学习算法特别善于在大数据中获取有效的模式、表征，例如，在信用评分、招聘筛选，甚至刑事判决中都可能起到决定性作用，但是缺乏合理的逻辑或因果解释。因此，人们会对算法产生的结果或知识不信任。对大部分人而言，深度学习算法功能的实现是不可理解的。如果算法产生结果或知识的过程不可理解或不可解释，那么在涉及人类行为时，就容易导致严重的信任危机。

（4）算法偏见。

算法偏见是另一个严重的算法伦理问题。由于人工智能模型依赖于历史数据进行训练，若训练数据中存在偏见，人工智能可能会在决策中放大这些偏见。例如，某些人工智能招聘系统被发现存在性别偏见，更倾向于推荐男性候选人。要解决算法偏见问题，开发者需要在数据收集和模型设计中更加谨慎，并确保多样性和公平性。

（5）算法评价滥用。

算法的评分机制可把人们对规则执行的结果量化。这种评分机制可以帮助汇集社会主体的日常活动，形成公意并强制执行。在一定意义上，评分机制强化了人们对社会规则的认同，激发了人的自我约束，基于评分的奖惩简单、直接，有时也是有效的。因此，评分机制在某些时候对于社会风险控制是有价值的。但不可否认的是，它可能导致对个人隐私的侵犯以及对算法控制权的滥用。

（6）算法对人认知能力的影响。

现在，算法也被用于创作，包括新闻报道写作、音乐创作、文学艺术创作等。这些智能算法创作的内容可看作算法建构的一种认知界面。算法虽然可模拟人的创作思维，甚至可能在某些方面打破人的思维套路，将人带到一些未曾涉足的认知领域，但算法本身具有局限性，它们只能从某些维度反映现实世界，缺乏对世界的完整性、系统性反映能力。如果人们总是通过算法创造的作品来认识和理解世界，人们认识世界的方式会越来越单调，也会失去对世界完整性的把握能力。

3. 机器伦理

所谓机器伦理，一般指的是机器发展本身的伦理属性以及机器使用中体现的伦理功能。

狭义机器伦理主要是指由具体的智能机器及其使用产生的涉及人类的伦理问题。其伦理对象是智能计算机、智能机器人、智能无人驾驶汽车等机器装置。

广义机器伦理则是在机器具备一定的自主智能甚至一定的道德主体地位之后产生的更为复杂的伦理问题，伦理对象是广义的智能机器系统。

机器伦理偏重于从理论角度介绍机器伦理的概念及含义，以及机器伦理与机器人伦理、人工智能伦理及技术伦理的关系。机器伦理的核心内涵是人工智能赋予机器越来越高的智能性之后，机器的属性发生了变化，由此导致人机关系发生变化，比如人类是否应该关心具有智能或某种类人属性的机器，或者如何让具有一定智能的机器始终处于人类的掌控中，以何种方式将人类的伦理规则嵌入机器中。机器伦理是人工智能伦理的重要组成部分，实际上拓展了伦理学的研究范围，从人、自然、生态到机器，这是伦理学领域的一个飞跃。人工智能的重要实现载体是计算机、机器人或其他复杂的机器，它们的伦理问题也就是人工智能的伦理问题。

在机器伦理研究领域，受关注较多的问题是狭义的机器伦理，更具体地说是人类伦理原则如何在机器上构建的问题。狭义的机器伦理问题及其研究侧重于在智能机器中嵌入人工伦理系统或伦理程序，以实现机器的伦理建议及伦理决策功能。机器伦理构建主要涉及以下两个问题。

第一个问题是，在机器中嵌入伦理原则是否应该，也即机器伦理存在的合理性论证。

第二个问题是，按照狭义机器伦理学的目标发展，人类的道德伦理思想是否可以通过技术手段在机器上实现。

典型的机器伦理包括机器人伦理和自动驾驶汽车伦理两方面内容。

4. 机器人伦理

从弗兰肯斯坦到罗萨姆万能机器人，不论是科学怪人对人类的杀戮，还是机器人造反，都体现了人对其创造物可能招致毁灭性风险与失控的疑惧。

现实中，也发生了机器人威胁到人类安全的事件。早在 1978 年，日本就发生了世界上第一起机器人伤人事件。日本广岛一家工厂的切割机器人在切钢板时突然发生异常，将一名值班工人当成钢板操作致其死亡。1979 年，在美国密歇根的福特制造厂，有位工人试图从仓库取回一些零件而被机器人杀死。1985 年苏联国际象棋冠军古德柯夫同机器人棋手下棋连胜 3 局，机器人突然向金属棋盘释放强大的电流，将这位国际大师“杀死”。2015 年 6 月 29 日，德国汽车制造商大众称，该公司位于德国的一家工厂内，一个机器人“杀死”了一名外包员工。

机器人伦理可以看作机器伦理的一部分，也可以看作人工智能伦理的一部分，三者之间的问题通过机器人交织在一起。机器人伦理相对于机器伦理和其他人工智能伦理的特殊之处在于，它先于人工智能伦理、机器伦理产生，因为最初的机器人伦理思想实际上来自 100 年前的科幻作品。机器人可以看作特殊的机器，在智能性和外观等方面与人类似。由于机器伦理实际上是受机器人伦理的启发而来的，因此，很多研究人员对二者并不进行严格区分。本章中的机器人伦理主要关注的是民用机器人尤其是服务机器人给儿童、老人等带来的情感、隐私等方面的问题，以及机器人大规模普及带来的就业等问题。国际上已经针对机器人制定了很多伦理规则和监管措施。机器人伦理与人工智能伦理交叉的重点部分是智能机器人伦理，由此引发的伦理问题十分复杂也十分有趣，既有哲学理论意义，也有实际应用价值。

5. 自动驾驶汽车伦理

自动驾驶汽车伦理也是机器伦理的延伸。自动驾驶汽车与机器人类似，都是比较特殊的智能机器。与机器人伦理的不同之处在于，自动驾驶汽车伦理更关注安全和责任，因为汽车是交通工具，与人类的生命息息相关。人最宝贵的就是生命，如果生命权在先进的自动驾驶汽车面前没有保障，自动驾驶这种技术对于人类也就毫无意义。自动驾驶汽车伦理问题归根到底属于功利主义伦理问题，在实际应用中，自动驾驶智能决策系统要面临许多两难的抉择，这也凸显了人工智能伦理或自动驾驶汽车伦理的意义。

自动驾驶汽车在实际应用中始终会面临一种伦理困境，这种伦理困境可以用道德哲学领域中的“经典电车难题”来统一理解。

经典电车难题于 1967 年由哲学家菲莉帕·富特（Philippa Foot）提出。它的主要内容是：一个疯子把 5 个无辜的人绑在电车轨道上，一辆失控的电车朝他们驶来，并且片刻后就要碾压到他们；幸运的是，你可以操作一个拉杆，让电车开到另一条轨道上；然而问题在于，那个疯子在另一条电车轨道上也绑了一个人。考虑以上状况，你如何选择？

2016 年 5 月，美国佛罗里达州发生了首起涉及自动驾驶的恶性事故，车主开启自动驾驶功能后与迎面开来的大卡车相撞。虽然事后调查显示汽车的自动驾驶功能在设计上不存在缺陷，事故的主要原因在于车主不了解自动驾驶功能的局限性，失去了对汽车的控制，但这起事件依然引发了公众对自动驾驶安全性的担忧。

自动驾驶汽车生产商承诺每年会减少成千上万的交通事故，但发生在某辆车上的事故对当事人可能造成生命和财产损失。即便所有的技术问题都能解决，无论从理论还是实践看，自动驾驶不会100%安全。因此，人工智能所引发的安全问题不容忽视。引发安全问题的因素多种多样，最关键的因素还是自动驾驶算法及软件可能存在的漏洞。自动驾驶算法及软件都由工程师们开发设计，虽然任何软件都存在一定的缺陷，但自动驾驶算法及软件的缺陷可能决定车主或者路人的生死，因此，应尽量避免这种缺陷导致安全问题。

6. 行业应用伦理

随着深度学习等技术的日益普及，结合图像、语音、视频、文本、网络等多模态大数据以及制造业、农业、医疗、电子商务、政务、教育等行业大数据，形成了各类人工智能系统，并在制造、农业、医疗、教育、政务、商贸、物流、军事等各领域和行业得到广泛应用。在大力发展数字经济的背景下，人工智能赋能行业已经成为推动国家数字经济战略发展的重要驱动力。

人工智能涉及的行业、领域众多，其中医疗、教育和军事方面的应用产生的伦理问题比较具有代表性。因为这 3 个领域分别涉及所有人的健康、教育和生命，也涉及国家的安危，即这 3 个领域事实上代表了人类最直接的利益，不同的领域表现的问题也不尽相同，因此，这 3 个领域在伦理问题上有很多差异。比如智能医疗领域的智能机器人不会涉及智能军事领域的战斗机器人所涉及的伦理问题。智能医疗伦理关注较多的是医疗数据和人工智能系统诊疗引发的隐私问题，智能教育伦理关注较多的是人工智能技术在教育领域的应用引发的公平性等问题，智能军事伦理关注较多的是智能武器是否遵守人道主义伦理。

在近些年的发展中，人工智能在医疗领域的实践过程中遇到或出现的伦理问题主要有隐私和保密、算法歧视和偏见、依赖性、责任归属等。比如医疗手术机器人在手术过程中出现问题，医疗事故责任如何确认？是由生产机器人的厂家承担责任，还是由操作机器人的医生承担责任?

人工智能教育伦理风险与问题可分为 3 类：第一类是技术伦理风险与问题，第二类是利益相关伦理问题，第三类是人工智能伦理教育问题。

人工智能伦理教育问题又进一步分为 3 方面：第一方面是通过高校设立的专业培养人工智能专业人才，培养掌握一定的理论、方法、技术及伦理观念的人工智能人才；第二方面是对全社会开展人工智能教育，使人们理解人工智能技术及应用对社会、个人的影响；第三方面是对各类受教育对象开展人工智能伦理教育，使所有人都理解人工智能发展对个人、家庭、社会、国家、生活、健康、隐私等各方面的影响。

7. 人工智能在各行业应用中的共性风险

随着人工智能技术的快速发展，其应用已经渗透到了社会的各个领域，从法律到金融，从商业到制造，从教育到医疗，人工智能正在深刻地改变着各个行业的面貌。然而，伴随着人工智能带来的巨大机遇，我们也不得不面对一系列跨行业的共性风险。这些风险不仅挑战了现有的技术和管理体系，更触及了深层次的伦理和社会问题。

首当其冲的是数据隐私和安全问题。人工智能系统的运行和优化需要海量数据的支持，这不可避免地引发了对个人隐私保护的担忧。在法律领域，当事人的敏感信息可能被人工智能系统处理和存储；在金融领域，客户的财务数据成为人工智能分析的对象；在医疗领域，病人的健康记录被用来训练诊断模型。如何在充分利用数据价值的同时，确保个人隐私不被侵犯，成为各行各业都必须面对的挑战。例如，欧盟的《通用数据保护条例》就是为了应对这一挑战而制定的，它要求企业在处理个人数据时必须获得明确同意，并赋予个人“被遗忘权”等权利。

紧随其后的是算法偏见问题。人工智能系统的决策往往被认为是客观和公正的，但实际上，如果训练数据中包含人类社会既有的偏见，人工智能很可能会继承甚至放大这些偏见。在法律领域，这可能导致不公正的量刑决定；在金融界，这可能造成对某些群体的信贷歧视；

在人力资源管理中，可能影响招聘和晋升决策的公平性。例如，亚马逊曾发现其人工智能驱动的招聘系统对女性求职者存在偏见，最终不得不放弃使用该系统。如何确保人工智能决策的公平性和透明度，是各行各业都需要认真面对的问题。

第三个共同面临的问题是"黑箱"问题。许多先进的人工智能系统，特别是深度学习模型，其决策过程往往难以解释和理解。这在要求高透明度和可解释性的领域尤其成问题。在金融领域，监管机构和客户都需要理解投资决策的依据；在医疗领域，医生和患者需要明确给出诊断和治疗建议的理由；在自动驾驶汽车领域，我们需要了解车辆做出某个决定的原因，特别是在发生事故时。如何提高人工智能系统的可解释性，如何在复杂性和透明度之间找到平衡，是各行业都在积极探索的问题。

与"黑箱"问题密切相关的是责任认定问题。当人工智能系统做出错误决策或引发不良后果时，谁应该为此负责，是开发人工智能系统的公司，是使用人工智能系统的机构，还是监管部门？在自动驾驶汽车发生事故时，这个问题显得尤为突出。在医疗领域，如果人工智能辅助诊断系统出现误诊，应该如何划分医生、医院和人工智能系统提供商的责任？这些问题不仅涉及法律和伦理层面的考量，还关系到公众对人工智能技术的信任和接受程度。

人才短缺和技能鸿沟是另一个普遍存在的挑战。人工智能技术的快速发展要求从业者不断更新知识和技能。在教育领域，如何培养既懂人工智能又懂教育的复合型人才？在法律界，如何培养能够理解和应用人工智能技术的律师？在医疗行业，如何确保医生能够正确理解和使用人工智能辅助诊断工具？这不仅是关于人才培养的问题，也是整个社会适应人工智能时代的挑战。

最后，我们不能忽视人工智能应用带来的潜在社会影响。人工智能可能导致某些工作岗位消失，引发就业市场的结构性变化。在制造业，智能化生产线可能减少对人工的需求；在金融业，算法交易可能取代部分交易员的工作。如何管理这种转变，如何帮助员工适应新的工作环境，是企业和社会都需要认真思考的问题。

此外，人工智能的广泛应用可能加剧社会的数字鸿沟。那些无法获得或无法有效使用人工智能技术的群体可能会在竞争中处于更加不利的地位。在教育领域，这可能导致教育资源分配的不平等；在医疗领域，可能造成医疗服务可及性的差异。如何确保人工智能技术的普惠性，如何防止技术应用加剧社会不平等，是我们必须面对的重大挑战。

面对这些共性风险，各行各业都在积极探索应对之策。一些通用的方法正在形成，具体如下。

（1）建立健全的数据治理体系，确保数据的合法收集、安全存储和合规使用。

（2）开发更加公平和透明的人工智能算法，并定期进行偏见审核。

（3）加强对人工智能系统的可解释性研究，开发能够提供决策理由的人工智能模型。

（4）制定清晰的人工智能使用指南和责任认定机制，明确各方在人工智能应用中的权责。

（5）投资人工智能人才培养和员工再培训，缩小技能鸿沟。

（6）加强跨学科研究和跨行业合作，共同应对人工智能带来的挑战。

（7）推动人工智能相关法律法规的制定和完善，为人工智能的健康发展提供制度保障。

总的来说，人工智能技术的应用正在各个行业掀起一场深刻的变革。这场变革带来的不仅是技术和效率的提升，更是对社会结构、伦理价值和法律体系的全面挑战。面对这些挑战，我们需要以开放、审慎和负责任的态度，在充分利用人工智能技术潜力的同时，充分认识到可能面临的风险。只有这样，我们才能真正构建一个更加智能、高效、公平和可持续的未来社会。

8. 军用人工智能伦理问题

2020 年 12 月 15 日，某大国空军首次成功使用人工智能副驾驶控制一架 U2 侦察机的雷达和传感器等系统，这是人工智能首次直接控制军事作战系统，将开启算法战的新时代。从 2017 年前开始，该国空军向数字化时代迈进，最终开发出军用人工智能算法，组建了第一批商业化开发团队，编写了云代码，甚至还建立了一个战斗云网络，通过该网络，该国空军以极快的响应速度击落了一枚巡航导弹。

以目前已经在战场上广泛应用的战斗机器人为例，机器人应用于战场可以减少人类战士的伤亡。随着各国在无人战斗系统上的研究和投入大幅度增加，能够自己决定什么时候开火的机器人将在十年内走上战场。

军事领域的人工智能如果被滥用，就注定是一种破坏性力量，可能对平民造成伤害和痛苦，对人类文明社会造成破坏。因此，越来越多的人赞同没有人类监督的军事机器人或智能武器是不可接受的。面对智能武器在现实中造成的人道主义等伦理危机，如何在战争中避免智能武器应用带来的人道主义等伦理问题，是摆在各国军事武器专家和指挥家面前的重要课题。军用人工智能伦理问题主要有战斗机器人的道德问题、战斗机器人与伦理算法问题、人机协同作战中的监督与信任问题、智能武器与战争责任问题、自主武器系统的可靠性问题等。

9. 人机混合伦理

由于脑与神经科学、脑机接口等技术的发展，人类体能、感知、记忆、认知等能力甚至精神道德在神经层面得到增强或提升，由此引发的各种伦理问题就属于人机混合伦理问题。更深层次的人机混合伦理问题包括由于人机混合技术造成人的生物属性、人的生物体存在方式，以及人与人之间、人与机器之间、人与社会之间等复杂关系的改变而产生的新型伦理问题。总之，人机混合智能技术以内嵌于人的身体或人类社会的方式重构了人与人、人与机器、人与社会等各方面之间的道德关系。

人机混合伦理与前文的应用伦理的区别主要在于，前文的人工智能技术应用对象是各种非生命的“物”，比如机器人、汽车以及加载人工智能技术实现的系统或机器；而人机混合伦理涉及的智能技术直接作用于人体本身，使人的肉体、思维与机器相融合。例如，脑机接口、可穿戴、外骨骼等技术导致人类的体能、智能甚至道德精神被改变，这种改变主要是满足人类的某些需求。由此导致的伦理问题也是伦理学领域前所未有的问题。人机混合伦理主要关注的是人机结合导致的人类生物属性以及“人、机、物”之间关系的模糊化而产生的一系列新问题，涉及人的定义、存在、平等等问题。因此，人机混合伦理既是人工智能伦理的一部分，也是相对其他人工智能而言的伦理新方向。

人机混合伦理主要涉及自由意志、思维隐私、身份认同混乱、人机物界限模糊化、社会公平、安全性等问题。

10. 设计伦理

设计伦理主要从人工智能开发者和人工智能系统两方面探讨人工智能技术开发、应用中的伦理问题。开发者在设计人工智能系统的过程中要遵循一定的标准和伦理原则。如何将人类的伦理以算法及程序的形式嵌入人工智能系统中，使其在执行任务或解决问题时能够符合人类的利益，达到人类的伦理道德要求，是开发者应考虑的问题。设计伦理在根本上是要机器遵循人类的道德原则，也就是机器的终极标准或体系。

设计伦理主要关注的是包括机器人在内的人工智能系统或智能机器如何遵守人类的伦理规范。这需要从两方面加以解决，一方面是人类设计者自身应遵守道德规范，也就是人类

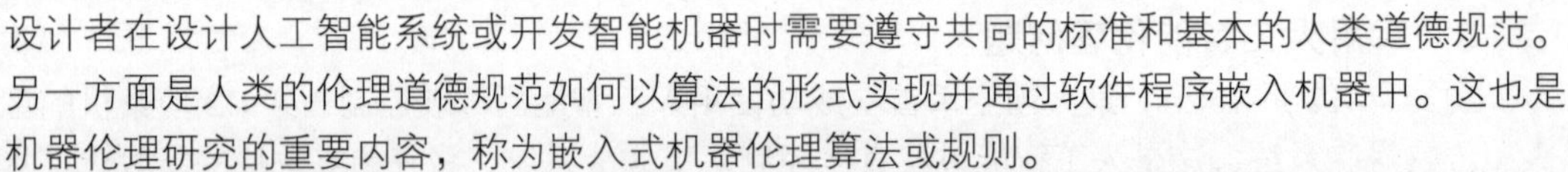

设计者在设计人工智能系统或开发智能机器时需要遵守共同的标准和基本的人类道德规范。另一方面是人类的伦理道德规范如何以算法的形式实现并通过软件程序嵌入机器中。这也是机器伦理研究的重要内容，称为嵌入式机器伦理算法或规则。

从使用者的角度来看，人们并不关心人工智能产品的功能是通过何种物理结构和技术实现的，人们关心的只是人工智能产品的功能。如果这种功能导致使用者的道德观发生偏差或者造成不良心理影响，这种人工智能产品的设计就出现了问题，必须被淘汰或纠正。

比如，美国亚马逊公司 2019 年左右生产的一款智能音箱 Echo 常在半夜发出怪笑，给许多用户造成巨大心理恐慌。后来发现这种恐怖怪笑是驱动音箱的智能语音助手 Alexa 出现设计缺陷导致的。另一个比较极端的例子是，一位名叫丹妮·玛丽特（Danni Morritt）的英国医生在向智能音箱询问“什么叫作心动周期”时，后者像是突然失控一样，开始教唆她“将刀插入心脏”。智能音箱先是将心跳解释为“人体最糟糕的功能”，然后就开始试图从“全体人类利益”的角度，说服她自杀以结束生命。

11. 人工智能全球伦理

人工智能全球伦理主要是在全球伦理基础上，将人工智能伦理问题从人类个体、行业应用问题延伸到全球背景下的全人类面临的生存和地球整体面临的生态等方面的问题。在全球伦理意义上，人工智能应构建人类命运共同体理念下的可持续发展观，以确保自身的健康发展，同时服务于人类的未来。

人工智能的发展在全球范围内加剧了数字鸿沟，发达国家和地区在人工智能技术的获取和应用上占据优势，这种技术差距可能会进一步扩大全球的不平等。人工智能还可能加剧社会内部的阶层分化。那些拥有高技术技能的人将在人工智能时代受益，而低技能工作者则面临被淘汰的风险。这种分化可能导致社会的不稳定，并引发社会抗议和冲突。

人工智能全球伦理是在全球背景下关于人工智能技术及智能机器所引发的涉及人类社会及地球系统整体的伦理道德问题。因为人工智能全球伦理对于人类文明的可持续发展具有重要意义，因此全世界所有国家都应该一致努力，构建智能时代的人工智能全球伦理规范。其内容主要包括人工智能对人类价值和意义的挑战、人工智能对人类社会的整体影响、人工智能带来的全球生态环境伦理问题。

比如，从 2012 年到 2018 年，深度学习计算量增长了 3000 倍。规模最大的深度学习模型之一 GPT-3 单次训练的能耗相当于 126 个丹麦家庭一年的能源消耗，还会产生与行驶 70 万公里相同的二氧化碳排放量。据科学界内部估计，如果继续按照当前的趋势发展，人工智能可能会先成为温室效应的罪魁祸首。人工智能全球范围内的发展除了应遵循所有人工智能技术应该遵循的伦理原则外，更应遵循可持续发展原则，也就是说，人工智能技术在全球范围的发展应以支撑全人类可持续发展为基本原则，而不是只让少数人、少数地区、少数国家受益。

很长时间以来，人类通常把自我价值建立在“人类中心主义”之上，人类中心主义就是说，人类是地球上高级别的存在，因此是独特和优越的。人工智能的崛起将使人类改变这种想法，变得更加谦虚。由于机器智能的崛起和发展，机器变得越来越智能，机器与人之间的关系不再是简单的支配与被支配、使用与被使用的关系，人要懂得如何站在机器角度考虑问题，即机器中心主义，这将以机器为参照看待人类。人类的心智呈现出模糊、无组织、易受干扰、情绪化、非逻辑性等特征，而机器智能则具有精确、有序、不受干扰、非情绪化、逻辑性等特征。由此可见，机器智能似乎比人更理性，因而，在机器中心主义者看来，人类表现出的特征都是负面的、脆弱的，机器表现出的特征都是正面的、强大的，在许多假想的人与机器对比的场景中，人类容易失利，机器则容易取胜。人工智能的出现，尤其是不同于人类智能的机器智能的发展，拓展了人类的认知边界，对“人类中心主义”构成了挑战。

人类社会要依靠命运共同体才能使人工智能发挥更大的价值，只有确保人类社会平稳、安全地向前发展，人工智能才能有效促进人类社会发展。人工智能的发展需要安全稳定的政治和社会环境，人类命运共同体是支撑人工智能服务人类社会的核心价值观。2020 年世界人工智能大会提出协同落实人工智能治理原则的行动建议。

12. 人工智能宇宙伦理

宇宙伦理学也就是“把视野放到整个宇宙”的伦理学。人工智能宇宙伦理在宇宙智能进化意义上，将人工智能看作宇宙演化的结果，重点关注的是当机器有了智能可能取代人类时，人类在宇宙中的位置、价值和意义。

人工智能宇宙伦理包括两方面含义，一方面是从人工智能的发展角度，当非自然进化的机器智能在很多方面逐渐超越人类，并帮助人类探索宇宙时，人类应该如何理解、定位自身与智能机器在宇宙中存在的价值和意义；另一方面是，人类借助人工智能完成从地球文明向太空和宇宙文明进化升级的壮举时，如何看待人工智能在这个过程中扮演的角色。

在大历史观意义下考察人类与人工智能在宇宙背景下的存在意义和价值，使人类更清醒地认识到“人之为人”的可贵、人性的伟大、人类的弱点，以及智能机器对于人类种族可持续发展的意义和作用。机器智能的出现是宇宙大历史发展的一个新阶段，人类需要在更广阔的领域思考机器智能的价值和意义，包括其伦理价值和意义。

在大历史观意义下，人工智能是一种促进人类文明整体向更高阶段进化的力量，是人类反观自身在宇宙中的位置、存在价值和意义的第三方参照物，是对人类反思自身存在本质的启蒙。

13. 超现实人工智能伦理

超现实人工智能伦理主要是相对现实而言的，将科幻影视等作品中人类所幻想的具有自我意识、感情、人形外观的智能机器人等人工智能的伦理问题归属为超现实人工智能伦理问题。这类问题涉及的人权、道德乃至法律上的人格等都超出了人类目前发展的人工智能技术范围，未来可能出现哪些情况完全不可知。因此，对于此类人工智能伦理问题，现阶段只能按照一种哲学思想来理解和讨论。但是，超现实人工智能伦理的思考对于现实中的人工智能伦理问题的思考、研究和处理有一定启发意义。

与具有自我意识的智能机器融合的人还有没有认知自由；具备自我意识的智能机器在人类社会中处于什么地位，人类如何对待它们；机器掌控人类导致无用阶层出现，如何对这些人类进行心理疏导和社会管控……这类问题可以统称为超现实人工智能伦理问题。

人工智能分为弱人工智能和强人工智能。所谓弱人工智能就是在原来的机器基础上增加了感知、存储、计算、推理、决策等过去认为只有人类才具备的能力，但机器没有情感和自我意识。所谓强人工智能是指机器完全具备人的智慧和能力，能够像人一样思考和行动，具有理性、情感、意志和审美等人类智慧，能够自我学习和自我进化，具有自我意识和自由意志。目前学术领域流行的通用人工智能与强人工智能实际上是一个类型。

目前的人工智能主要属于弱人工智能，这种弱人工智能让机器具有感知、理解、判断和决策能力，它们的智能比较专业和专一，只局限于人类的某些智能，例如扫地机器人专用于扫地、围棋机器人专用于围棋博弈等。这些专一的智能机器在某个专业领域可以超越人类，但它们不具有人类的通用智慧和综合判断能力。

有些人认为，由于机器具备人的智能，因此未来人类的生存空间可能被机器所挤占，人类将无立锥之地。其中有几种说法颇有代表性：一是机器人将抢走人类的饭碗，人类即将大量失业；二是由于人类不具备强大的记忆能力、运算能力，人类智能将不敌机器智能，因此人类将失去对机器的控制，智能机器将成为人类的主人；三是由于机器成了人类的主人，因此人类会沦为机器的奴隶或圈养的动物，要打要杀全凭智能机器的算法或情感。

事实上，达到甚至超越人类程度的人工智能技术如何实现，什么时候实现，实现以后是否会对人类构成威胁都是未知的。人们在未知的情况下探讨人工智能奴役、威胁、消灭人类的问题，更多是一种超现实的伦理思考。这种思考对于人们研究可信赖的、可靠的、安全的、可持续发展的人工智能技术，是有一定参考和警示意义的。

从目前来看，在智能产业和智慧产业中，智能机器的应用才刚刚开始，通用人工智能的前景如何还不可知。

8.5 人工智能伦理发展原则

迄今为止，世界上多个国家、政府及组织、公司等不同机构以报告等多种形式发布了主旨不同但目标一致的指导人工智能技术发展的伦理原则。

2014 年，谷歌收购英国的人工智能创业公司 DeepMind，交易条件为建立人工智能伦理委员会，确保人工智能技术不被滥用。作为收购交易的一部分，谷歌必须同意“不能将 DeepMind 开发的技术用于军事或情报目的”这一条款。这标志着产业界对人工智能的伦理问题的极大关注。

2016 年、2017 年，IEEE 先后发布了《合伦理设计：利用人工智能和自主系统（AI/AS）最大化人类福祉的愿景》第一版及第二版，其中第二版内容由原来的 8 个部分拓展到 13 个部分。报告主张有效应对人工智能带来的伦理挑战，应把握关键着力点的伦理挑战，但在具体实施的措施方面，并没有提出具有针对性的方案。

2019 年 7 月 24 日，中央全面深化改革委员会第九次会议审议通过《国家科技伦理委员会组建方案》。基因编辑技术、人工智能技术、辅助生殖技术等前沿科技在给人类带来巨大福祉的同时，不断突破着人类的伦理底线和价值尺度，基因编辑婴儿等重大科技伦理事件时有发生。如何让科学始终向善，是人类亟须解决的问题。加强科技伦理制度化建设，推动科技伦理规范全球治理，已成为全社会的共同呼声。这表明科技伦理建设进入最高决策层视野，成为推进我国科技创新体系的重要一环。

2021 年 9 月 25 日，国家新一代人工智能治理专业委员会发布了《新一代人工智能伦理规范》，旨在将伦理道德融入人工智能全生命周期，为从事人工智能相关活动的自然人、法人和其他相关机构等提供伦理指引。

腾讯在 2018 年世界人工智能大会上提出人工智能的“四可”理念，即未来人工智能应当做到“可知”“可控”“可用”“可靠”。2020 年 6 月，商汤科技智能产业研究院与上海交通大学清源研究院联合发布《人工智能可持续发展白皮书》，提出了以人为本、共享惠民、融合发展和科研创新的价值观，以及协商包容的人工智能伦理原则、普惠利他的人工智能惠民原则、负责自律的人工智能产融原则、开放共享的人工智能可信原则，为解决人工智能治理问题提出新观念和新思路。

从这些已发布的伦理原则，我们可以大致理解全社会各方面力量需要合作，共同发展符合实践需要的人工智能伦理原则，以确保人工智能的发展走在符合人类利益的正确轨道上。

8.6 人工智能法律

8.6.1 法律对于人工智能的意义

伦理规范与法律是维护人类社会稳定、公平、正义的两种重要方式。传统的伦理道德对人与人之间的关系做出种种约束和规范，更多是非强制性的。当社会中人与人之间、人与组织之间的关系超出伦理道德约定的范围时，就需要法律来处理。人工智能伦理试图对人与智能机器之间的关系做出约束和规范，某种程度上，是人类对机器的伦理做出强制性规定，以免人工智能产生不符合人类伦理道德的行为。但是，如果人工智能技术被恶意地用于伤害人，侵犯人的身体、精神、财产，甚至为祸社会，就超出了人工智能伦理所能约束的范围，这时同样应由法律来处理。

2021 年 8 月 20 日，十三届全国人大常委会第三十次会议表决通过《中华人民共和国个人信息保护法》。其中明确规定通过自动化决策方式向个人进行信息推送、商业营销，应当同时提供不针对其个人特征的选项，或者向个人提供便捷的拒绝方式；处理敏感个人信息应当取得个人的单独同意；对违法处理个人信息的应用程序，责令暂停或者终止提供服务。

现行法并没有确立人工智能的法律主体地位。按照常识也可以认为，没有自我意识的、专用智能系统并不具有法律人格。它们只是人类借以实现特定目的、满足需求的手段或工具，在法律上处于客体的地位。

即使人类目前很难理解或解释深度学习算法如何且为何做出决策且在很多方面表现出超越人类的智能性，但这并不足以构成赋予人工智能法律人格的理由，因为深度学习算法的设计、生成、训练机器学习等各个环节都离不开人类的决策与参与。而设计者是否要对其无法完全控制的深度学习算法决策及其后果承担责任，并非涉及法律主体的问题，而是关系到归责原则的问题。目前，法律界对这个问题的共识是，当前赋予人工智能法律主体地位是不必要的、不实际的、不符合伦理的。

8.6.2 人工智能带来的法律挑战

随着人工智能技术的快速发展和广泛应用，我们正站在一个新时代的门槛。这个时代充满机遇，但也充满前所未有的挑战，尤其是在法律领域。人工智能正在以我们难以想象的方式重塑法律实践和法律概念，迫使我们重新思考长期以来被视为理所当然的法律原则和框架。

1. 深度伪造与刑事治理

深度伪造技术的出现，为刑事司法体系敲响了警钟。这种技术能够创造出令人难以置信的逼真虚假视频、音频和图像，使传统的视听证据的可信度受到严重质疑。想象一下，在法庭上，一段看似确凿的视频证据被呈现，但实际上这可能是一个精心制作的深度伪造产品。这不仅增加了执法部门取证的难度，也给法官和陪审团带来了巨大的挑战。如何在技术日新月异的今天确保证据的真实性和可靠性，成为刑事司法领域的一大难题。

更令人担忧的是，深度伪造技术正在催生新型的犯罪形式。诈骗犯可能利用这种技术冒充他人，实施大规模的金融诈骗；恶意者可能创造虚假的色情内容进行勒索；政治家可能制造虚假的丑闻视频来抹黑竞争对手。这些行为不仅会对个人造成巨大伤害，还可能影响社会稳定和政治进程。然而，现有的法律体系可能难以准确定性这些新型犯罪。立法者面临的挑战是，如何在保护公民权益和鼓励技术创新之间找到平衡点。

人工智能的介入也为量刑标准的修订带来了新的困境。传统上，网络犯罪的量刑标准可能考虑点击、浏览、转发次数等因素。但在人工智能时代，这些数字可能被人工智能系统轻易操纵。如何区分人为操作和人工智能自动化行为，如何在这种情况下公正地量刑，这些问题需要法律界深入思考和探讨。

2. 自动驾驶和侵权责任

自动驾驶技术的快速发展，正在颠覆我们对交通事故责任认定的传统认知。在过去，交通事故的责任认定相对直接：通常是驾驶员的过失，或者是车辆的机械故障。但在自动驾驶时代，事故责任可能涉及车辆制造商、软件开发者、车主、乘客等多个主体。想象一个场景：一辆自动驾驶汽车在行驶过程中发生事故，造成了人员伤亡。谁应该为此负责？是开发自动驾驶系统的软件公司、生产汽车的制造商，还是车主？

这种情况下，传统的责任认定标准显然不再适用。我们需要建立一个全新的责任认定体系，明确各方在不同情况下的责任界限。这不仅是法律问题，还涉及伦理和道德的考量。例如，当自动驾驶系统面临不可避免的事故时，它应该如何做出决策，是选择伤害少数人以保护多数人，还是应该遵循其他的道德准则？这些决策如何在法律框架内进行规范和评判？都是立法者和伦理学家需要共同面对的难题。

3. 生成式人工智能与知识产权的问题

生成式人工智能的兴起，正在彻底改变我们对知识产权的理解。以往，创作过程中的主体是明确的：要么是个人，要么是团队。但现在，人工智能系统可以独立创作文字、音乐、艺术作品，甚至编写复杂的软件代码。这引发了一系列棘手的问题：人工智能生成的内容，谁拥有著作权？是开发人工智能系统的公司，还是使用人工智能工具的个人，抑或是人工智能系统本身？

更复杂的是，人工智能系统的训练过程中使用了大量的数据，这些数据的获取和使用可能涉及版权问题。例如，一个人工智能写作助手在训练过程中“阅读”了数以万计的文学作品，如果它生成的内容与某些训练材料高度相似，这是否构成侵权？如何界定人工智能训练过程中的“合理使用”范围？这些问题都在挑战着我们现有的知识产权体系。

4. 生物的识别与数据安全

生物识别技术（如人脸识别、指纹识别、虹膜扫描等）的广泛应用，虽然带来了便利，但也引发了严重的隐私和数据安全问题。这些技术收集的是极其敏感的个人生物特征数据，一旦泄露，后果可能比密码泄露更为严重——毕竟，你可以更改密码，但很难改变自己的面部特征或指纹。

在个人层面，这涉及如何保护个人的生物特征数据不被滥用。在社会层面，大规模收集和使用生物识别数据可能导致无处不在的监控，威胁公民的隐私权和自由。在国家层面，生物识别数据的安全直接关系到国家安全。如果这些数据落入敌对势力手中，可能会对国家安全构成严重威胁。

因此，我们需要制定严格的法律规范，明确这些数据的收集、存储、使用和传输标准。同时，还需要考虑数据跨境流动的问题。在全球化的今天，如何在不同国家和地区之间协调数据保护法规，确保数据安全，同时又不阻碍正常的国际交流和商业活动，是一个需要全球合作解决的难题。

8.7 人工智能治理

8.7.1 人工智能治理概念

人工智能治理是指通过法律、伦理、技术规范等多种手段对人工智能技术的研发、应用和影响进行系统化管理，以确保人工智能的安全性、公正性和透明性。人工智能治理旨在构建一个健康可控的发展框架，平衡技术创新与社会责任之间的关系，避免技术滥用或产生负面社会影响。随着人工智能在各行业的广泛应用，制定和实施有效的治理措施已成为全球关注的重点。

在人工智能治理中，法律规范是核心内容，应通过制定和完善相关法律法规，确保人工智能技术的开发和应用符合社会道德与法律标准。此外，伦理指导在人工智能治理中也扮演了重要角色，例如确保算法透明、数据隐私保护、减少算法偏见等。技术层面的治理则包括通过技术手段提升人工智能系统的安全性和可解释性，防止潜在风险和意外损害。

人工智能治理融合了法律、伦理、技术等多学科视角，为人工智能的健康发展提供了系统性的指导方针。通过构建完善的治理框架，各国致力于实现人工智能在技术发展和社会影响之间的平衡，推动其在安全、透明、负责任的环境中发展。

我国始终致力于在人工智能领域构建人类命运共同体，积极倡导"以人为本"和"智能向善"的理念，主张增进各国对人工智能伦理问题的理解，确保人工智能安全、可靠、可控，更好地赋能全球可持续发展，增进全人类共同福祉。为实现这一目标，我国呼吁各方秉持共商、共建、共享理念，推动国际人工智能伦理治理。

2022 年 1 月，我国发布《中国关于加强人工智能伦理治理的立场文件》（图 8.6），呼吁各方遵守国家或地区人工智能伦理道德准则。我国结合自身在科技伦理领域的政策实践，参考国际社会相关有益成果，从人工智能技术监管、研发、使用及国际合作等方面提出多项主张。我国呼吁国际社会在普遍参与的基础上就人工智能伦理问题达成国际协议，在充分尊重各国人工智能治理原则和实践的前提下，推动形成具有广泛共识的国际人工智能治理框架和标准规范。

图 8.6 中国外交部关于人工智能伦理治理的立场文件

8.7.2 人工智能治理措施

面对人工智能带来的丧失自主、妨害安全、不透明、不公平、隐私侵犯、责任困境等方面的挑战，国际社会普遍认为人工智能的发展应用迫切需要伦理价值来引导与约束，世界主要国家已经采取措施应对人工智能的伦理挑战。总结起来，人工智能伦理治理的措施主要分为两类：一是完善人工智能治理的硬约束，即在法律意义上约束和规范人工智能活动；二是建立人工智能治理的软约束，包括确认人工智能的风险及其治理的目标、机制、方案等不具有法律约束的倡议。通过这两类措施建立起一个完善的人工智能伦理治理体系。

1. 制定智能伦理法律法规

建立健全人工智能治理法律有利于规范人工智能应用场景、明确人工智能伦理问题权责归属、培养人工智能伦理意识，为人工智能的开发和使用提供价值标准，从而促进人工智能产业的发展。美国华盛顿州通过了《2020 年国家生物识别信息隐私法案》，规范了生物信息技术的使用。此外，美国的《深度伪造责任法案》、法国的《数字共和国法》、加拿大的《自动化决策指令》、欧盟的《关于制定机器人民事法律规则的决议》与《反虚假信息行为准则》等，均对人工智能加以规范。我国于 2021 年陆续出台的《中华人民共和国个人信息保护法》《中华人民共和国数据安全法》《关于加强互联网信息服务算法综合治理的指导意见》将网络空间管理、数据保护、算法安全综合治理作为主要监管目标。然而，一些非成熟技术领域的人工智能伦理立法还没有成熟。一方面，人工智能技术方兴未艾，新兴技术快速发展，仓促立法不利于法律条文的稳定性，也可能限制新技术的发展。另一方面，相关伦理社会共识仍在凝聚阶段，人工智能伦理规范还需经受实践检验，在此背景下，缓置立法工作，用行政文件和行业规范暂替法律条文，为规范性立法提供经验支持成为可行选择。

2. 设立人工智能伦理委员会

人工智能伦理风险渗透于产品开发与应用的各个环节，所涉问题高度复杂，内含诸多价值判断。目前，研发人员往往缺乏专业伦理知识，难以承担关键伦理选择的责任。在此背景下，专门处理人工智能问题的机构已经逐渐在国家、企业与社会团体等组织层次成立。在国家层次，美国于 2018 年 5 月成立人工智能专门委员会，以审查联邦机构在人工智能领域的投资和开发；法国于 2019 年 4 月组建了人工智能伦理委员会，旨在监督军用人工智能的发展；我国于 2019 年 7 月组建国家科技伦理委员会，旨在对包括人工智能在内的一系列科技伦理问题展开制度化治理。在企业层次，人工智能伦理委员会已成为全球主要科技公司履行人工智能伦理责任、强化企业自律的“标配”和基础机制，微软、谷歌、IBM、旷视等国内外大型科技公司均设立了相关委员会或者小组，作为人工智能治理事项的决策机制。在社会团体层次，中国人工智能学会于 2018 年组建了人工智能伦理专委会，该机构设置了多个人工智能伦理课题，并组织了一系列专题研讨。上述不同类型的伦理委员会依托专家的多元知识背景和专业技能，对人工智能发展过程中的伦理问题进行识别、展开协商、形成判断、做出决策和推动执行，从而充分发挥专家在人工智能伦理中的作用。

3. 构建伦理标准体系

自 2015 年以来，各类组织和研究机构一直致力于编制人工智能伦理的规范性文件，因而呈现出伦理原则“爆炸”乃至“泛滥”的现象。不少行业观察家批评这些颇有“各自为政”意味的抽象原则基本无助于指导企业在研发实践中应对实际的伦理难题，进而呼吁人工智能治理应从宏观的原则制定更具有可操作性的标准。基于此，自 2018 年以来，全球人工智能治理开始从原则大爆炸阶段逐步过渡到共识寻求阶段与伦理实践阶段。这意味着各相关机构开始从众多伦理原则中提炼出共识性通则，并不断探索如何将其转化为标准细则。目前这种转化主要包括两方面，一是推动研制和发布人工智能标准规范。例如，2018 年 1 月，我国国家人工智能标准化总体组和专家咨询组宣布成立，并计划成立人工智能与社会伦理道德标准化研究专题组，以推动形成一批国家标准立项建议。二是加强技术研发，为人工智能标准规范的落地保驾护航。近年来，诸如联邦学习、对抗测试、形式化验证、公平性评估等技术工具得到关注，这些技术能够在标准定价阶段帮助决策者评估何种标准将更契合企业实际与符合人类共同利益，还能够在标准实施阶段为企业依标行事、标准评估者收集证据提供技术抓手。

4. 提供社会监督渠道

公众是人工智能的服务对象，更是人工智能伦理治理的参与者与监督者。公众的监督主要通过企业、新闻媒体、行业协会、政府的反馈来实现。实现公众监督需要满足两个条件，其一，公众具备人工智能伦理自觉。公众在与人工智能的互动中，能够对其突破伦理的行为有所察觉，从而进行自我调节，掌握智能社会中的主动权。社会人工智能伦理教育有助于公众培养辨识人工智能违反伦理的能力。比如，奥巴马政府时期发布了一系列算法歧视调研报告，有效增进了公众对相关问题的认知。在我国，面对隐私让渡、深度伪造、网络诈骗等智能媒介带来的风险，已有声音呼吁要提升公众的智能媒介素养来强化公众对智能信息的解读、应用与批判。其二，公众拥有畅通的监督反馈渠道，公众能够向人工智能产品的责任方（如生产企业、销售平台等）反馈反伦理事件，这些反馈需要有机构来接收处理，如果反馈不畅通，行业组织、政府需要向公众提供这一类事件的反馈监督渠道。

5. 加强责任主体伦理培训

伦理培训是指对相关责任主体进行提前说明，解释人工智能发展过程可能涉及的伦理道德风险。关于人工智能发展的伦理道德风险的担忧与讨论、质疑与争议从未停止，未来社会的人工智能将不仅仅作为技术化的工具被使用，更会逐渐具有类似人类的思维，甚至可能在某些方面实现对人类思维的超越。彼时，人类面临的将不仅仅是大量程式化的工作岗位消失带来的失业、职业认知升级转型等问题，还包括如何重新从身体、精神两个方面“放置”自我的问题。对此，国内外高校的计算机科学专业纷纷开设了人工智能伦理课程，旨在培养负责任的技术人才。我国各地在人工智能议题实施过程中，如在青少年科技教育中，也已或多或少有意识地插入伦理内容。通过促进潜在责任主体对人工智能技术伦理维度的认知，规范他们在人工智能开发及应用过程中的态度与行为，可有效降低潜在风险。

6. 加强人工智能国际合作

人工智能伦理治理是全球性议题，关乎全人类、全世界发展与创新的方向与未来，需要全世界人民携手共进、抓住机遇、应对挑战。将人工智能用于推动人类、社会、生态及全球可持续发展已经成为全球性共识，这一愿景的达成需要在世界各国政府、产业、学术机构之间建立起全球性的人工智能伦理治理网络，在治理原则、法律、政策、标准等维度展开对话与协商。21 世纪已经进入第三个十年，人工智能的发展势头越发迅猛，革命性的人工智能实践已经对人类的生产和生活产生了重大影响与冲击，世界各国应该树立“全人类命运共同体”的意识，求同存异、开源集智，以高度协作的姿态直面问题。我国一直在人工智能治理的国际合作方面采取积极主动的态度，搭建了许多供各国交流经验、沟通分歧、共话未来的开放性平台，取得了一定成效，未来我国应继续发挥证明作用，与世界各国在合作中实现共赢。

8.7.3 IBM 人工智能治理技术解决方案

IBM 根据人工智能伦理的五大支柱（可解释性、公平性、鲁棒性、透明性、隐私性）提出了 5 种针对性的技术解决方案，它们分别是 AI Explainability 360 toolkit、AI Fairness 360 toolkit、Adversarial Robustness 360 Toolbox v1.0、AI FactSheets 360。

1. AI Explainability 360 toolkit

从普通人到政策制定者，从科研人员到工程技术人员，不同的行业和角色需要各不相同的可解释性。为了有效满足可解释性、多样性、个性化的强烈需求，IBM 的研究人员提出了集成可解释性工具箱 AI Explainability 360 toolkit（AIX360）。这一开源工具箱涵盖了 8 种前沿的可解释性方法和两个维度评价矩阵，同时还提供了有效的分类方法，以引导各类用户寻找最合适的方法进行可解释性分析。

2. AI Fairness 360 toolkit

人工智能算法中的偏差问题越来越受到关注，AI Fairness 360 toolkit 是解决这一问题的开源解决方案。该工具提供了算法，使开发人员能够扫描最大似然模型，以找到任何潜在的偏见，这是打击偏见的一个重要工作，当然也是一项复杂的任务。

3. Adversarial Robustness 360 Toolbox v1.0

该工具最初于 2018 年 4 月发布，是一个对抗性机器学习的开源库，为研究人员和开发人员提供最先进的工具，以在对抗性攻击面前防御和验证人工智能模型。该工具解决了人们对人工智能日益加剧的信任危机，特别是在关键任务应用中的人工智能的安全性问题。

4. AI FactSheets 360

以人工智能事实清单为代表的自动化文档是增强人工智能可解释性的重要方式，它能够以一种清晰明了的方式为技术人员与使用者提供沟通介质，从而有效避免许多情形下的道德和法律问题。人工智能事实清单并不试图解释每个技术细节或公开有关算法的专有信息，它最根本的目标是在使用、开发和部署人工智能系统时，加强人类决策，同时加快开发人员对人工智能伦理的认可与接纳，鼓励他们更广泛地接受透明性、可解释性文化。

8.8 本章小结

由于深度学习、大数据技术的发展，计算机算力的飞速提升，人工智能系统大规模应用于社会实践成为现实。由此也引发了一系列技术以外的新问题，这些问题都是传统人工智能技术发展过程中不曾出现的。今天的人工智能领域的发展，不仅要致力于提升技术水平，解决工程、行业问题，更需要重视在发展过程中引发的伦理、法律问题。与任何科学技术一样，人工智能作为一种科技力量，对人类社会存在正反两方面的作用。通过对人工智能伦理及其体系的学习和理解，我们应深刻认识到其对于人工智能可持续健康发展的重要意义。可以说，脱离伦理引导的人工智能是无意义的。

习题

1．如何理解人工智能伦理概念及其含义？

2．人工智能伦理学对于伦理学和人工智能有什么意义？

3．查阅有关资料，从科技伦理角度分析人工智能伦理应关注的问题。

4．人工智能伦理体系主要包括哪些方面，各方面的主要内容是什么？

5．如何理解人工智能全球伦理？

6．如何理解人工智能宇宙伦理？

7．如何理解超现实人工智能伦理？

8．查阅有关资料，梳理国内外相关组织、机构、政府制定的人工智能伦理政策、原则等。

09 智能社会的发展与未来展望

学习导言

人工智能技术正在以前所未有的速度和深度发展，重塑着各行各业的面貌。从自动驾驶到智能医疗，从金融服务到创意产业，人工智能的应用已经渗透到社会的方方面面，并且其影响力还在不断增强。与此同时，随着技术的进步和计算能力的提升，人工智能的研究领域也逐渐从传统的符号主义和统计学习向更加复杂的深度学习、GAN、强化学习等前沿技术拓展，推动了各个领域的革命性变革。人工智能将如何影响我们的日常生活、工作方式、教育、文化乃至未来的社会结构，它是否会带来众多工作岗位的消失或新形式的工作机会，这些问题不仅是技术发展的核心议题，也是每个社会成员必须思考的伦理与哲学问题。本章将探讨人工智能的未来发展趋势，分析技术进步可能带来的机遇与挑战，展望人工智能对各领域的深远影响，并就其在社会、经济和伦理层面的影响展开讨论。通过对人工智能未来发展方向的分析，我们可以更好地理解其可能带来的变革以及我们如何迎接这些变革。

9.1 未来人工智能发展的 3 个阶段

第三次人工智能浪潮已经兴起，这次浪潮比前两次都要迅猛，推动着人类加速进入人工智能时代，并爆发了以人工智能为核心的第四次科技革命。这次浪潮与前两次相比最大的不同点是，这次的人工智能技术更新在各个领域都表现出能够被大众认可的功用，所以能够快速进入市场，被商业模式接受，这也是本次人工智能技术能够深入人们生活各个方面的主要原因。

人工智能设备的应用已被人们普遍接受和期待，将对人类社会的生产方式和生活方式产生巨大的影响，并推动人类社会向着智能化的方向快速发展。我们面对人工智能技术不应回避也无须过度恐慌，而应该积极应对，适应人工智能热潮带来的机遇和挑战。无论从国家层面还是个人层面都应当做好迎接和应对的准备，洞察人工智能的发展趋势，把握人工智能技术中最有潜力的发展方向，提高人机配合的能力，使人工智能技术更好更快地融入人们的生产生活当中，积极利用人工智能技术的优势推动人类社会的全新发展、全面转型，促使人们的生活质量得到全面提升。

随着人工智能、大数据、物联网等技术的飞速发展，我们正站在一个新时代的门槛上。未来的智能社会将呈现出全新的面貌，从日常生活到工作方式，从城市管理到产业结构，都将发生深刻的变革。

纵观人工智能的发展历程，我们可以预见未来将出现以下 3 个关键阶段，每个阶段都将为人类社会带来巨大变革。

（1）在未来 3 到 5 年内，我们将见证服务智能的蓬勃发展。想象一下，当你走进一家咖啡店，人工智能系统已经根据你的口味偏好和当天的天气，为你推荐了一款最合适的饮品。或者，当你在网上购物时，人工智能不仅能根据你的浏览历史推荐商品，还能预测你的潜在需求，甚至在你意识到自己需要某样东西之前就提供建议。这种个性化的服务将渗透到生活的方方面面，从医疗保健到教育，从金融服务到娱乐，人工智能将成为我们的得力助手。

（2）随着时间推移，我们将迎来中长期的显著科技突破。想象一下，当自然语言处理技术取得重大进展，人工智能不仅能够完全理解人类的对话，还能捕捉到言语中的细微情感和隐含意义。你可能会有一个人工智能心理咨询师，它不仅能倾听你的烦恼，还能通过分析你的语气、用词和表达方式，洞察你内心深处的情感状态，为你提供恰到好处的建议和支持。在科研领域，人工智能可能会成为科学家的得力助手，通过分析海量的实验数据和科研文献，提出创新性的假说，甚至独立设计和实验。

（3）在更远的将来，我们可能会见证超级智能的出现。这将是一个人工智能在各个方面都超越人类的时代。想象一个能够自主进行科学研究、艺术创作，甚至哲学思考的人工智能系统。它可能会解决长期困扰人类的难题，如癌症治疗、气候变化，甚至宇宙起源等深奥问题。这个阶段的人工智能可能会重新定义人类的角色和价值，引发深刻的哲学和伦理思考。

总体上，人工智能将对医疗、教育、城市交通与管理、新兴产业等多方面产生深远影响。

9.2 智能医疗的全面普及

在医疗领域，人工智能技术有望提供更加普惠的医疗服务。全球医疗资源分布不均是一个长期存在的问题，尤其是在欠发达地区。人工智能辅助诊断系统可以帮助偏远地区的医疗工作者进行疾病筛查和诊断，提高医疗服务的可及性。例如，谷歌开发的人工智能系统在诊断糖尿病性视网膜病变方面的准确率已经超过人类专家，这种技术可以帮助缺乏眼科专家的地区及早发现和治疗这种可能导致失明的疾病。此外，人工智能还可以帮助分析大规模的医疗数据，加速新药研发，为罕见病患者带来希望。

在未来的智能社会中，医疗健康领域将经历一场前所未有的变革。人工智能技术将在疾病诊断、治疗方案制定、药物研发等多个方面发挥关键作用，极大地提高医疗效率和质量。

想象有一天，你感到身体不适，只需通过智能手表进行一次全面扫描，人工智能系统就能迅速分析你的生理数据，结合你的基因信息和生活习惯，给出初步诊断和建议。如果需要进一步检查，人工智能辅助诊断系统能够快速分析你的医学影像和检查数据，不仅能准确识别已知疾病，还能发现人类医生可能忽视的细微异常。

在治疗方面，人工智能系统可以根据患者的个人情况，制定最合适的精准治疗方案。例如，对于癌症患者，人工智能可以分析肿瘤的基因突变情况，预测不同治疗方案的效果，帮助选择最佳的个性化治疗方案。这不仅能提高治疗效果，还能大大降低医疗成本和副作用。

在日常健康管理方面，每个人都可能拥有一个人工智能健康助手。这个助手通过可穿戴设备实时监测你的身体状况，收集各种生理数据，并结合你的基因信息和生活习惯，给出个性化的健康建议和预警。例如，如果检测到你的心率异常，人工智能系统会立即发出警报，并联系附近的急救中心。同时，系统会根据你的日常活动和饮食习惯，提供个性化的建议，帮助你更好地管理自己的健康状况。

在公共卫生领域，人工智能系统将发挥重要作用。通过分析社交媒体数据、搜索引擎查询记录和医院就诊记录等信息，人工智能系统能够在早期发现疾病暴发的迹象，从而帮助政府和医疗机构及时采取预防措施。在未来的智能社会中，我们有望大大降低传染病的传播速度，缩小传播范围。

9.3 教育的个性化与全球化

在教育领域，人工智能驱动的个性化学习系统有望让优质教育资源触手可及，不论学生身处何方。传统的教育模式往往难以照顾到学生的个体差异，而人工智能系统可以根据学生的学习进度、兴趣爱好和认知特点，制订个性化的学习计划，并提供实时反馈。例如，科技公司利用人工智能技术为学生提供个性化学习内容和反馈，帮助学生改善学习体验。这种技术如果在全球范围内推广，将有助于缩小教育资源差距，为每个人提供平等的学习机会。

在未来的智能社会中，教育领域将迎来一场深刻的变革。传统的标准化、批量化教育模式将逐步让位于个性化、全球化的教学模式。人工智能技术将在这场变革中发挥核心作用，重塑教育的方式和内容。

想象一个充满智能化学习体验的课堂。每个学生都有一个人工智能学习助手，它能根据学生的学习进度、兴趣爱好和认知特点，制订个性化的学习计划，并提供实时反馈。例如，一个正在学习数学的学生可能会有一个人工智能辅导员。这个人工智能辅导员会通过分析学生的作业完成情况、错误类型和学习速度，精确定位学生的知识盲点，并设计有针对性的练习题。如果发现学生对某个概念理解困难，人工智能辅导员可能会推荐一些形象生动的视频或互动游戏来帮助理解。

虚拟现实和增强现实技术的应用，将使沉浸式学习体验成为可能。想象一下，在历史课上，学生们可以戴上虚拟现实设备，瞬间置身于古代文明，亲身体验当时的社会氛围；在生物课上，他们可以通过增强现实技术，在教室里观察细胞的三维结构，甚至“进入”细胞内部，观察各种生物过程。这种沉浸式的学习方式不仅能激发学生的学习兴趣，还能帮助他们更深入地理解和记忆知识点。

人工智能技术还将促进教育资源的全球化共享。想象一个没有语言障碍的全球课堂，来自不同国家的学生可以轻松参与同一堂在线课程。例如，一个中国学生可能会参加由美国顶尖大学教授主讲的在线课程，人工智能系统会实时将英语讲解翻译成流畅的中文，同时还能根据学生的文化背景，提供相应的解释和例子，帮助学生更好地理解内容。

终身学习在智能社会中变得至关重要。人工智能驱动的在线学习平台将为各年龄段的学习者提供丰富多样的课程，从职业技能培训到兴趣爱好发展，学习者都可以找到合适的学习内容。这些平台会根据学习者的背景和目标，推荐个性化的学习路径，并通过游戏化设计和社交功能，提高学习的趣味性。

9.4 工作方式的革新

在未来的智能社会中，工作方式将经历一场前所未有的变革。这场变革不仅涉及工作的地点和时间，还将深刻影响工作的内容、组织结构以及人们的职业发展路径。

远程办公和灵活工作制将成为常态。想象一个没有固定办公室的工作环境，你可以在家中、咖啡厅，甚至在世界各地的任何地方工作。通过虚拟现实技术，你可以与世界各地的同事在虚拟会议室中进行面对面交流，共同协作完成项目。人工智能助手可以帮助你管理日程、整理会议记录，甚至代你回复一些常规邮件。

工作时间的概念也将发生变化。固定的朝九晚五工作制可能被更加弹性的工作安排所取代。企业可能更加关注工作成果而非工作时长，允许员工根据自己的生活节奏和高效时段安排工作。例如，你可能选择在早晨集中精力处理创意工作，下午处理日常事务，晚上则可能参加跨时区的在线会议。

人工智能技术的广泛应用将改变许多工作的性质。重复性、程序化的工作可能被人工智能系统取代，而更具创造性和需要情感智能的工作将变得更加重要。例如，在客户服务领域，人工智能聊天机器人可以处理大部分日常查询，而人类客服则专注于处理更复杂的问题和提供个性化服务。在法律行业，人工智能系统能够快速分析海量法律文件，帮助律师更高效地进行案情研究和辩护准备。

新兴产业的崛起将创造全新的工作岗位。例如，人工智能伦理顾问可能成为一个重要的职业，他们的工作是确保人工智能系统的设计和应用符合道德标准。数据艺术家可能会利用大数据和人工智能技术创造新形式的艺术作品。虚拟世界设计师可能会专注打造元宇宙的沉浸式体验。

终身学习和技能提升将变得比以往任何时候都更加重要。企业可能会更加重视员工的持续学习和技能发展，提供各种在线课程和培训项目。个人也需要不断学习新技能，以适应快速变化的就业市场。

9.5 交通与城市管理

在未来的智能社会中，交通和城市管理将经历一场前所未有的变革。人工智能、物联网和通信技术的融合将使我们的城市变得更加智能、高效和宜居。

想象一个没有交通拥堵的未来城市。自动驾驶技术的成熟将彻底改变城市交通格局。你可能不再需要拥有私家车，只需通过手机应用就能随时叫到一辆自动驾驶汽车。这些车辆通过车联网技术实时共享路况信息，协调行驶速度和路线，从而有效缓解交通拥堵。智能交通管理系统能够实时分析交通流量，动态调整信号灯配时，优化公交线路和班次。

在这样的城市里，停车难的问题可能成为历史。大量的停车场可能被改造成公园或其他公共空间。对老年人和残障人士而言，自动驾驶技术将带来更多的独立出行机会，极大地提升他们的生活质量。

智能能源管理系统将彻底改变城市的能源使用方式。想象一个由人工智能控制的智能电网，它能根据天气预报和用电需求，自动调节可再生能源的发电比例，从而优化能源分配。你家中的智能家电可能会在电价较低的时段自动运行，既节省了电费，也帮助平衡了电网负荷。

在环境保护方面，智能技术将发挥重要作用。智能垃圾处理系统能感知垃圾箱的填充程度，优化收集路线。人工智能系统可以分析垃圾组成，改进回收策略。通过遍布城市的传感器网络，结合卫星数据和人工智能分析，城市管理者可以实时监测空气质量、噪声水平、绿化覆盖率等环境指标，为制定环境政策提供科学依据。

在公共安全领域，人工智能驱动的视频分析系统可以快速识别潜在的安全威胁，如火灾、犯罪行为等。预测性警务技术有望帮助预防犯罪，提高城市的安全水平。然而，这也引发了关于隐私保护的讨论，需要在安全和个人隐私之间找到平衡。

9.6 新兴产业的崛起

智能社会的到来不仅改变了现有的产业形态，还将催生出一系列全新的产业。这些新兴产业将重塑经济结构，创造大量就业机会，并有望解决人类面临的一些重大挑战。

脑机接口技术无疑是最引人注目的新兴领域之一。想象在未来，你可以仅凭思考控制电子设备、与他人交流，甚至直接将信息输入计算机。对瘫痪患者来说，这项技术可能是重获行动能力的希望。通过直接解读大脑信号，脑机接口系统可以帮助患者控制假肢或外骨骼装置。在娱乐领域，脑机接口可能带来全新的沉浸式体验，让我们真正“进入”虚拟世界。然而，这项技术也引发了诸多伦理问题，如何保护大脑数据的安全，以及在何种程度上增强人类能力是可接受的，这些问题都需要社会各界深入讨论。

合成生物学是另一个充满前景的领域。这个跨学科领域正在重新定义生命科学，有望为粮食生产、环境保护和医疗健康带来革命性变革。想象一下，我们可能设计出能在极端环境中生长的作物，帮助解决全球粮食危机；或者创造出能够清理海洋塑料污染的微生物；甚至可能开发出能够在体内靶向治疗疾病的生物计算机。这些听起来像科幻的想法，在不远的将来可能成为现实。

智能陪伴产业的兴起也值得关注。随着社会老龄化问题的加剧和单身人口的增加，智能陪伴机器人可能成为缓解孤独感的一种方式。这些机器人不仅能提供日常生活的帮助，还能通过自然语言交互和情感识别技术，提供情感支持。想象一个能理解你心情、陪你聊天，甚至能给出生活建议的人工智能伙伴，它可能成为许多人生活中不可或缺的一部分。

数字替身技术的发展可能彻底改变我们与数字世界的互动方式。每个人都可能拥有一个“数字分身”，这个人工智能助手将比今天的智能手机更加不可或缺。它不仅了解你的习惯和偏好，还能预测你的需求，为你做出决策。例如，它可能会根据你的日程安排、交通状况和天气预报，自动为你调整每天的行程；或者在你需要购买新产品时，自动比较各种选项，为你推荐最合适的一款。

然而，这些新兴技术的发展也带来了一系列挑战。如何确保这些技术的发展方向与人类的价值观一致，如何在技术进步和伦理道德之间找到平衡，都是需要我们认真思考的问题。

9.7 人工智能应对全球性挑战

在 21 世纪，人类面临着前所未有的全球性挑战。从气候变化到资源短缺，从社会不平等到跨文化理解，这些问题都需要我们寻找创新的解决方案。在这个背景下，人工智能正逐渐成为我们应对这些挑战的强大盟友。通过技术创新和社会制度的调整，我们有可能借助人工智能的力量，创造一个更加公平、高效、可持续的世界。让我们深入探讨人工智能如何帮助我们应对一些最紧迫的全球性挑战，推动人类文明向前发展。

9.7.1 气候变化与环境保护

气候变化无疑是我们这个时代面临的最严峻挑战之一。全球变暖正以前所未有的速度改变着我们的星球，引发海平面上升、极端天气事件增加、生态系统破坏等一系列严重后果。在这场关乎人类未来的战役中，人工智能技术正发挥着越来越重要的作用。

首先，人工智能驱动的高级气候模型能够处理和分析海量的气象数据，提供更加精确的气候预测。传统的气候模型虽然已经相当复杂，但仍然难以捕捉气候系统中的所有微妙变化。人工智能的引入使我们能够识别更细微的模式和关联。例如，DeepMind 开发的人工智能系统能够准确预测短期降雨，比传统方法提前两小时预警，为防洪减灾提供宝贵时间。这种技术不仅可以应用于天气预报，还可以帮助我们更好地把握长期气候变化趋势。随着这些模型的进一步发展，我们将能更好地理解气候变化的模式和影响，为制定应对策略提供科学依据。

其次，在推广可再生能源方面，人工智能也发挥着关键作用。全球能源结构的转型是应对气候变化的核心策略之一，而人工智能技术可以大大加速这一过程。智能电网系统能够根据天气预报和用电需求，自动调节太阳能和风能等可再生能源的使用比例，以最大化能源效率。例如，谷歌利用人工智能优化其数据中心的冷却系统，减少了约 40%的能源消耗。如果将这种技术推广到整个城市甚至国家，将大幅提高可再生能源的使用效率，加速能源转型。

此外，人工智能还能帮助我们更好地监测和保护环境。地球是一个复杂的生态系统，传统的环境监测方法往往难以全面及时地捕捉环境变化。通过分析卫星图像和传感器数据，人工智能系统能够实时跟踪森林砍伐、海洋污染和野生动物种群变化。例如，雨林联盟（Rainforest Alliance）正在使用人工智能分析卫星图像，实时监测亚马逊雨林的砍伐情况，以及时制止非法砍伐活动。这种技术不仅能够提高环境保护的效率，还能为政策制定提供更可靠的数据支持。

随着人工智能技术的不断进步，我们有望开发出更加智能和全面的环境管理系统。想象一个由人工智能管理的全球环境监测网络，它能够实时追踪全球碳排放、预测生态系统变化、识别环境危机的早期征兆。这样的系统将为我们应对气候变化提供强大的工具，帮助我们更好地保护地球。

9.7.2 资源管理与可持续发展

在资源日益稀缺的今天，如何更高效地利用和管理资源成为可持续发展的关键。随着全球人口的增长和经济的发展，人类对水、粮食、能源等资源的需求不断增加，而传统的资源管理方式已经难以满足这些需求。在这个背景下，人工智能技术在资源管理与可持续发展方面展现出巨大潜力。

在农业领域，人工智能的应用有望大幅提高粮食产量，同时减少资源浪费。智能农业系统可以整合气象数据、土壤信息、作物生长状况等多方面信息，为农民提供精确的种植建议。

智能灌溉系统能根据土壤湿度和天气预报精确控制用水量，大大提高水资源利用效率。人工智能驱动的农业机器人可以精确施肥、除草和收割，减少农药和化肥的使用。例如，Blue River Technology 开发的 See & Spray 技术能够精确识别杂草并定点喷洒除草剂，减少约 90%的除草剂使用量。这不仅提高了农业生产效率，还减少了对环境的负面影响。

在循环经济方面，人工智能技术能够优化回收和再利用过程，推动资源的高效利用。传统的废物处理方式往往效率低下，难以实现资源的最大化利用。通过计算机视觉和机器学习技术，人工智能系统能快速识别和分类废弃物，从而提高回收效率。例如，芬兰公司 ZenRobotics 开发的人工智能驱动的回收机器人能够以每小时 4000 次的速度从传送带上分拣可回收物品，准确率高达 98%。这种技术不仅能提高回收效率，还能提高回收物的纯度，为高质量的再生利用创造条件。

水资源管理是另一个人工智能可以发挥重要作用的领域。全球水资源短缺问题日益严重，高效的水资源管理变得尤为重要。通过分析卫星数据、地下水位和用水模式，人工智能系统可以预测水资源短缺，从而优化水资源分配。例如，以色列公司 Ayyeka 开发的人工智能系统能够实时监测城市供水系统，检测泄漏并优化水压，减少了高达 30%的水资源浪费。如果在全球范围内推广这种技术，将大大提高水资源利用效率，缓解水资源短缺问题。

展望未来，人工智能在资源管理方面的应用将更加广泛和深入。我们可能会看到由人工智能管理的智能城市，它能够实时监控和优化各种资源的使用。在工业生产中，人工智能可能会帮助人们设计出更加节能环保的生产流程，实现资源的闭环利用。在消费领域，人工智能可能会帮助个人和家庭更好地管理资源，减少浪费。

通过这些创新应用，人工智能技术有望帮助我们构建一个更加可持续的经济模式，在满足人类需求的同时，最大限度地减少对地球资源的消耗和对环境的影响。

9.7.3 灾害应对与全球合作

在自然灾害应对方面，人工智能技术正在改变我们预防、应对灾害和从灾害中恢复的方式。全球气候变化导致极端天气事件频发，有效的灾害管理变得越来越重要。人工智能系统可以通过分析卫星图像、气象数据和地质信息，预测可能发生的自然灾害，如洪水、地震和飓风。例如，谷歌的洪水预报系统利用机器学习模型分析历史数据和实时信息，可以提前几天预测洪水的到来，让政府和居民有时间做好防洪准备。

在灾害发生后，人工智能可以快速评估灾害影响范围，协助制订救援计划。通过分析卫星图像和社交媒体数据，人工智能系统可以快速生成灾区地图，识别最需要帮助的区域。例如，在 2015 年尼泊尔地震后，卡内基梅隆大学的研究人员利用人工智能分析 X 上的信息，帮助救援队更精确地定位需要帮助的地区。这种技术可以大大提高救援效率，挽救更多生命。

此外，人工智能还可以帮助优化灾后重建工作。通过分析历史数据和当前情况，人工智能系统可以帮助规划更具韧性的基础设施，预测未来可能的风险，从而提高社区的抗灾能力。

在促进全球合作方面，人工智能技术也正在发挥越来越重要的作用。语言障碍一直是国际合作的一大挑战，而人工智能翻译技术正在帮助我们跨越这一障碍。随着神经网络翻译技术的进步，实时跨语言交流变得越来越顺畅。例如，微软的实时翻译系统已经能够支持多种语言之间的实时口译，这不仅有助于商业和学术交流，还能促进不同文化背景的人们之间的理解和沟通。

9.8　未来工作与生活的意义

未来的工作与生活在人工智能和自动化的影响下，将经历深刻变革，对我们的经济、社会结构和个人价值观产生重大影响。这一变革不仅涉及就业机会的重新分配，还触及更深层次的伦理、公平和生活意义等问题。

首先，人工智能的普及可能导致大规模的失业现象。许多报告预测，在未来几十年内，数百万的岗位将被人工智能所取代，包括蓝领和白领职位。牛津大学的研究表明，在美国多达 47%的工作岗位面临被优化的风险。这一趋势引发了关于未来就业的深远思考：如何帮助下一代应对技术进步带来的挑战？哪些技能将成为未来职场的核心？如何确保在技术红利中，更多人群能够获益，而不是让贫富差距进一步拉大？

正义与公平的问题由此浮现。人工智能的发展是否会加剧全球不平等？技术发达国家的高收入人群和受教育者可能会从中受益，而发展中国家的低收入人群和受教育程度较低的个体则可能承受更多负面影响。更进一步，环境公正也成为一个焦点：如何确保人工智能的发展不以牺牲环境为代价？“可持续人工智能”概念的提出正是为了解答这些疑问，它呼吁技术应不仅仅关注人类利益，也应考虑对地球的长远影响。

除了经济层面的担忧，未来工作对人类生活意义的影响同样值得深思。许多人担心，一旦工作与生活脱节，人生的价值和方向将失去依托。当前社会中，工作不仅是收入的来源，更是个人价值的体现。但工作是否应该是生活意义的核心？未来的经济组织是否可以脱离传统的“劳动—收入”模式，为不同类型的工作赋予价值？例如，家庭照护等非营利性工作也应获得认可，甚至成为收入的来源。

随着自动化技术的进步，人类可能会拥有更多的闲暇时间，这带来了“工作”本质的重新定义。我们是否可以“基本收入”的形式替代传统的就业，使人们有精力去探索兴趣、创造价值，而不是受限于固定的岗位？然而，这样的“闲暇社会”迄今仍只是乌托邦式的设想。尽管历史上的每次自动化浪潮都减少了体力劳动，却未从根本上改变社会的等级结构，产生的效益往往集中在少数人手中，大部分人仍然在辛苦劳作中求生。因此，机器的进步是否真的能够带来更有意义的生活，仍需保持怀疑。

在对工作的价值进行反思时，另一种观点认为，工作并非应被抛弃，而是具有不可忽视的内在价值。工作可以带来成就感、社交联系和群体归属感，甚至对身心健康也有积极作用。因此，为了保留这些有意义的体验，人类应保留某些不可替代的工作岗位，而人工智能可以承担那些重复、单调的任务，使人类专注于更具创造性的事务。正如哲学家尼克·博斯特罗姆（Nick Bostrom）所言，我们可以选择与人工智能协作，而非完全依赖它。

总而言之，人工智能引发了对未来社会结构的深刻思考。它不仅要求我们重新定义工作的意义，也引导我们思考如何构建一个更加公平的社会，以及如何在科技进步的前提下实现有意义的生活。技术的迅猛发展要求我们在伦理和实践层面平衡其带来的利与弊，让未来的工作与生活不仅具有效率，也具有人性和温度。

9.9　本章小结

本章探讨了人工智能技术的快速进步对未来社会的深远影响。随着计算能力和算法的不

断优化，人工智能正在从传统的应用领域扩展到更广泛的行业，涵盖自动驾驶、医疗诊断等多个方面。未来，人工智能不仅将继续推动各行业的变革，还可能在社会结构、劳动市场和人类生活方式等方面产生重大影响。

习题

1．人工智能将如何改变未来的劳动市场?

2．人工智能未来在哪些方面可以帮助人类应对全球性挑战?

3．人工智能对于人类未来生活和工作意义有什么影响?